高等学校计算机基础教育规划教材

大学计算机应用

王 苹 主编

唐 燕 张未未 副主编

清华大学出版社
北京

内 容 简 介

本书主要介绍 Office 套装软件中的 Word、Excel 和 PowerPoint 三大软件的基础使用方法和高级操作技巧,注重学生的实际需要,以案例的形式进行讲解,内容包括 Word 的基础功能与操作、论文长文档排版、简历制作等;Excel 的基础功能与操作、表格与图表的应用、公式与函数的运用等;PowerPoint 的基础功能与操作、幻灯片放映与发布等。

图书在版编目(CIP)数据

大学计算机应用/王苹主编. --北京:清华大学出版社,2015

高等学校计算机基础教育规划教材

ISBN 978-7-302-41501-5

Ⅰ. ①大…　Ⅱ. ①王…　Ⅲ. ①电子计算机－高等学校－教材　Ⅳ. ①TP3

中国版本图书馆 CIP 数据核字(2015)第 212872 号

责任编辑:汪汉友
封面设计:常雪影
责任校对:白　蕾
责任印制:何　芊

出版发行:清华大学出版社
网　　　　址:http://www.tup.com.cn,http://www.wqbook.com
地　　　　址:北京清华大学学研大厦 A 座　　邮　　编:100084
社　总　机:010-62770175　　　　　　邮　　购:010-62786544
投稿与读者服务:010-62776969,c-service@tup.tsinghua.edu.cn
质　量　反　馈:010-62772015,zhiliang@tup.tsinghua.edu.cn
课　件　下　载:http://www.tup.com.cn,010-62795954
印　装　者:三河市少明印务有限公司
经　　销:全国新华书店
开　　本:185mm×260mm　　　印　张:23　　　字　数:535 千字
版　　次:2015 年 12 月第 1 版　　　　印　次:2015 年 12 月第 1 次印刷
印　　数:1~2000
定　　价:44.50 元

产品编号:057475-01

前言

　　编者从事了近十五年的高校非计算机专业本专科生的计算机基础课程的教学,计算机基础课程的教学内容经历了从 Office 办公软件到 Visual Basic 程序设计,到 Access 数据库开发与设计的内容更迭。许多人都认为 Office 作为办公软件由于在初高中的普及率较高,已经不适于作为大学的计算机公共基础必修课了,但编者认为,随着 Office 软件的不断升级,许多新的高级操作功能对于学生的学习和以后的工作仍然是十分必要和重要的。比如毕业论文的撰写和简历的制作需要使用 Word,毕业论文答辩需要使用 PowerPoint 制作演示文稿,电子表格以及数据统计分析需要使用 Excel,而学生虽然会使用这些办公软件,可是在解决上述实际问题时却又总是感到力不从心。所以,编者认为结合学生的实际需要以案例的形式来讲授 Office 办公软件中的 Word、Excel 和 PowerPoint 还是十分必要的,基于学生的学习需求和未来工作需要,编者产生了编著本教材的想法。

　　Microsoft Office 2013(简称 Office 2013),是继 Microsoft Office 2010 后的新一代套装软件,是目前应用较为广泛的办公软件。本书主要介绍了 Office 2013 套装软件中最常用的 Word 2013、Excel 2013 和 PowerPoint 2013 三大组件的基础使用方法和高级操作技巧。本书注重结合学生的实际学习和工作需要以案例的形式进行讲解。Word 2013 部分内容包括 Word 的基础功能与操作、文档格式设置与编排、文档美化、表格绘制以及 Word 高效办公与打印输出等;Excel 2013 部分内容包括 Excel 的基础功能与操作、单元格的编辑与美化、图表的制作、数据分析与处理以及工作表打印等;PowerPoint 2013 部分内容包括 PowerPoint 的基础功能与操作、演示文稿的丰富与美化、动画效果的设计、演示文稿的放映与发布等。每章后面都附有操作练习题,方便学生检验自己该章学习内容的掌握情况。

　　全书一共 14 章,第 1 章～第 5 章由王苹执笔,第 6 章～第 10 章由唐燕执笔,第 11 章～第 14 章由张未未执笔,全书由王苹统稿。本书可作为高等学校非计算机专业的计算机教学教材,也可作为自学用书。

由于计算机技术发展更新很快，加上作者水平有限，书中难免有不妥之处，恳请读者批评指正，有任何批评指正意见或建议欢迎发送到邮箱 wangping@bucm.edu.cn，再次感谢！

编 者
2015 年 9 月

目录

第1章

Word 2013 基础操作

本章主要介绍 Word 2013 的一些基本操作，包括 Word 2013 的工作界面、5 种文档视图、新建与打开关闭文档操作以及文本的一些基本操作，通过本章的学习，使大家初步了解和体会 Word 2013 的工作环境和基本操作。

1.1　Word 2013 工作界面

启动 Word 2013 后，工作界面如图 1-1 所示。Word 2013 的工作界面主要由快速访问工具栏、标题栏、选项卡及功能区、Backstage 视图、文档编辑区、状态栏和视图栏组成。

图 1-1　Word 2013 工作界面

1.1.1　快速访问工具栏

快速访问工具栏位于 Word 工作界面左上角，用于放置用户经常使用的命令按钮，默认情况下，快速访问工具栏中只有"保存"、"撤销键入"和"重复键入"3 个命令。用户可以单击快速访问工具栏右侧的下拉箭头,如图 1-2 所示,在弹出的菜单中选择经常使用的命令即可将其添加到快速访问工具栏中。

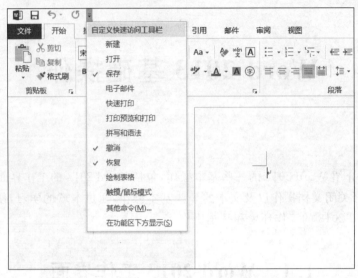

图 1-2　自定义快速访问工具栏

1.1.2　标题栏

标题栏位于快速访问工具栏右侧,用于显示正在操作的文档的名称信息,在其右侧还有 3 个窗口控制按钮,分别是最小化按钮、向下还原按钮和关闭按钮。

1.1.3　选项卡及功能区

选项卡与功能区是对应的关系,单击某个选项卡即可打开相应的功能区,在功能区中将命令以组的形式显示。

1.1.4　Backstage 视图

Backstage 视图是“文件”选项卡上显示的命令集合,单击“文件”选项卡,将转到 Microsoft Office Backstage 视图,如图 1-3 所示,在 Backstage 视图中,用户可以对文档执行新建、打开、保存、打印等操作。

1.1.5　文档编辑区

文档编辑区是工作界面中最大也是最重要的部分,所有文本编辑的工作都在该区域进行。在文档编辑区中有一个闪烁的光标,称为文本插入点,用于定位文本的输入位置。

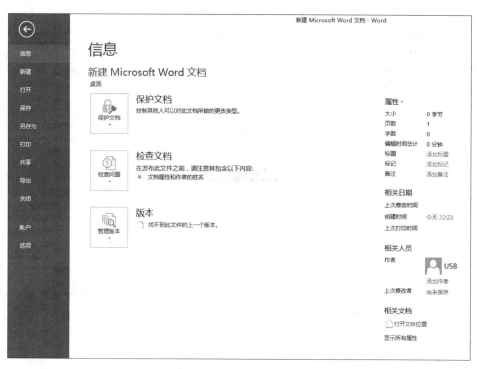

图 1-3　Backstage 视图

1.1.6　状态栏

状态栏位于工作界面的左下方,用于显示文档的页码、字数等信息。

1.1.7　视图栏

视图栏位于工作界面的右下方,可以快速切换文档的视图方式,设置文档的显示比例。

1.2　文　档　视　图

在 Word 2013 中提供了 5 种文档视图查看方式,分别是阅读视图、页面视图、Web 版式视图、大纲视图和草稿视图。用户可以通过单击“视图”选项卡下“视图”组中的按钮,在 5 种视图间切换,如图 1-4 所示;也可以通过单击视图栏中的 3 个命令按钮在阅读视图、页面视图、Web 版式视图 3 种视图间切换,如图 1-5 所示。

图 1-4　"视图"选项卡

图 1-5　视图栏

1.2.1　阅读视图

阅读视图是以书页的方式显示文档,为用户提供了一个阅读文档的最佳方式。在阅读视图中以最大空间显示两个页面的文档,正如翻开一本书一样,单击右侧的 ⊙ 按钮,可以进行文档的翻页操作,方便用户的阅读,如图 1-6 所示。

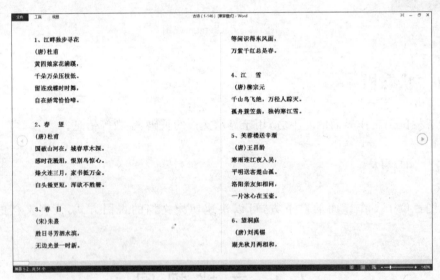

图 1-6　阅读视图

1.2.2　页面视图

页面视图是 Word 2013 的默认视图,也是用户在编辑 Word 文档时最常用到的一种视图,如图 1-1 所示,可进行编辑排版、添加页眉页脚、多栏版面设计等操作,用于显示文档所有内容在整个页面的分布状况,及整个文档在每一页上的位置,真正实现所见即所得。

1.2.3 Web 版式视图

Web 版式视图是以网页形式显示文档，如图 1-7 所示。在该视图中没有页码、章节等信息，如果文档中包含宽表，使用该视图也非常理想。

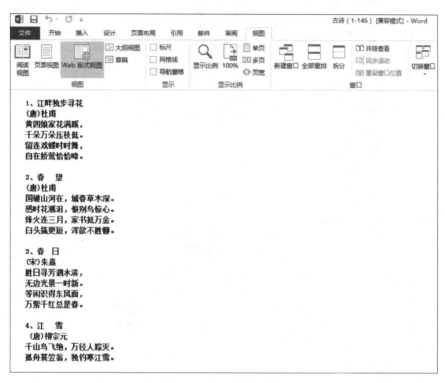

图 1-7 Web 版式视图

1.2.4 大纲视图

大纲视图是以大纲形式显示文档，其中内容将显示为项目符号，适合处理层次较多的文档，如图 1-8 所示。大纲视图显示了大纲工具栏，方便用户创建标题和移动段落。

1.2.5 草稿视图

草稿视图仅显示文档中的文本，简化了页面的布局，如图 1-9 所示。在该视图中不显示页边距、页眉页脚、页码等一些对象，使用户可以更加专注于文本，适用于快速编辑。

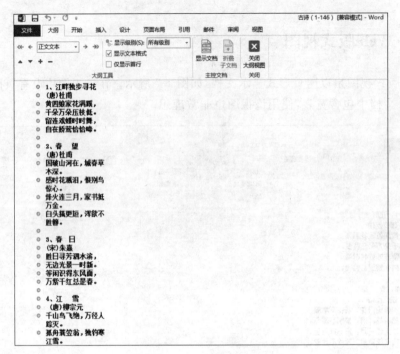

图 1-8　大纲视图

图 1-9　草稿视图

1.3 文档基本操作

Word 2013 的文档基本操作包括新建文档、打开文档、保存文档和关闭文档等。

1.3.1 新建文档

常用的新建文档的方法有以下 3 种。

方法 1：单击快速访问工具栏右侧的下拉箭头添加"新建"按钮，如图 1-10 所示，然后单击"新建"按钮即可快速生成空白新文档，如图 1-11 所示。

图 1-10　添加新建按钮

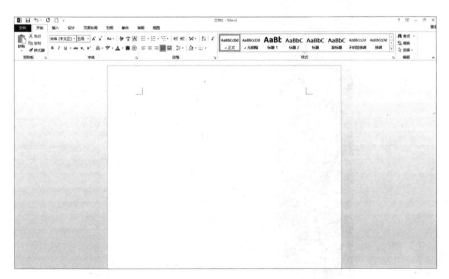

图 1-11　新建空白文档

方法 2：在"文件"选项卡中选择"新建"命令，选择"空白文档"选项，如图 1-12 所示，即可新建文档。

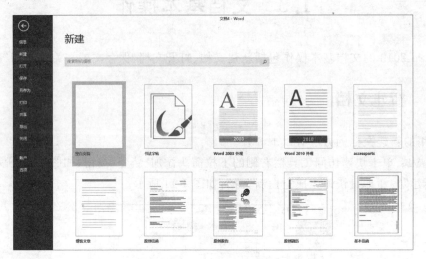

图 1-12　新建空白文档

方法 3：使用快捷键 Ctrl+N，也可以实现新建文档。

1.3.2　打开文档

常用的打开文档的方法有以下 3 种：

方法 1：在"文件"选项卡中选择"打开"命令，然后选择文件所在位置，如图 1-13 所示，即可打开相应 Word 文档。

图 1-13　打开文档

方法 2：使用快捷键 Ctrl＋O，也可以打开文档。

方法 3：直接双击已创建好的 Word 文档也可以直接打开 Word 软件。

1.3.3　保存和关闭文档

文档创建好后，就可以指定位置保存文档了，常用的保存文档的方法有以下 3 种。

方法 1：在"文件"选项卡中选择"保存/另存为"命令，然后选择文件存储的位置，有 OneDrive、"计算机"和"添加位置"3 种方式，如图 1-14 所示。其中 OneDrive 是将文件保存为 OneDrive 文档，以便用户从任意位置创建和编辑文档，与他人共同协作处理文档；选择"计算机"，是将文件保存在本机上，通过"浏览"按钮选择路径，保存文件；选择"添加位置"，是将文件保存到云。

图 1-14　"另存为"菜单命令

保存文档时还需要为文档指定名称，可以以当前默认名称保存文档，也可以输入新的名称保存文档，保存时还可以指定文档的保存类型，如图 1-15 所示。

方法 2：在快速访问工具栏中单击"保存"按钮。

方法 3：通过快捷方式保存，按 Ctrl＋S 键。

文档编辑保存好后，就可以关闭文档了，常用的关闭文档的方法有以下 3 种：

方法 1：在"文件"选项卡中选择"关闭"命令。

方法 2：单击右上角的"关闭"按钮。

方法 3：通过快捷方式关闭，按 Alt＋F4 键。

图 1-15 "另存为"对话框

1.4 文本基本操作

本节介绍文档的一些基本操作,包括文本的输入、选择、复制、粘贴、移动和删除、撤销与恢复、查找与替换以及拼写与语法检查。

1.4.1 输入文本

当需要在 Word 文档中输入文本内容时,首先需要将光标先移动到要输入文本的地方,再单击进行定位,然后选择一种习惯使用的输入法,通过键盘就可以进行文本的输入了。

1.4.2 选择文本

当需要选择文本时,首先在要选择文本的开始位置单击左键并拖动至要选择文本的结束位置,然后松开鼠标即可,这时被选中的文本将反白显示。

以下再介绍几种选择文本时的操作技巧:

选择一个词语:在需要选择的词语处双击即可选中该词语。

选择一行文本：将光标移到该行文本的左侧，当光标变成向右上方向的白色箭头时单击即可选中该行文本。

选择段落文本：在要选择段落的任意位置连续单击三次(三击)即可选中该段。

选择文档中的所有文本：将光标移到文档左侧，当光标变成向右上方向的白色箭头时三击即可选中所有文本。

1.4.3　复制、粘贴、移动和删除文本

在使用 Word 2013 编辑文档时，经常需要使用复制、粘贴与移动功能。复制就是生成一份完全一样的文本内容，当在指定的位置进行粘贴后，原文本内容依然保留在原处，而移动操作是将文本从一处复制到另一处，但原文本内容不保留。

复制文本的具体操作步骤如下：

(1) 打开示例文件 1.4.docx，选中需要复制的文本内容，如图 1-16 所示。

> **称量皇冠的难题**
>
> 　　在一般人看来，阿基米的是个"怪人"。用罗马历史学家普鲁塔克的话说，"他像是一个中了邪术的人，对于饭食和自己的身体全不关心。"有时候，饭摆在桌子上叫他吃饭，他好像没听见，仍旧在火盆的灰里画他的几何图形。他的妻子要时时看守他，比如他用油擦身的时候，便呆坐着用油在自己身上画图案，而忘记原来是作什么事了。他的妻子更怕送他到浴堂里去洗澡，这个笑话是因为国王的一项新冠冕而引起的。
>
> 　　国王叫一名工匠给他打造一顶金皇冠。国王给了工匠所需重量的黄金。工匠的手艺非常高明，制作的皇冠精巧别致，而且重量跟当初国王所给的黄金一样重。可是，有人向国王报告说："工匠制造皇冠时，私吞了一部分黄金，把同样重的银子掺了进去。"国王听后，也怀疑起来，就把阿基米的找来，要他想办法测定金皇冠里掺没掺银子，工匠是否私吞黄金了。这次，可把阿基米的难住了。他回到家里冥思苦想了好久，也没有想出办法，每天饭吃不下，觉睡不好，也不洗澡，像着了魔一样。

图 1-16　选择文本

(2) 在"开始"选项卡的"剪贴板"组中单击"复制"按钮，如图 1-17 所示。

(3) 将光标插入点定位到要粘贴文本的位置，在"开始"选项卡的"剪贴板"组中单击"粘贴"按钮，即可完成文本复制粘贴操作，效果如图 1-18 所示。

图 1-17　复制命令

移动文本的方法有以下两种：

方法 1：使用拖曳法移动文本，具体操作步骤如下：

(1) 打开文件 1.4.docx，选中需要移动的文本，如图 1-16 所示。

(2) 当光标变成向左上方的白色箭头时，按住鼠标左键拖动文本到目标位置松开鼠标即可实现文本的移动，效果如图 1-19 所示。

方法 2：使用剪贴板移动文本，具体操作步骤如下：

(1) 选中需要复制的文本。

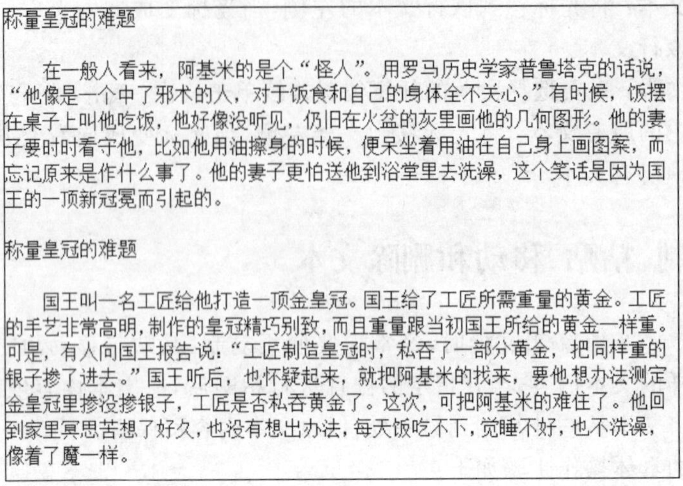

称量皇冠的难题

在一般人看来，阿基米的是个"怪人"。用罗马历史学家普鲁塔克的话说，"他像是一个中了邪术的人，对于饭食和自己的身体全不关心。"有时候，饭摆在桌子上叫他吃饭，他好像没听见，仍旧在火盆的灰里画他的几何图形。他的妻子要时时看守他，比如他用油擦身的时候，便呆坐着用油在自己身上画图案，而忘记原来是作什么事了。他的妻子更怕送他到浴堂里去洗澡，这个笑话是因为国王的一顶新冠冕而引起的。

称量皇冠的难题

国王叫一名工匠给他打造一顶金皇冠。国王给了工匠所需重量的黄金。工匠的手艺非常高明，制作的皇冠精巧别致，而且重量跟当初国王所给的黄金一样重。可是，有人向国王报告说："工匠制造皇冠时，私吞了一部分黄金，把同样重的银子掺了进去。"国王听后，也怀疑起来，就把阿基米的找来，要他想办法测定金皇冠里掺没掺银子，工匠是否私吞黄金了。这次，可把阿基米的难住了。他回到家里冥思苦想了好久，也没有想出办法，每天饭吃不下，觉睡不好，也不洗澡，像着了魔一样。

图 1-18　粘贴文本

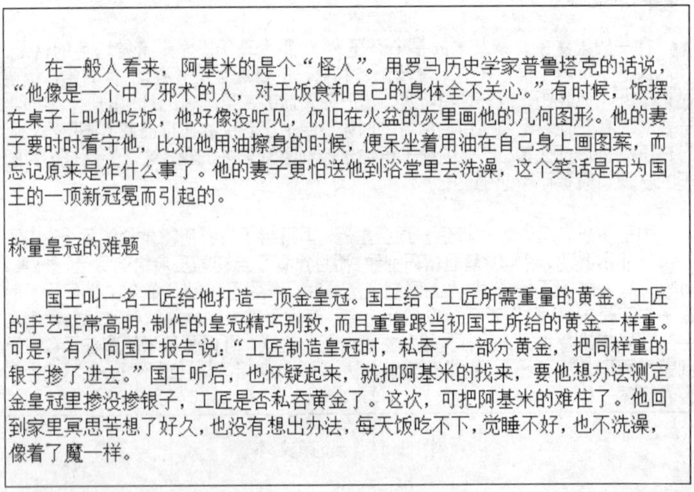

在一般人看来，阿基米的是个"怪人"。用罗马历史学家普鲁塔克的话说，"他像是一个中了邪术的人，对于饭食和自己的身体全不关心。"有时候，饭摆在桌子上叫他吃饭，他好像没听见，仍旧在火盆的灰里画他的几何图形。他的妻子要时时看守他，比如他用油擦身的时候，便呆坐着用油在自己身上画图案，而忘记原来是作什么事了。他的妻子更怕送他到浴堂里去洗澡，这个笑话是因为国王的一顶新冠冕而引起的。

称量皇冠的难题

国王叫一名工匠给他打造一顶金皇冠。国王给了工匠所需重量的黄金。工匠的手艺非常高明，制作的皇冠精巧别致，而且重量跟当初国王所给的黄金一样重。可是，有人向国王报告说："工匠制造皇冠时，私吞了一部分黄金，把同样重的银子掺了进去。"国王听后，也怀疑起来，就把阿基米的找来，要他想办法测定金皇冠里掺没掺银子，工匠是否私吞黄金了。这次，可把阿基米的难住了。他回到家里冥思苦想了好久，也没有想出办法，每天饭吃不下，觉睡不好，也不洗澡，像着了魔一样。

图 1-19　移动文本效果

（2）在"开始"选项卡的"剪贴板"组中单击"剪切"按钮，则选定的文本被从原位置处删除，存放到剪贴板中。

（3）将光标插入点定位到移动文本的目标位置，在"开始"选项卡的"剪贴板"组中单击"粘贴"按钮，即可实现文本的移动。

操作技巧：在复制、粘贴和剪切文本时，可以使用快捷键进行快速操作，复制操作的快捷键是 Ctrl＋C，粘贴操作的快捷键是 Ctrl＋V，剪切操作的快捷键是 Ctrl＋X。

删除文本的常用方法有以下两种：

方法 1：将鼠标光标插入点定位到要删除文本的右边，然后按 Backspace 键，即可删除前面不要的文本内容。

方法 2：将鼠标光标插入点定位到要删除文本的左边，然后按 Delete 键，即可删除后面不要的文本内容。

1.4.4　撤销与恢复操作

编辑文档时,如果出现错误操作,想要回退到之前编辑的文档状态,可以通过撤销操作退回到错误操作前的一步或几步操作状态;如果想取消刚刚执行的撤销操作,可以使用恢复命令回复到撤销操作前的文档状态。

撤销操作的方法:单击快速访问工具中的撤销命令 ↩ 退回到错误操作前的一步,连续多次单击可退回到错误操作前的几步。

恢复操作的方法:单击快速访问工具中的恢复命令 ↻ 恢复到上一步操作。

操作技巧:撤销操作的快捷键是 Ctrl＋Z,恢复操作的快捷键是 Ctrl＋Y。

1.4.5　查找与替换文本

Word 2013 为用户提供了强大的查找与替换功能,使用查找操作用户可以在文档中查找指定的文本内容、符号或特殊字符,使用替换操作用户可以搜索想要更改的内容将其替换为其他内容,从而提高文档编辑的效率。

查找与替换的具体操作步骤如下:

(1) 打开示例文件 1.4.docx,在"开始"选项卡的"编辑"组中单击"查找"命令的下拉箭头,将展开查找列表,如图 1-20 所示,单击查找列表中的"高级查找"选项,即可打开"查找和替换"对话框,如图 1-21 所示。

图 1-20　查找列表

图 1-21　"查找和替换"对话框

(2) 在查找内容文本框中输入想要查找的内容,如"阿基米的",然后单击"查找下一处"按钮,则查找操作将会从文档的光标插入点处向后进行相同内容查找,遇到的第一符合条件的内容将会被反白选中显示,如图 1-22 所示。

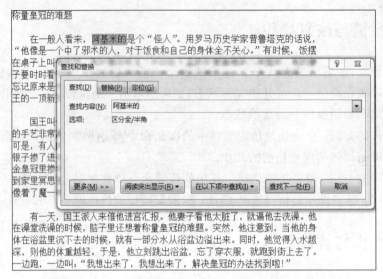

图 1-22　查找操作

(3) 选中"查找和替换"对话框中的"替换"选项卡,在"替换为"文本框中输入想要替换的内容,如"阿基米德",然后单击"替换"按钮,可以逐一查找替换操作,如果想要对文档中符合条件的内容进行全部替换,则单击"全部替换"命令按钮即可,同时会弹出替换成功的对话框,并显示一共替换了几处,如图 1-23 所示。

图 1-23　替换操作

操作技巧:单击"查找和替换对话框"中的"更多"按钮,将展开搜索选项,这里可以根据实际需要对查找的不同需求进行设置,以实现特殊格式内容的查找,如图 1-24 所示。

图 1-24　搜索选项

操作练习实例

练习 1

【操作要求】　在"1-练习 1.docx"文档中或新建 Word 文档,按照图 1-25 所示样文的内容,录入文字、字母和标点符号。

> 　　高级程序语言的种类最为繁多,它广泛使用英语词汇、短语,可以直接编写与代数式相似的计算公式。用高级程序语言编程比用汇编或机器语言简单得多,不同机型的同一种高级程序语言很相近或完全相同,程序易于改写和移植。高级程序语言的应用最广泛,许多领域都有专门的语言。它的用户也最大,不局限于计算机工作者。
> 　　BASIC、FORTRAN、COBOL、LISP 及 dBASE 都属于高级程序语言。

图 1-25　练习 1 样文

练习 2

【操作要求】　在"1-练习 2.docx"文档中,按照图 1-26 所示样文,将"语言"替换为 Language。

人要指挥计算机运行，就要使用计算机能"听懂"，能接受的 Language。这种 Language 按其发展程度，使用范围可以区分为机器 Language 和程序 Language（初级程序 Language 和高级程序 Language）。

❖机器 Language 和程序 Language

机器 Language 是 CPU 能直接执行的指令代码组成的。这种 Language 中的"字母"最简单，只有 0 和 1，即便化成为八进制形式，也只有 0、1、…、7 等八个"字母"。完全靠这八个"字母"写出千变万化的计算机程序是十分困难的。最早的程序是用机器 Language 写的，这种 Language 的缺点如下：

1. Language 的"字母"太简单，写出的程序不直观，没有任何助记的作用，编程人员要熟记各种操作的代码，各种量、各种设备的编码，工作烦琐、枯燥、乏味，又易出错 。

2. 由于它不直观，也就很难阅读。这不仅限制了程序的交流，而且使编程人员的再阅读都变得十分困难。

3. 机器 Language 是严格依赖于具体型号机器的，程序难于移植。

4. 用机器 Language 编程序，编程人员必须逐一具体处理存储分配、设备使用等烦琐问题。在机器 Language 范围又使许多现代化软件开发方法失效。

图 1-26　练习 2 样文

第2章

文档格式设置与编排

本章主要介绍如何对文档中的字符和段落进行格式设置与编排，包括文字字体、字号、字形、颜色等设置，段落缩进、对齐方式和间距等的设置，项目符号和编号的插入、边框和底纹的设置以及特殊文本版式的设计等。通过本章的学习，使大家能够根据需要对文档中的文本内容进行文档格式的设置与编排，以使文档更加清晰、美观。

2.1　设置文本格式

在 Word 中输入文本后，就可以对文本的字体、字号、字形和颜色等格式进行设置，也可以应用 Word 内置的字体样式或根据需要创建新的字体样式，以美化文档。

2.1.1　设置字体

Word 提供了许多种不同类型的字体效果，可以根据实际需要设置适宜的字体类型，具体操作步骤如下：

（1）打开示例文件 2.1.docx，选择需要设置字体的文本内容，如图 2-1 所示。

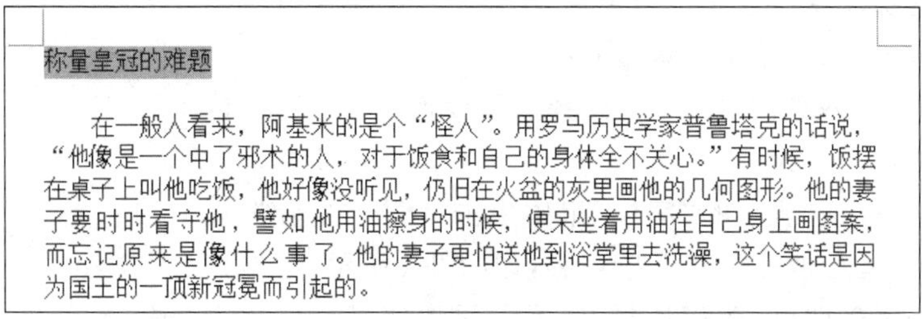

图 2-1　选择文本

（2）在"开始"选项卡的"字体"组中单击"字体"组合框右侧的向下箭头，将会展开字体类型下拉列表，如图 2-2 所示，单击选择一种合适的字体即可，这里选择"楷体"，设置字体后的文本效果如图 2-3 所示。

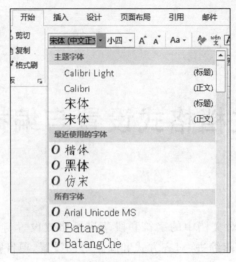

图 2-2　字体类型列表

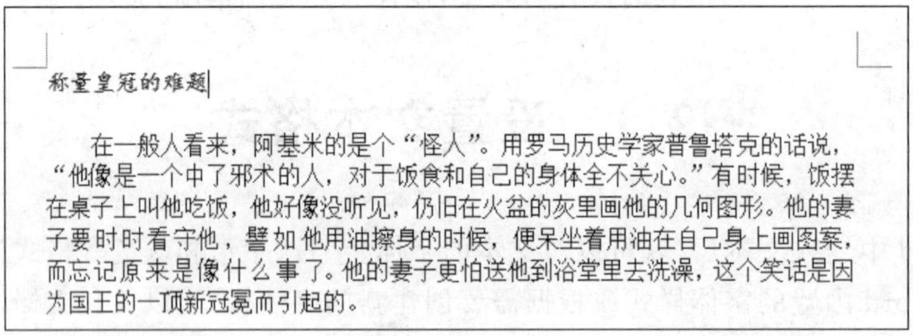

称量皇冠的难题|

　　在一般人看来，阿基米的是个"怪人"。用罗马历史学家普鲁塔克的话说，"他像是一个中了邪术的人，对于饭食和自己的身体全不关心。"有时候，饭摆在桌子上叫他吃饭，他好像没听见，仍旧在火盆的灰里画他的几何图形。他的妻子要时时看守他，譬如他用油擦身的时候，便呆坐着用油在自己身上画图案，而忘记原来是像什么事了。他的妻子更怕送他到浴堂里去洗澡，这个笑话是因为国王的一顶新冠冕而引起的。

图 2-3　设置字体效果

2.1.2　设置字号

　　Word 默认的文本字号是五号字，在编辑文本时，还经常需要为文本内容设置适宜大小的字号，设置字号的操作方法与设置字体的方法类似，操作步骤如下：

　　(1) 打开示例文件 2.1.docx，选择需要设置字号的文本内容，如图 2-1 所示。

　　(2) 在"开始"选项卡的"字体"组中单击"字号"组合框右侧的向下箭头，将会展开字号下拉列表，如图 2-4 所示，单击选择一种合适的字号即可，我们选择"二号"，设置字号后的文本效果如图 2-5 所示。

2.1.3　设置字形

　　Word 默认的文本字形是常规字形，而编辑文本时，有时

图 2-4　字号列表

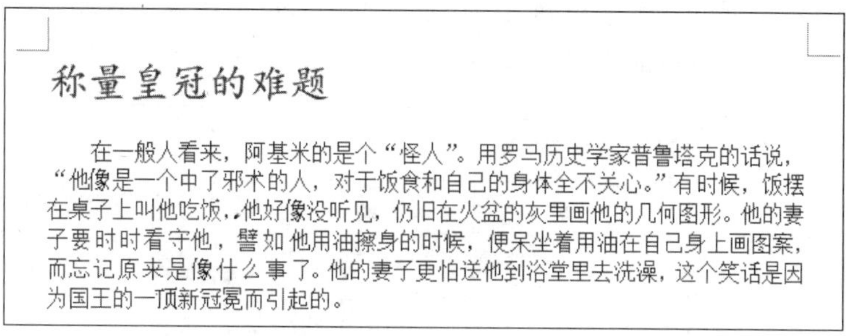

图 2-5　设置字号效果

会需要为文本内容设置适宜的字形，比如加粗、倾斜或下划线等，设置字型的操作骤如下：

（1）打开示例文件 2.1.docx，选择需要设置字号的文本内容，如图 2-1 所示。

（2）在"开始"选项卡的"字体"组中单击"加粗"按钮，如图 2-6 所示，即可为所选文字应用加粗字形效果，继续单击"加粗"按钮右侧的"倾斜"按钮和"下划线"按钮，设置了加粗、倾斜和下划线字形后的文本效果如图 2-7 所示。

图 2-6　"加粗"按钮

操作技巧：

（1）想要让设置了字形效果的文本恢复常规字形，只需再次单击这些按钮即可。

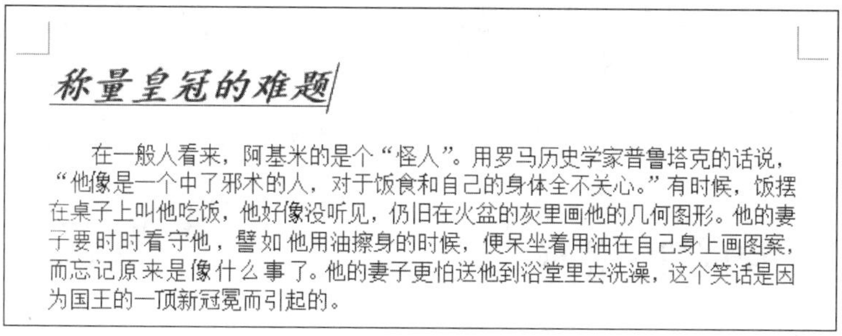

图 2-7　设置字形效果

（2）单击"下划线"按钮右侧的向下箭头，将展开下划线列表，如图 2-8 所示，可以从中选择不同类型的下划线，还可以为下划线设置颜色。

2.1.4　设置颜色

为了提升文本的美观效果，还可以为文本设置相应的文字颜色，具体操作步骤如下：

（1）打开示例文件 2.1.docx，选择需要设置字号的文本内容，如图 2-1 所示。

（2）在"开始"选项卡的"字体"组中单击"字体颜色"按钮右

图 2-8　下划线列表

侧的向下箭头,将会展开颜色下拉列表,如图 2-9 所示,单击选择一种合适的颜色即可,这里选择"蓝色",设置颜色后的文本效果如图 2-10 所示。

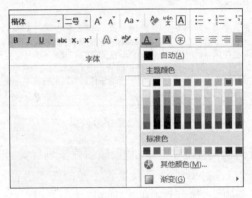

图 2-9　字体颜色下拉列表

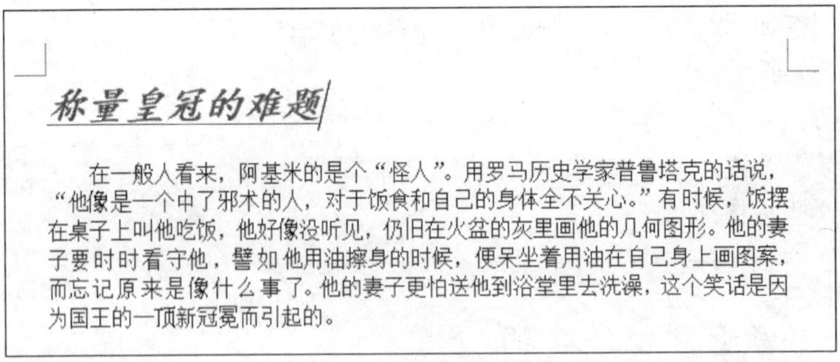

称量皇冠的难题

在一般人看来,阿基米的是个"怪人"。用罗马历史学家普鲁塔克的话说,"他像是一个中了邪术的人,对于饭食和自己的身体全不关心。"有时候,饭摆在桌子上叫他吃饭,他好像没听见,仍旧在火盆的灰里画他的几何图形。他的妻子要时时看守他,譬如他用油擦身的时候,便呆坐着用油在自己身上画图案,而忘记原来是像什么事了。他的妻子更怕送他到浴堂里去洗澡,这个笑话是因为国王的一顶新冠冕而引起的。

图 2-10　设置字体颜色效果

2.1.5　应用和创建字体样式

Word 为用户提供了多种内置样式,如"标题 1"、"标题 2"等样式,每种样式都包括了一组已经预先设置好的字体类型、字号大小、字体颜色、字形效果等,用户可以通过直接应用相应的字体样式,来简化文本编排,从而大大提高工作效率。

应用字体样式的具体操作步骤如下:

(1) 打开示例文件 2.1.docx,选择需要设置字号的文本内容(或者将光标插入点置于需要应用样式的文本段落中),如图 2-11 所示。

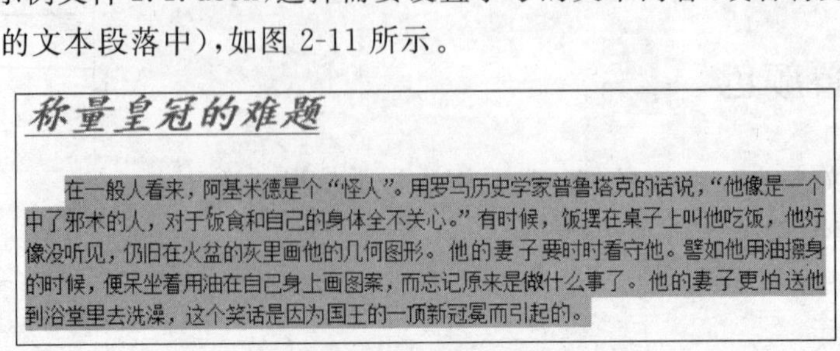

称量皇冠的难题

在一般人看来,阿基米德是个"怪人"。用罗马历史学家普鲁塔克的话说,"他像是一个中了邪术的人,对于饭食和自己的身体全不关心。"有时候,饭摆在桌子上叫他吃饭,他好像没听见,仍旧在火盆的灰里画他的几何图形。他的妻子要时时看守他。譬如他用油擦身的时候,便呆坐着用油在自己身上画图案,而忘记原来是做什么事了。他的妻子更怕送他到浴堂里去洗澡,这个笑话是因为国王的一顶新冠冕而引起的。

图 2-11　选择文字

（2）在"开始"选项卡的"样式"组中单击"样式"组合框右侧的向下箭头，将会展开样式下拉列表，如图 2-12 所示，单击选择一种合适的样式即可，这里选择"标题 2"，应用样式后的文本效果如图 2-13 所示。

图 2-12　样式列表

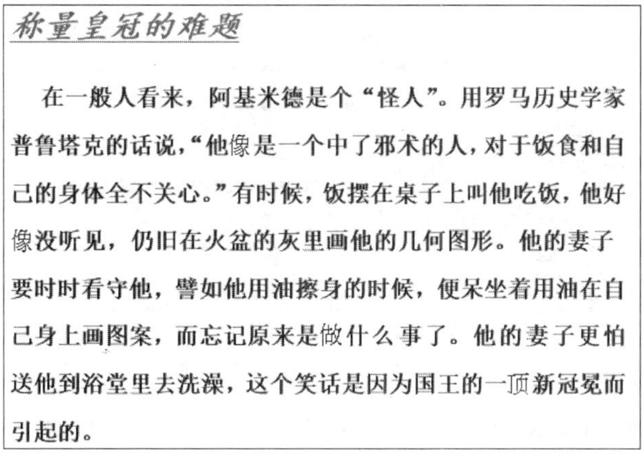

称量皇冠的难题

在一般人看来，阿基米德是个"怪人"。用罗马历史学家普鲁塔克的话说，"他像是一个中了邪术的人，对于饭食和自己的身体全不关心。"有时候，饭摆在桌子上叫他吃饭，他好像没听见，仍旧在火盆的灰里画他的几何图形。他的妻子要时时看守他，譬如他用油擦身的时候，便呆坐着用油在自己身上画图案，而忘记原来是做什么事了。他的妻子更怕送他到浴堂里去洗澡，这个笑话是因为国王的一顶新冠冕而引起的。

图 2-13　应用样式效果

如果系统自带的内置样式不能满足用户编排文本的需求，则用户可以对内置的样式进行修改或者创建新的样式。

操作步骤如下：

（1）打开示例文件 2.1.docx，右击需要修改的样式选项"标题 2"，将弹出快捷菜单，如图 2-14 所示。

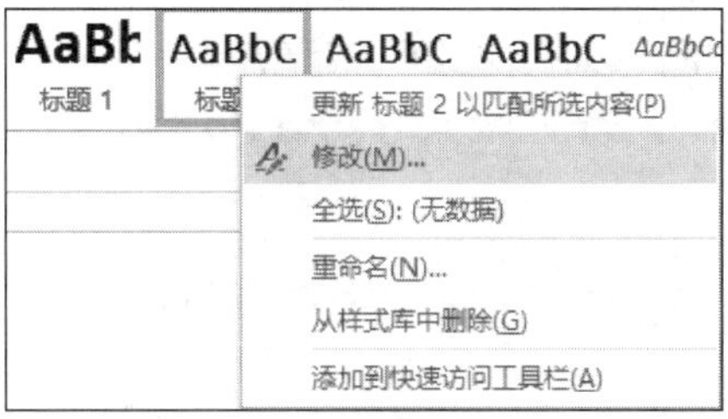

AaBt AaBbC AaBbC AaBbC AaBbCc
标题 1　标题　　更新 标题 2 以匹配所选内容(P)
　　　　　　　修改(M)…
　　　　　　　全选(S): (无数据)
　　　　　　　重命名(N)…
　　　　　　　从样式库中删除(G)
　　　　　　　添加到快速访问工具栏(A)

图 2-14　修改样式快捷菜单

（2）单击选择"修改"命令选项，将弹出修改样式对话框，如图 2-15 所示，将字体更改为"华文行楷"，字号更改为"四号"，取消"加粗"字形效果，单击选中"倾斜"字形效果，单击"确定"命令按钮，即可完成对"标题 2"样式的修改操作。

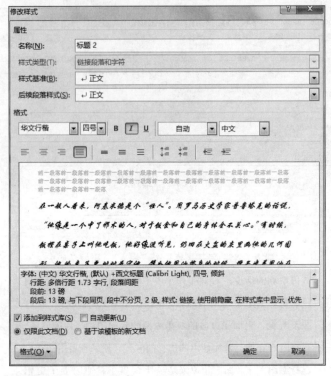

图 2-15　"修改样式"对话框

（3）选择需要应用样式的文本内容（或者将光标插入点置于需要应用样式的段落中），如图 2-11 所示，然后单击样式"标题 2"，即可查看修改后的样式效果，如图 2-16 所示。

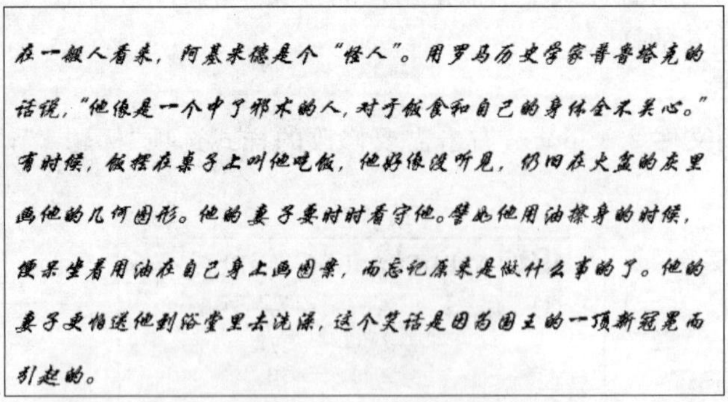

图 2-16　修改后样式应用效果

创建新样式操作步骤如下：

（1）打开示例文件 2.1.docx，在"开始"选项卡的"样式"组中单击"样式"组合框右侧的向下箭头,在展开的样式下拉列表中单击选择"创建样式"选项,将弹出"根据格式设置创建新样式"对话框,如图 2-17 所示,在此可以给创建的新样式起一个名称,也可以使用系统默认的名称。

(2)单击"修改"按钮,将弹出"设置新样式"对话框,后续的设置操作与修改内置样式操作步骤一样,这里不再重述。新创建的样式将会保存在"样式"组中,用户可以非常方便地对文本应用该样式。

文本格式的操作技巧:在"开始"选项卡的"字体"组中单击右下角的箭头按钮,如图 2-18 所示,将打开"字体"对话框,如图 2-19 所示,在此可以同时对文字的字体、字号、字形和颜色等格式进行设置与修改。

图 2-17　创建样式名称

图 2-18　"字体"组

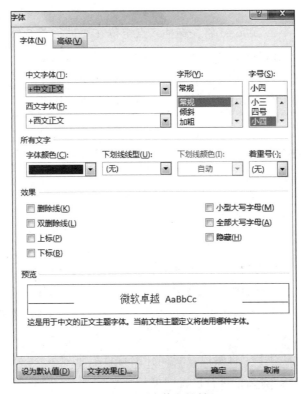

图 2-19　"字体"对话框

2.2　设置段落格式

在 Word 中输入段落文本后,有时还需要对段落文本的缩进、对齐方式、段落之间的间距以及段落文本的行间距等段落格式进行设置,达到美化文档的效果。

2.2.1　设置段落缩进

段落缩进是设置段落两端文本与页边距之间的距离,以使文档段落更加清晰美观、易于阅读。Word 2013 中的段落缩进包括首行缩进、悬挂缩进、左缩进和右缩进,这 4 种缩进的应用效果不同,每种缩进的作用如下。

(1) 首行缩进:只设置段落文本中第一行第一个字的起始位置。

(2) 悬挂缩进:设置段落文本中第一行以外的其他行的起始位置。

(3) 左缩进:设置整个段落文本的左边界起始位置。

(4) 右缩进:设置整个段落文本的右边界起始位置。

由于首行缩进、悬挂缩进、左缩进和右缩进的操作步骤类似,因此这里只介绍首行缩进的操作方法。

(1) 打开示例文件 2.2.docx,将光标插入点定位在要进行首行缩进的段落文本任意位置,这里将光标插入点定位在第一自然段中,如图 2-20 所示。

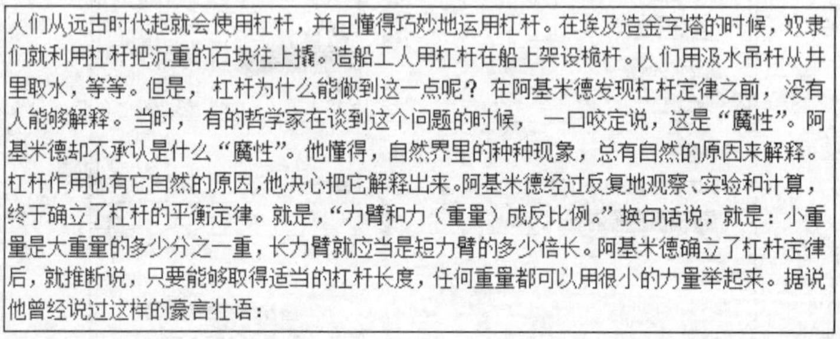

人们从远古时代起就会使用杠杆,并且懂得巧妙地运用杠杆。在埃及造金字塔的时候,奴隶们就利用杠杆把沉重的石块往上撬。造船工人用杠杆在船上架设桅杆。人们用汲水吊杆从井里取水,等等。但是,杠杆为什么能做到这一点呢? 在阿基米德发现杠杆定律之前,没有人能够解释。当时,有的哲学家在谈到这个问题的时候,一口咬定说,这是 "魔性"。阿基米德却不承认是什么 "魔性"。他懂得,自然界里的种种现象,总有自然的原因来解释。杠杆作用也有它自然的原因,他决心把它解释出来。阿基米德经过反复地观察、实验和计算,终于确立了杠杆的平衡定律。就是,"力臂和力 (重量) 成反比例。" 换句话说,就是:小重量是大重量的多少分之一重,长力臂就应当是短力臂的多少倍长。阿基米德确立了杠杆定律后,就推断说,只要能够取得适当的杠杆长度,任何重量都可以用很小的力量举起来。据说他曾经说过这样的豪言壮语:

图 2-20　定位文本段落

(2) 在"开始"选项卡的"段落"组中单击右下角的箭头按钮,将弹出"段落"对话框,如图 2-21 所示,这里单击"特殊格式"选项右侧的向下箭头,在弹出的列表中选择"首行缩进",将"缩进值"选项设置为"2 字符",最后单击"确定"按钮即可,段落的首行缩进效果如图 2-22 所示。

操作技巧:如果想对多个自然段设置同样的首行缩进效果,可以先同时选中这些自然段,然后再打开"段落"对话框进行设置即可。

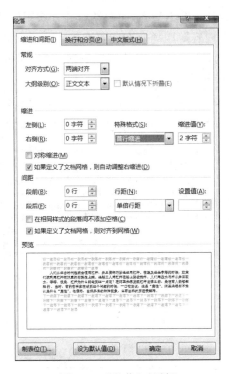

图 2-21　"段落"对话框

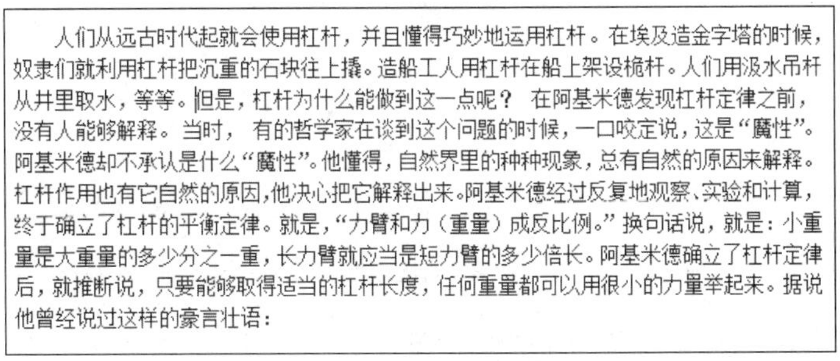

人们从远古时代起就会使用杠杆，并且懂得巧妙地运用杠杆。在埃及造金字塔的时候，奴隶们就利用杠杆把沉重的石块往上撬。造船工人用杠杆在船上架桅杆。人们用汲水吊杆从井里取水，等等。但是，杠杆为什么能做到这一点呢？　在阿基米德发现杠杆定律之前，没有人能够解释。当时，有的哲学家在谈到这个问题的时候，一口咬定说，这是"魔性"。阿基米德却不承认是什么"魔性"。他懂得，自然界里的种种现象，总有自然的原因来解释。杠杆作用也有它自然的原因，他决心把它解释出来。阿基米德经过反复地观察、实验和计算，终于确立了杠杆的平衡定律。就是，"力臂和力（重量）成反比例。"换句话说，就是：小重量是大重量的多少分之一重，长力臂就应当是短力臂的多少倍长。阿基米德确立了杠杆定律后，就推断说，只要能够取得适当的杠杆长度，任何重量都可以用很小的力量举起来。据说他曾经说过这样的豪言壮语：

图 2-22　首行缩进设置效果

2.2.2　设置段落对齐方式

段落对齐方式主要是指段落中的文本文字在水平方向排列对齐的基准，一般包括左对齐、居中对齐、右对齐、两端对齐和分散对齐 5 种对齐方式。每种对齐方式的作用如下。

（1）左对齐：文本内容与页面左边界对齐。

（2）居中对齐：文本内容在页面上居中对齐。

（3）右对齐：文本内容与页面右边界对齐。

（4）两端对齐：除段落最后一行文本外，其他行文本的左右两端分别向文档左右边界对齐。对于汉字文本来说，两端对齐方式与左对齐没有太大的差别，但对于英文文本来说，左对齐可能会使文本的右边界不整齐，而两端对齐方式则效果较好。

（5）分散对齐：将文本内容等距离分布在页面左右边界之间。

下面以居中对齐方式为例，介绍一下其实现方法，其他对齐方式的实现方法与其类似。居中对齐方式的具体操作步骤如下。

（1）打开示例文件 2.2.docx，选择需要设置对齐方式的文本内容，如图 2-23 所示。

杠杆定律的确立

人们从远古时代起就会使用杠杆，并且懂得巧妙地运用杠杆。在埃及造金字塔的时候，奴隶们就利用杠杆把沉重的石块往上撬。造船工人用杠杆在船上架设桅杆。人们用汲水吊杆从井里取水，等等。但是，杠杆为什么能做到这一点呢？在阿基米德发现杠杆定律之前，没有人能够解释。当时，有的哲学家在谈到这个问题的时候，一口咬定说，这是"魔性"。阿基米德却不承认是什么"魔性"。他懂得，自然界里的种种现象，总有自然的原因来解释。杠杆作用也有它自然的原因，他决心把它解释出来。阿基米德经过反复地观察、实验和计算，终于确立了杠杆的平衡定律。就是，"力臂和力（重量）成反比例。"换句话说，就是：小重量是大重量的多少分之一重，长力臂就应当是短力臂的多少倍长。阿基米德确立了杠杆定律后，就推断说，只要能够取得适当的杠杆长度，任何重量都可以用很小的力量举起来。据说他曾经说过这样的豪言壮语：

图 2-23　选择段落文本

（2）在"开始"选项卡的"段落"组中单击"居中对齐"按钮，如图 2-24 所示，即可为所选段落文字应用居中对齐效果，如图 2-25 所示。

图 2-24　"居中对齐"按钮

杠杆定律的确立

人们从远古时代起就会使用杠杆，并且懂得巧妙地运用杠杆。在埃及造金字塔的时候，奴隶们就利用杠杆把沉重的石块往上撬。造船工人用杠杆在船上架设桅杆。人们用汲水吊杆从井里取水，等等。但是，杠杆为什么能做到这一点呢？在阿基米德发现杠杆定律之前，没有人能够解释。当时，有的哲学家在谈到这个问题的时候，一口咬定说，这是"魔性"。阿基米德却不承认是什么"魔性"。他懂得，自然界里的种种现象，总有自然的原因来解释。杠杆作用也有它自然的原因，他决心把它解释出来。阿基米德经过反复地观察、实验和计算，终于确立了杠杆的平衡定律。就是，"力臂和力（重量）成反比例。"换句话说，就是：小重量是大重量的多少分之一重，长力臂就应当是短力臂的多少倍长。阿基米德确立了杠杆定律后，就推断说，只要能够取得适当的杠杆长度，任何重量都可以用很小的力量举起来。据说他曾经说过这样的豪言壮语：

图 2-25　居中对齐效果

2.2.3　设置段落间距

段落间距是指段落与其前后相邻的段落之间的距离。设置段落间距的具体操作步骤如下。

（1）打开示例文件 2.2.docx，选择需要设置段落间距的文本内容，如图 2-26 所示。

图 2-26　选择段落文本

（2）在"开始"选项卡的"段落"组中单击右下角的箭头按钮，将弹出"段落"对话框，如图 2-21 所示，这里单击间距栏中"段前"和"段后"选项右侧的箭头，将"段前"和"段后"的值都设置为"1 行"，最后单击"确定"按钮即可，段落的段前、段后间距效果如图 2-27 所示。

图 2-27　段落间距设置效果

2.2.4　设置行距

行距是指段落文本中行与行之间的距离。设置段落行距的具体操作步骤如下。

（1）打开示例文件 2.2.docx，选择需要设置段落行距的文本内容，如图 2-26 所示。

（2）在"开始"选项卡的"段落"组中单击右下角的箭头按钮，将弹出"段落"对话框，如图 2-21 所示，这里单击间距栏中"行距"选项右侧的下拉箭头，选择"2 倍行距"，最后单击"确定"按钮即可，段落行距效果如图 2-28 所示。

他曾经说过这样的豪言壮语：

"给我一个支点、我就能举起地球！"

叙拉古国王听说后，对阿基米德说："凭着宙斯（宙斯是希腊神话中的众神之王，主管天、雷、电和雨）起誓，你说的事真是稀奇古怪，阿基米德！"阿基米德向国王解释了杠杆的特性以后，国王说："到哪里去找一个支点，把地球举起来呢？"

"这样的支点是没有的。"阿基米德回答说。

"那么，要叫人相信力学的神力就不可能了？"国王说。

"不，不，你误会了，陛下，我能够给你举出别的例子。"阿基米德说。

国王说："你太吹牛了！你且替我推动一样重的东西，看你讲的话怎样。"当时国王正有一个困难的问题，就是他替埃及王造了一艘很大的船。船造好后，动员了叙拉古全城的人，也没法把它推下水。阿基米德说："好吧，我替你来推这一只船吧。"

图 2-28　段落行距设置效果

2.2.5　段落换行与分页

在 Word 2013 中输入文本时，当输入文本内容满 1 页时，系统会自动增加一个新的页面。如果没有写满一页而想另起一页时，可以使用段落换行与分页命令来实现强制分页。

段落换行与分页的具体操作步骤如下：

（1）打开示例文件 2.2.docx，将光标插入点定位在需要插入分页符的位置，如图 2-29 所示。

国王说："你太吹牛了！你且替我推动一样重的东西，看你讲的话怎样。"当时国王正有一个困难的问题，就是他替埃及王造了一艘很大的船。船造好后，动员了叙拉古全城的人，也没法把它推下水。阿基米德说："好吧，我替你来推这一只船吧。"

阿基米德离开国王后，就利用杠杆和滑轮的子理，设计、制造了一套巧妙的机械。把一切都准备好后，阿基米德请国王来观看大船下水。他把一根粗绳的末端交给国王，让国王轻轻拉一下。顿时，那艘大船慢慢移动起来，顺利地滑下了水里，国王和大臣们看到这样的奇迹，好像看耍魔术一样，惊奇不已！于是，国王信服了阿基米德，并向全国发出布告："从此以后，无论阿基米德讲什么，都要相信他……"

图 2-29　定位换页位置

（2）在"插入"选项卡的"页面"组中单击"分页"按钮，效果如图 2-30 所示，即可实现分页操作，效果如图 2-31 所示。

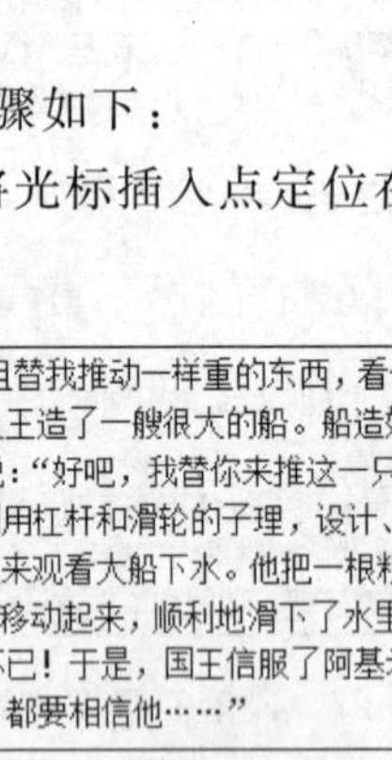

图 2-30　分页命令

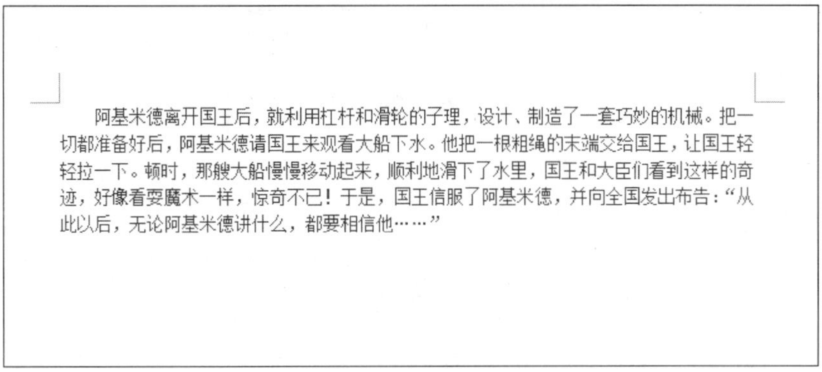

阿基米德离开国王后，就利用杠杆和滑轮的子理，设计、制造了一套巧妙的机械。把一切都准备好后，阿基米德请国王来观看大船下水。他把一根粗绳的末端交给国王，让国王轻轻拉一下。顿时，那艘大船慢慢移动起来，顺利地滑下了水里，国王和大臣们看到这样的奇迹，好像看耍魔术一样，惊奇不已！于是，国王信服了阿基米德，并向全国发出布告："从此以后，无论阿基米德讲什么，都要相信他……"

图 2-31　分页效果

2.3　项目符号和编号

在编辑文档的过程中，对于一些条理性较强的文本内容，可以应用项目符号或编号来创建项目符号列表或编号列表，以使文本内容更加清晰、有序。

2.3.1　创建项目符号和编号

创建编号和创建项目符号的实现方法类似，因此，这里只介绍项目符号的实现方法，其具体操作步骤如下。

（1）打开示例文件 2.3.docx，选择要创建项目符号的所有文本段落，如图 2-32 所示。

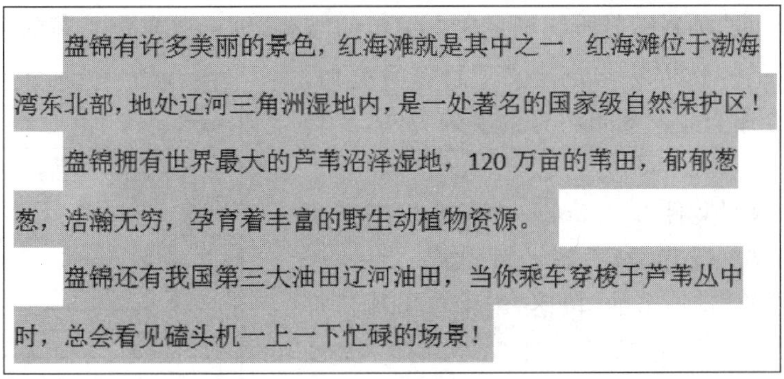

盘锦有许多美丽的景色，红海滩就是其中之一，红海滩位于渤海湾东北部，地处辽河三角洲湿地内，是一处著名的国家级自然保护区！

盘锦拥有世界最大的芦苇沼泽湿地，120 万亩的苇田，郁郁葱葱，浩瀚无穷，孕育着丰富的野生动植物资源。

盘锦还有我国第三大油田辽河油田，当你乘车穿梭于芦苇丛中时，总会看见磕头机一上一下忙碌的场景！

图 2-32　选择文本段落

（2）在"开始"选项卡的"段落"组中单击项目符号按钮右侧的下拉箭头，将展开项目符号库列表，如图 2-33 所示，单击选择一种适合的符号即可，应用项目符号的效果如图 2-34所示。

图 2-33　项目符号库

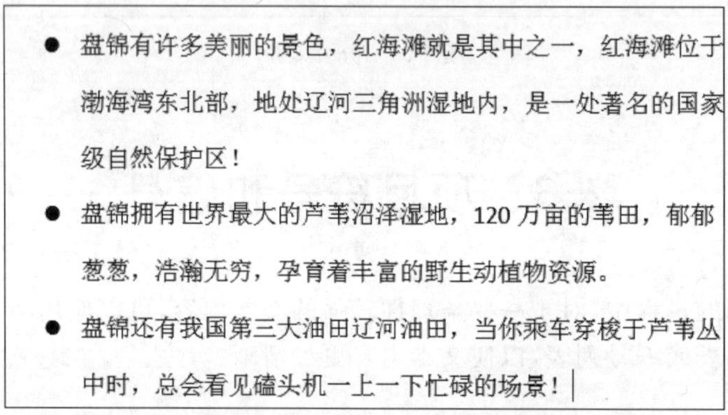

- 盘锦有许多美丽的景色,红海滩就是其中之一,红海滩位于渤海湾东北部,地处辽河三角洲湿地内,是一处著名的国家级自然保护区!
- 盘锦拥有世界最大的芦苇沼泽湿地,120 万亩的苇田,郁郁葱葱,浩瀚无穷,孕育着丰富的野生动植物资源。
- 盘锦还有我国第三大油田辽河油田,当你乘车穿梭于芦苇丛中时,总会看见磕头机一上一下忙碌的场景!

图 2-34　应用项目符号效果

2.3.2　自定义项目符号和编号

　　Word 2013 的项目符号库为用户提供了 7 种项目符号,如图 2-33 所示,如果用户觉得这些预先提供的项目符号不能满足文本编辑的需要,则可以自定义新的项目符号。由于自定义编号的操作方法与自定义项目符号类似,因此,这里只介绍自定义项目符号的实现方法,其具体操作步骤如下。

　　(1) 打开示例文件 2.3.docx,选择要应用新项目符号的所有文本段落,如图 2-32 所示。

　　(2) 在"开始"选项卡的"段落"组中单击项目符号按钮右侧的箭头,将展开项目符号库列表,如图 2-33 所示,单击"定义新项目符号"选项,将弹出"定义新项目符号"对话框,如图 2-35 所示。

　　(3) 单击"符号"按钮,将弹出"符号"对话框,如图 2-36 所示,用户可以浏览项目符号,并单击选择所需的项目符号,单击"确定"按钮即可应用新项目符号于文本段落中,效果如图 2-37 所示。

图 2-35　定义新项目符号对话框

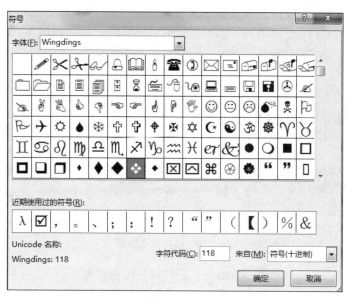

图 2-36　"符号"对话框

❖ 盘锦有许多美丽的景色，红海滩就是其中之一，红海滩位于渤
　海湾东北部，地处辽河三角洲湿地内，是一处著名的国家级自
　然保护区！

❖ 盘锦拥有世界最大的芦苇沼泽湿地，120 万亩的苇田，郁郁
　葱葱，浩瀚无穷，孕育着丰富的野生动植物资源。

❖ 盘锦还有我国第三大油田辽河油田，当你乘车穿梭于芦苇丛
　中时，总会看见磕头机一上一下忙碌的场景！

图 2-37　自定义项目符号效果

2.4　设置边框与底纹

在 Word 2013 中，可以通过设置边框与底纹、水印效果和页面颜色等来给文档添加
一些外观效果，以增加文档的美观度。

2.4.1　设置文本边框与底纹

当需要将文档中的某些文本突出显示时，可以通过给这些文本添加边框和底纹来达
到突出显示的效果。

设置文本边框与底纹的具体操作步骤如下：

（1）打开示例文件 2.4.docx，选择要添加边框的文本内容，如图 2-38 所示。

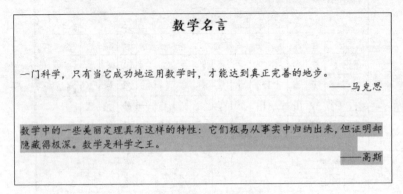

图 2-38　选择文本内容

（2）在"开始"选项卡的"段落"组中单击"边框"按钮右侧的箭头，将展开边框列表，如图 2-39 所示，单击选中"边框和底纹"选项，将弹出"边框和底纹"对话框，如图 2-40 所示。

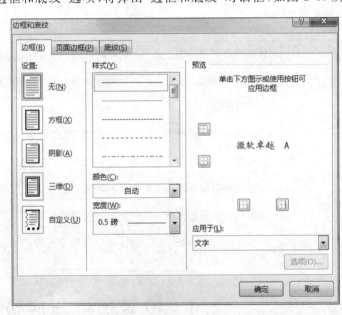

图 2-39　边框列表　　　　　　　图 2-40　"边框和底纹"对话框

（3）在"边框"选项卡的左侧提供了 5 种边框设置方式：无、方框、阴影、三维和自定义。选择一种边框效果后，可以在中间列设置边框的线型样式、边框颜色和宽度，并在对话框的右侧列可以即时预览设置的效果，右下角的"应用于"选项用于设置边框应用的范围，有"文字"和"段落"两个选择。这里将设置选为"方框"，样式选为"波浪线"，颜色设置为"蓝色"，边框宽度设置为"1.5 磅"，应用于选项设置为"文本"，如图 2-41 所示，单击"确定"按钮，设置文字边框的效果如图 2-42 所示。如果将应用于选项设置为"段落"，则将对选定段落设置边框，效果如图 2-43 所示。

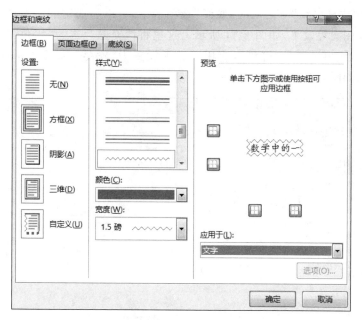

图 2-41　"边框"选项卡

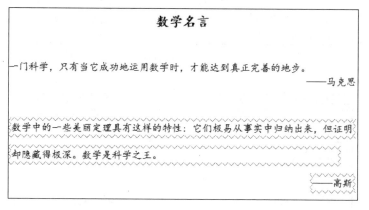

图 2-42　文字应用边框效果

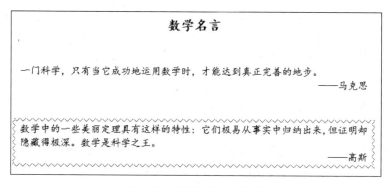

图 2-43　段落应用边框效果

（4）在"边框和底纹"对话框的"底纹"选项卡中，可以为选定的文本内容设置底纹填充颜色和底纹图案等效果，如图 2-44 所示。这里将填充颜色选为"绿色"，图案样式选为"深色下斜线"，颜色设置为"橙色"，应用于选项设置为"段落"，如图 2-45 所示，单击"确定"按钮，效果如图 2-46 所示。

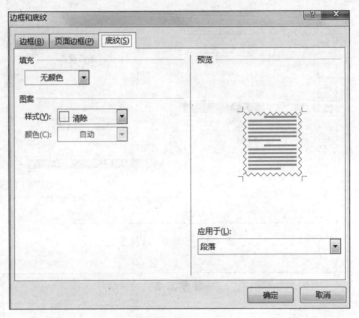

图 2-44　底纹对话框

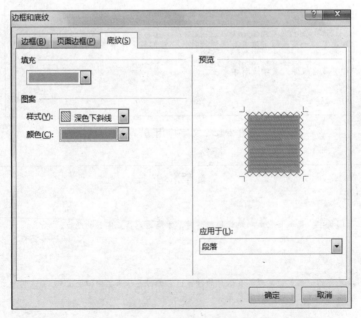

图 2-45　设置底纹选项卡

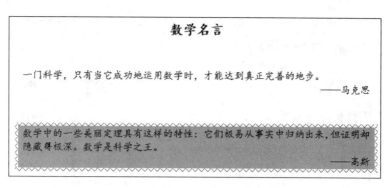

数学名言

一门科学，只有当它成功地运用数学时，才能达到真正完善的地步。

——马克思

数学中的一些美丽定理具有这样的特性：它们极易从事实中归纳出来，但证明却隐藏得极深。数学是科学之王。

——高斯

图 2-46　应用底纹效果

2.4.2　设置页面边框与底纹

页面边框是为文档的外围添加框线效果，具体操作步骤如下。

（1）打开示例文件 2.4.docx，在"设计"选项卡的"页面背景"组中单击"页面边框"按钮，在弹出"边框和底纹"对话框中选中"页面边框"选项卡，如图 2-47 所示，或者在"开始"选项卡的"段落"组中单击"边框"按钮右侧的箭头，在展开的边框列表中选中"边框和底纹"选项，再单击"页面边框"选项卡。

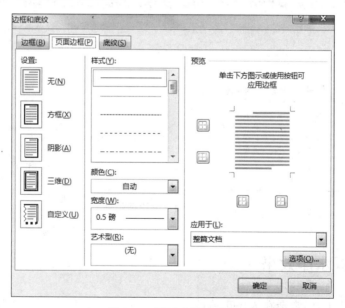

图 2-47　页面边框选项卡

（2）"页面边框"选项卡的界面与"边框"选项卡类似，不同之处有两个地方：一是多了艺术型选项，这里选择一种"花朵"的艺术型效果；二是应用于设置项中多了一个"整篇文档"选项，如果要给文档加外边框必须选择应用于"整篇文档"，如图 2-48 所示，然后单击"确定"按钮，效果如图 2-49 所示。

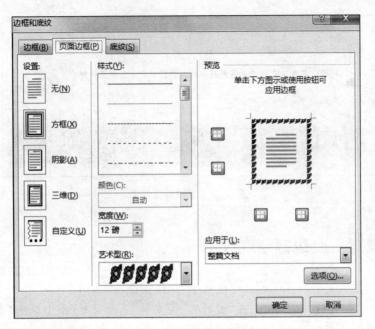

图 2-48 "页面边框"选项卡

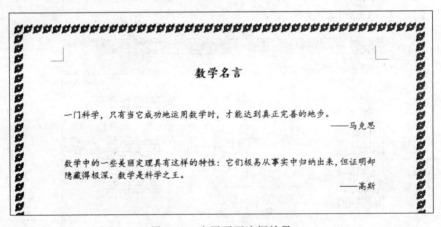

图 2-49 应用页面边框效果

2.4.3 设置水印效果

在日常生活中,经常会在人民币或购物券上看见水印效果,在 Word 2013 中,可以通过在页面背景上添加颜色稍浅的文字或图片来设置水印效果,下面介绍水印效果的具体操作步骤:

(1) 打开示例文件 2.4.docx,在"设计"选项卡的"页面背景"组中单击"水印"下拉箭头,将展开水印列表,如图 2-50 所示。

(2) 水印列表中提供了"机密"、"紧急"和"免责声明"3 种预设水印效果,如果不能满

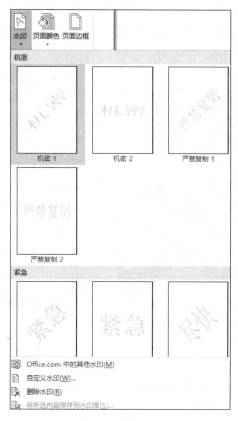

图 2-50　水印列表

足用户的需求,可以单击水印列表下方的"自定义水印"选项来创设符合需要的水印。单击"自定义水印"选项,将弹出"水印"对话框,如图 2-51 所示。选择"图片水印"选项可以选择一幅图片作为水印背景,选择"文字水印"选项可以输入文字作为水印背景。

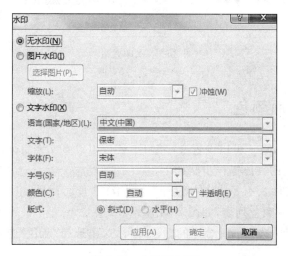

图 2-51　水印对话框

（3）选中"文字水印"单选按钮，输入文字"水印效果"，还可以对水印文字的字体、字号、颜色和版式进行一些设置，如图 2-52 所示，单击"确定"按钮，设置的水印效果如图 2-53 所示。

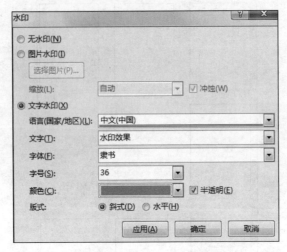

图 2-52　"水印"对话框

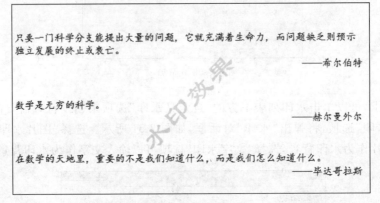

图 2-53　水印效果

2.4.4　设置页面颜色

在 Word 2013 中，除了可以设置文字颜色，还可以设置文档页面的颜色，使文档更加美观。设置页面颜色的具体操作步骤如下。

（1）打开示例文件 2.4.docx，在"设计"选项卡的"页面背景"组中单击"页面颜色"按钮的下拉箭头，将展开颜色列表，如图 2-54 所示。

（2）在颜色列表中选择一种合适的颜色即可，这里选择"蓝色"选项，页面颜色设置效果如图 2-55 所示。

大学计算机应用

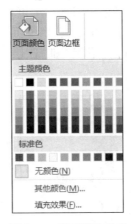

图 2-54　页面颜色列表

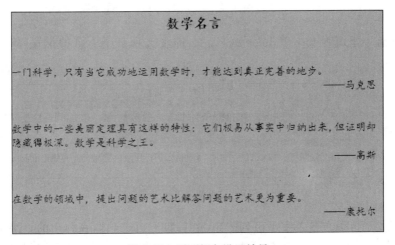

图 2-55　页面颜色设置效果

2.5　特殊版式设计

Word 2013 还为用户提供了许多特殊的文本设计版式,如首字下沉、双行合一、字符缩放、调整字符间距、添加删除线、设置上标和下标、更改大小写以及使用拼音指南等,这些技巧性的操作会使文档增色不少。

2.5.1　首字下沉

在日常生活中读书看报的时候,经常会看见某段文字的首字被放大独立显示,这就是首字下沉的应用。首字下沉是指将段落的第一行文本的第一个字变大并且下移一定的距离,而段落的其他部分保持原样。首字下沉的具体操作步骤如下。

(1) 打开示例文件 2.5.docx,将光标插入点定位在要设置首字下沉的文本段落的任意位置,在“插入”选项卡的“文本”组中单击“首字下沉”按钮的下拉箭头,将展开首字下沉列表,如图 2-56 所示,首字下沉包括“下沉”和“悬挂”两种设置,这里主要介绍“下沉”效果。

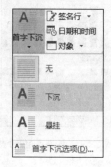

图 2-56　首字下沉列表

(2) 在首字下沉列表中单击“下沉”选项,即可实现首字下沉的设置,效果如图 2-57 所示。

战争史上的一个奇观

公元前２１３年，罗马的军队由玛尔凯路率领进犯阿基米德的国家叙拉古。这时，年已七十五岁的阿基米德立刻竭尽自己的所有才能，帮助祖国，打击敌人。

罗马统帅玛尔凯路，接连攻下叙拉古的两座城后，更加狂妄自大。他认为，只要用五天的准备时间，就可以攻陷国都叙拉古城。但他恰恰没有想到，就是因为有一位热爱祖国的白发苍苍的老人阿基米德，把他的一切计划打破了。

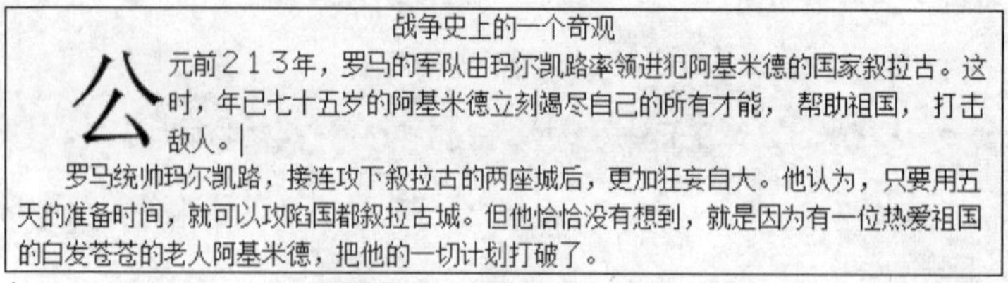

图 2-57　首字下沉效果

操作技巧:可以单击首字下沉列表中的“首字下沉选项”,在弹出的首字下沉对话框中对首字下沉的效果作更详细的设置,如图 2-58 所示。“字体”选项可以设置首字的字体类型,“下沉行数”选项可以设置首字高度所占的行数,“距正文”选项可以设置首字与所在段落其他文字之间的距离。

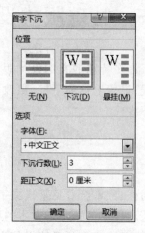

图 2-58　“首字下沉”对话框

2.5.2　双行合一

双行合一是指将两行文字缩小合在一行显示，具体操作步骤如下。

（1）打开示例文件2.5.docx，选择需要进行双行合一操作的文本内容，如图2-59所示。

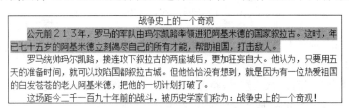

图 2-59　选择双行合一文本

（2）在"开始"选项卡的"段落"组中单击"中文版式"按钮的下拉箭头，将展开中文版式列表，如图2-60所示。

（3）单击"双行合一"选项，将弹出双行合一对话框，如图2-61所示，这里可以设置是否用括号将双行合一的文本括起来，选中带括号复选框，并选择一种括号样式，单击"确定"按钮即可完成设置，效果如图2-62所示。

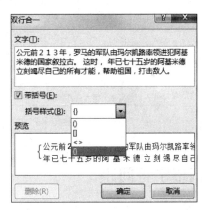

图 2-60　中文版式列表　　　　　　图 2-61　"双行合一"对话框

战争史上的一个奇观

图 2-62　双行合一效果

2.5.3　字符缩放

字符缩放可以对文字产生"拉伸"或"压缩"的缩放效果，具体操作步骤如下。

（1）打开示例文件 2.5.docx，选择需要进行字符缩放操作的文本内容，如图 2-63 所示。

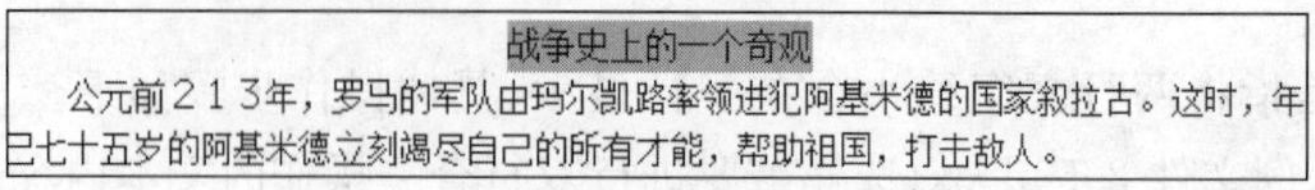

战争史上的一个奇观
公元前213年，罗马的军队由玛尔凯路率领进犯阿基米德的国家叙拉古。这时，年已七十五岁的阿基米德立刻竭尽自己的所有才能，帮助祖国，打击敌人。

图 2-63　选择文本

（2）在"开始"选项卡的"段落"组中单击"中文版式"按钮的下拉箭头，将展开中文版式列表，如图 2-60 所示。

（3）光标选择"字符缩放"选项，将在右侧展开字符缩放比例列表，如图 2-64 所示，这里选择"200％"选项，即可完成设置，效果如图 2-65 所示。

图 2-64　字符缩放比例列表

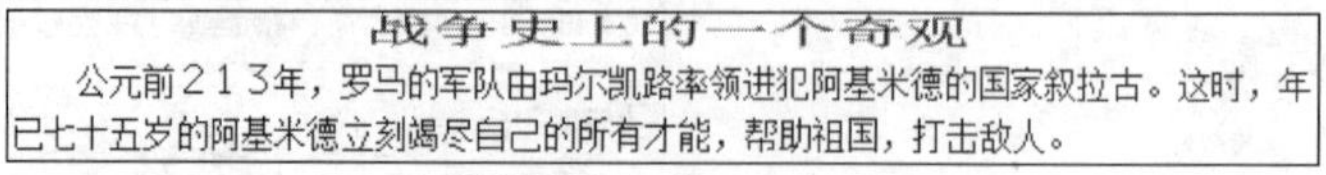

战争史上的一个奇观
公元前213年，罗马的军队由玛尔凯路率领进犯阿基米德的国家叙拉古。这时，年已七十五岁的阿基米德立刻竭尽自己的所有才能，帮助祖国，打击敌人。

图 2-65　字符缩放效果

2.5.4　调整字符间距

有时为了版式的美观，我们需要调整文字之间的间隔距离，以达到较好的排版效果。调整字符间距的具体操作步骤如下。

（1）打开示例文件 2.5.docx，选择需要进行字符缩放操作的文本内容，如图 2-63 所示。

（2）在"开始"选项卡的"段落"组中单击"中文版式"按钮的下拉箭头，将展开中文版式列表，如图 2-60 所示。

（3）选择"调整宽度"选项，弹出"调整宽度"对话框，如图 2-66 所示，在"新文字宽度"选项中可以设置新的文字宽度，单击"确定"按钮即可完成设置，效果如图 2-67 所示。

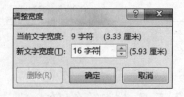

图 2-66　"调整宽度"对话框

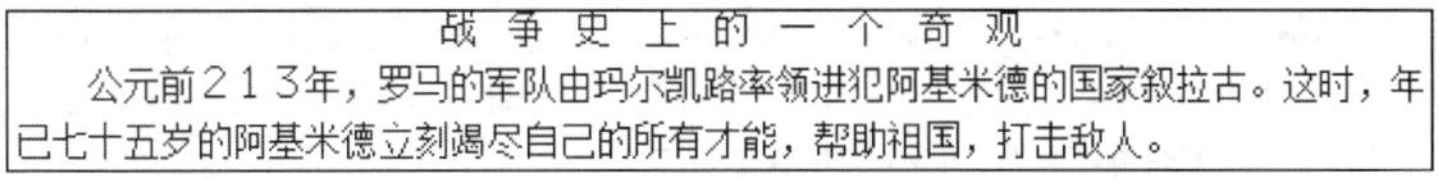

战 争 史 上 的 一 个 奇 观

公元前２１３年，罗马的军队由玛尔凯路率领进犯阿基米德的国家叙拉古。这时，年已七十五岁的阿基米德立刻竭尽自己的所有才能，帮助祖国，打击敌人。

图 2-67　调整宽度效果

2.5.5　添加删除线

在编排文本的时候，或许会需要为某些文本添加删除线，具体操作步骤如下。

（1）打开示例文件 2.5.docx，选择需要添加删除线的文本内容，如图 2-68 所示。

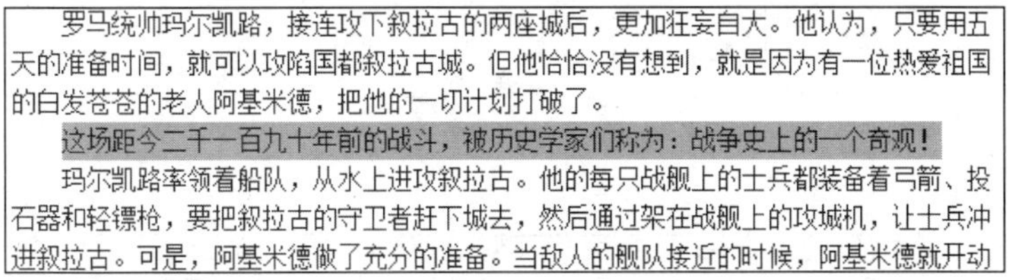

罗马统帅玛尔凯路，接连攻下叙拉古的两座城后，更加狂妄自大。他认为，只要用五天的准备时间，就可以攻陷国都叙拉古城。但他恰恰没有想到，就是因为有一位热爱祖国的白发苍苍的老人阿基米德，把他的一切计划打破了。

这场距今二千一百九十年前的战斗，被历史学家们称为：战争史上的一个奇观！

玛尔凯路率领着船队，从水上进攻叙拉古。他的每只战舰上的士兵都装备着弓箭、投石器和轻镖枪，要把叙拉古的守卫者赶下城去，然后通过架在战舰上的攻城机，让士兵冲进叙拉古。可是，阿基米德做了充分的准备。当敌人的舰队接近的时候，阿基米德就开动

图 2-68　选择添加删除线文本

（2）在"开始"选项卡的"字体"组中单击"删除线"按钮，如图 2-69 所示，即可完成设置，效果如图 2-70 所示。

图 2-69　"删除线"按钮

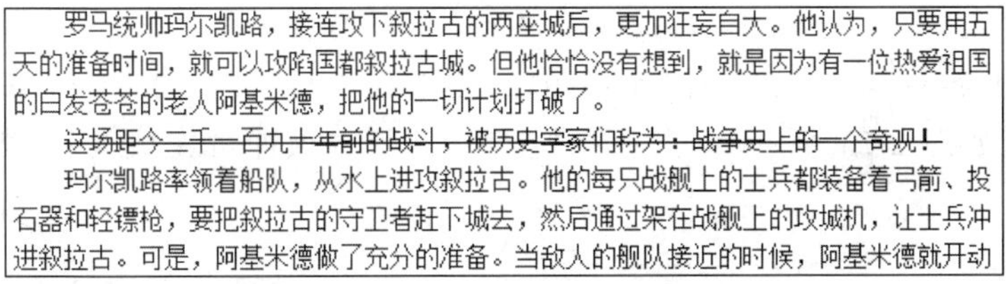

罗马统帅玛尔凯路，接连攻下叙拉古的两座城后，更加狂妄自大。他认为，只要用五天的准备时间，就可以攻陷国都叙拉古城。但他恰恰没有想到，就是因为有一位热爱祖国的白发苍苍的老人阿基米德，把他的一切计划打破了。

这场距今二千一百九十年前的战斗，被历史学家们称为：战争史上的一个奇观！

玛尔凯路率领着船队，从水上进攻叙拉古。他的每只战舰上的士兵都装备着弓箭、投石器和轻镖枪，要把叙拉古的守卫者赶下城去，然后通过架在战舰上的攻城机，让士兵冲进叙拉古。可是，阿基米德做了充分的准备。当敌人的舰队接近的时候，阿基米德就开动

图 2-70　添加删除线效果

2.5.6　设置上标和下标

在编排文本的时候，有时还会需要为某些文本设置上标和下标，这里以设置上标为例，其具体操作步骤如下。

（1）打开示例文件 2.5.docx，选择需要设置上标的文本内容，如图 2-71 所示。

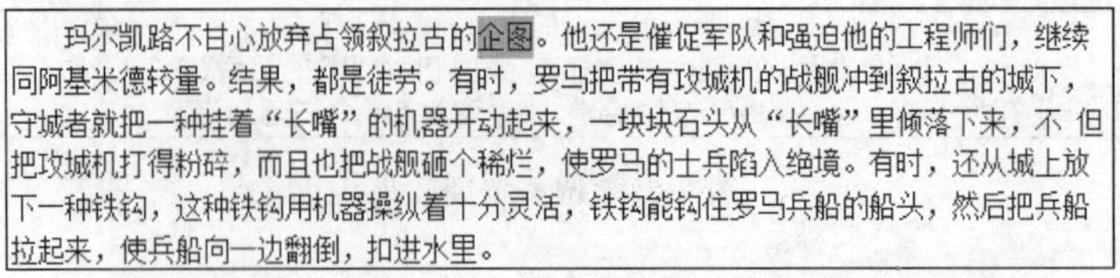

玛尔凯路不甘心放弃占领叙拉古的企图。他还是催促军队和强迫他的工程师们，继续同阿基米德较量。结果，都是徒劳。有时，罗马把带有攻城机的战舰冲到叙拉古的城下，守城者就把一种挂着"长嘴"的机器开动起来，一块块石头从"长嘴"里倾落下来，不 但把攻城机打得粉碎，而且也把战舰砸个稀烂，使罗马的士兵陷入绝境。有时，还从城上放下一种铁钩，这种铁钩用机器操纵着十分灵活，铁钩能钩住罗马兵船的船头，然后把兵船拉起来，使兵船向一边翻倒，扣进水里。

图 2-71　选择添加上标文本

　　（2）在"开始"选项卡的"字体"组中单击"上标"按钮，如图 2-72 所示，即可完成设置，效果如图 2-73 所示。

图 2-72　"上标"按钮

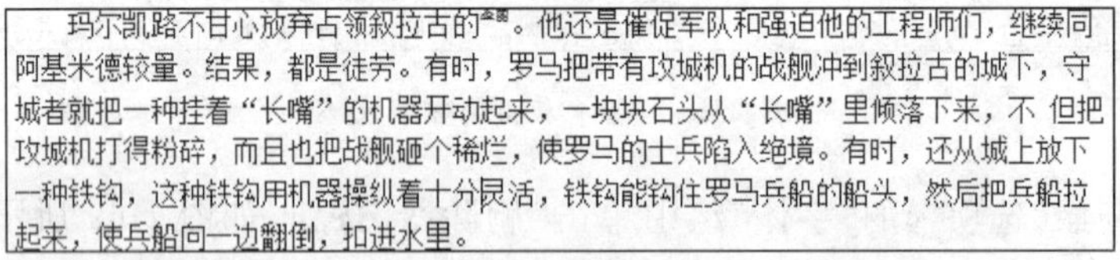

　　玛尔凯路不甘心放弃占领叙拉古的企图。他还是催促军队和强迫他的工程师们，继续同阿基米德较量。结果，都是徒劳。有时，罗马把带有攻城机的战舰冲到叙拉古的城下，守城者就把一种挂着"长嘴"的机器开动起来，一块块石头从"长嘴"里倾落下来，不 但把攻城机打得粉碎，而且也把战舰砸个稀烂，使罗马的士兵陷入绝境。有时，还从城上放下一种铁钩，这种铁钩用机器操纵着十分灵活，铁钩能钩住罗马兵船的船头，然后把兵船拉起来，使兵船向一边翻倒，扣进水里。

图 2-73　设置上标效果

2.5.7　更改大小写

　　在编辑英文文档时，有时需要改变英文单词的大小写，这里以将小写英文单词转变为大写英文单词为例，其具体操作步骤如下。

　　（1）打开示例文件 2.5.docx，选择需要大小写转换的文本内容，如图 2-74 所示。

　　（2）在"开始"选项卡的"字体"组中单击"更改大小写"按钮的下拉箭头，将展开更改大小写列表，如图 2-75 所示，单击选择"全部大写"选项即可完成设置，效果如图 2-76 所示。

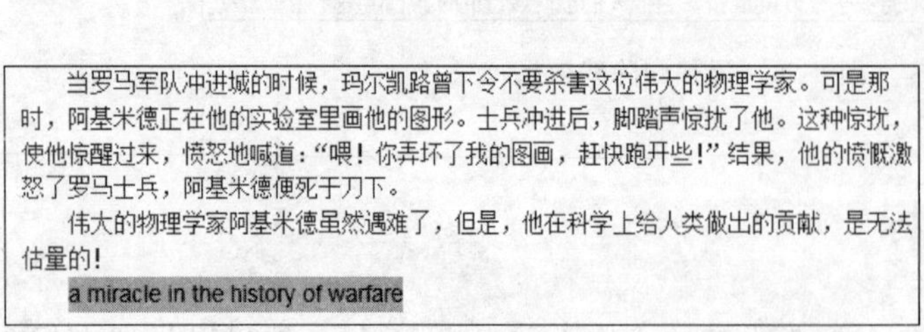

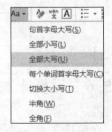

　　当罗马军队冲进城的时候，玛尔凯路曾下令不要杀害这位伟大的物理学家。可是那时，阿基米德正在他的实验室里画他的图形。士兵冲进后，脚踏声惊扰了他。这种惊扰，使他惊醒过来，愤怒地喊道："喂！你弄坏了我的图画，赶快跑开些！"结果，他的愤慨激怒了罗马士兵，阿基米德便死于刀下。

　　伟大的物理学家阿基米德虽然遇难了，但是，他在科学上给人类做出的贡献，是无法估量的！

　　a miracle in the history of warfare

图 2-74　选择英文文本　　　　　图 2-75　更改大小写列表

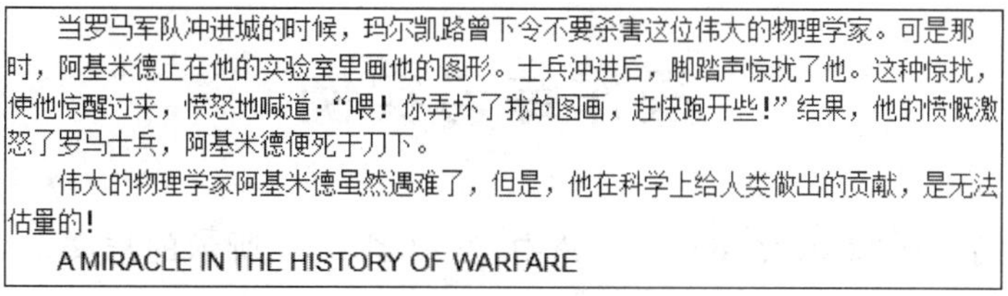

当罗马军队冲进城的时候，玛尔凯路曾下令不要杀害这位伟大的物理学家。可是那时，阿基米德正在他的实验室里画他的图形。士兵冲进后，脚踏声惊扰了他。这种惊扰，使他惊醒过来，愤怒地喊道："喂！你弄坏了我的图画，赶快跑开些！"结果，他的愤慨激怒了罗马士兵，阿基米德便死于刀下。

伟大的物理学家阿基米德虽然遇难了，但是，他在科学上给人类做出的贡献，是无法估量的！

A MIRACLE IN THE HISTORY OF WARFARE

图 2-76　更改大小写效果

2.5.8　使用拼音指南

拼音指南可以在所选汉字上方标注拼音，具体操作步骤如下。

（1）打开示例文件 2.5.docx，选择需要进行标注拼音的文本内容，如图 2-63 所示。

（2）在"开始"选项卡的"字体"组中单击"拼音指南"按钮，如图 2-77 所示，弹出"拼音指南"对话框，如图 2-78 所示，在该对话框中可以进行一些设置并即时预览效果，单击"确定"按钮，效果如图 2-79 所示。

图 2-77　"拼音指南"按钮

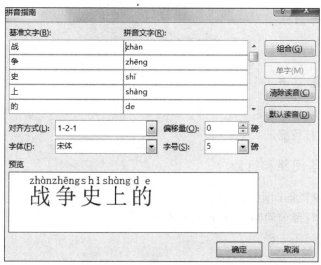

图 2-78　"拼音指南"对话框

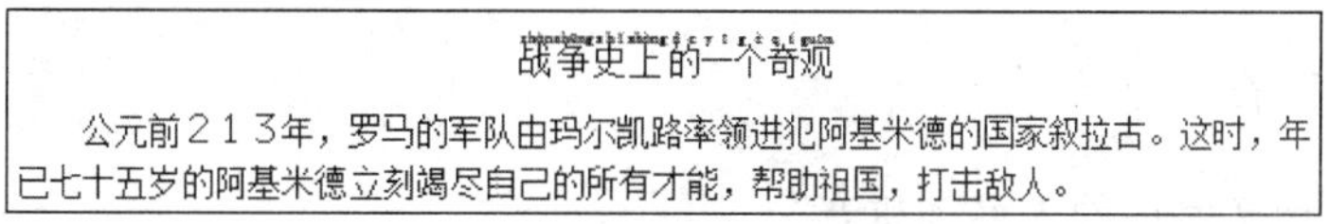

战争史上的一个奇观

公元前213年，罗马的军队由玛尔凯路率领进犯阿基米德的国家叙拉古。这时，年已七十五岁的阿基米德立刻竭尽自己的所有才能，帮助祖国，打击敌人。

图 2-79　设置拼音指南效果

操作练习实例

【操作要求】 在"2-练习.docx"文档中,按照图 2-80 所示的样文,对文档进行以下操作。

1. 设置字体

- 将第 3 段设为楷体。
- 倒数第 2 行,中文为楷体,英文为 Courier New。
- 最后一行设置为楷体。

2. 设置字号

全文为五号。

3. 设置字形

给第 3 段加波浪线。

4. 设置对齐方式

倒数第 1、2 行右对齐。

5. 设置段落缩进

- 第 1、2、4 段首行缩进 2 个字符。
- 第 3 段左右各缩进 4 个字符。

6. 设置段落间距和行距

- 第 1~4 段段前间距 0.5 行。
- 倒数第 2 行段前间距 1 行,段后间距 0.5 行。
- 第 4 段行距 1.5 行。

7. 设置底纹

为第 1 段文字设置底纹:浅色上划线。

8. 添加拼音

为最后一行文字中的人名加拼音。

9. 首字下沉

为第 4 段的首字设置下沉效果。

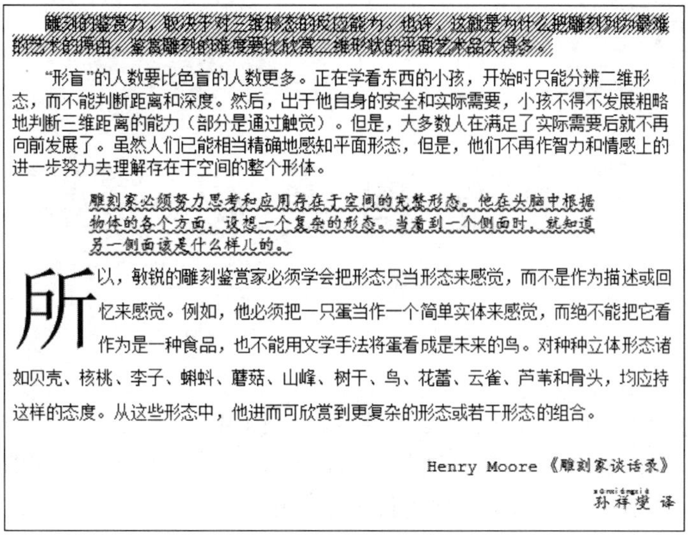

雕刻的鉴赏力，取决于对三维形态的反应能力。也许，这就是为什么把雕刻列为最难的艺术的原由，鉴赏雕刻的难度要比欣赏二维形状的平面艺术品大得多。

"形盲"的人数要比色盲的人数更多。正在学看东西的小孩，开始时只能分辨二维形态，而不能判断距离和深度。然后，出于他自身的安全和实际需要，小孩不得不发展粗略地判断三维距离的能力（部分是通过触觉）。但是，大多数人在满足了实际需要后就不再向前发展了。虽然人们已能相当精确地感知平面形态，但是，他们不再作智力和情感上的进一步努力去理解存在于空间的整个形体。

雕刻家必须努力思考和应用存在于空间的完整形态。他在头脑中根据物体的各个方面，设想一个复杂的形态。当看到一个侧面时，就知道另一侧面该是什么样儿的。

所以，敏锐的雕刻鉴赏家必须学会把形态只当形态来感觉，而不是作为描述或回忆来感觉。例如，他必须把一只蛋当作一个简单实体来感觉，而绝不能把它看作为是一种食品，也不能用文学手法将蛋看成是未来的鸟。对种种立体形态诸如贝壳、核桃、李子、蝌蚪、蘑菇、山峰、树干、鸟、花蕾、云雀、芦苇和骨头，均应持这样的态度。从这些形态中，他进而可欣赏到更复杂的形态或若干形态的组合。

Henry Moore《雕刻家谈话录》

孙祥燮 译

图 2-80　最终效果

第3章

文 档 美 化

本章主要介绍如何在文档中插入艺术字、图片和剪贴画、自选图形、文本框、SmartArt 图形以及如何使用屏幕截图等。通过本章的学习,使大家能够通过艺术字和图形图像等元素的应用来进一步对文档进行美化工作。

3.1 插入艺术字和文本框

3.1.1 插入艺术字

艺术字是指有特殊视觉效果的文字,Word 2013 提供了多种不同类型的艺术字样式,另外还可以根据实际需要对具体的样式进行个性化修改,提高文字的视觉冲击力。插入艺术字的具体操作步骤如下。

(1) 打开示例文件 3.1.docx,将光标插入点定位在要插入艺术字的位置,这里将光标插入点置于文档开头处,在"插入"选项卡的"文本"组中单击"艺术字"按钮的下拉箭头,将展开艺术字样式下拉列表,如图 3-1 所示。

图 3-1　艺术字样式列表

(2) 在该列表中选择一种艺术字样式,这里单击选择第 2 行第 2 个艺术字样式,将在文档中插入一个艺术字输入文本框,并提示我们输入文字,如图 3-2 所示,在文本框里面输入文字"阿基米德的故事"即可应用所选的艺术字样式于文字,效果如图 3-3 所示。

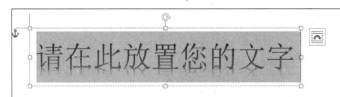

图 3-2　艺术字输入文本框

图 3-3　插入艺术字效果

操作技巧:选中艺术字输入文本框后,文本框的周围会出现 8 个小方框,将光标移动到小方框上面变成双向箭头时,用鼠标左键拖曳可以对艺术字文本框进行放大和缩小操作,正中间小方框上方的圆形箭头是旋转箭头,旋转它可以调整艺术字文本框的角度,在选中文本框、图片和自选图形这些对象时,它们的周围也会出现 8 个小方框和 1 个旋转箭头,具体的作用及使用方法和艺术字文本框的一样。

3.1.2　设置艺术字格式

当选中艺术字文本框时,会出现"绘图工具|格式"选项卡,如图 3-4 所示,利用该选项卡用户可以进一步编辑修改艺术字的形状样式、艺术字样式、文本、排列等效果。

图 3-4　艺术字格式选项卡

设置艺术字的艺术字样式操作方法如下。

（1）先选中要编辑的艺术字文本，或者选中艺术字文本框，在"绘图工具|格式"选项卡的"艺术字样式"组中单击下拉箭头按钮，在展开艺术字下拉列表中单击选择一种新的样式即可，更改艺术字样式后的效果如图 3-5 所示。

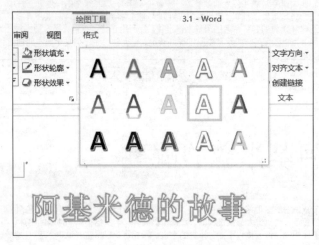

图 3-5　选择艺术字格式

（2）还可以在"绘图工具|格式"选项卡的"艺术字样式"组中分别单击"文本填充"、"文本轮廓"和"文本效果"按钮对艺术字做进一步的效果修改。利用"文本填充"命令可以设置艺术字的文字内部颜色，利用"文本轮廓"命令可以设置艺术字的文字轮廓颜色，利用"文本效果"可以设置艺术字的阴影、映像、发光、棱台、三维旋转和转换等效果，如图 3-6 所示。

（3）下面是文本转换效果的设置。在"绘图工具|格式"选项卡的"艺术字样式"组中单击"文本效果"按钮右侧的下拉箭头，在展开的文本效果列表中单击"转换"选项右侧的箭头，将展开转换效果列表，如图 3-7 所示。例如，可将"正三角"效果应用于所选艺术字文本，应用了"正三角"转换效果的艺术字如图 3-8 所示。

还可以设置艺术字文本框的形状样式，包括文本框的填充颜色、轮廓颜色以及阴影、映像、发光、棱台、三维旋转等效果。设置艺术字文本框的形状样式操作方法如下。

（1）先选中要编辑的艺术字文本，或者选中艺术字文本框，在"绘图工具|格式"选项卡的"形状样式"组中单击"形状样式"组合框的箭头按钮，将展开形状样式下拉列表，如图 3-9 所示，在展开的形状样式下拉列表中选择一种新的形状样式，这里选择第 3 行第 6 个形状样式，更改形状样式后的艺术字文本框的效果如图 3-10 所示。

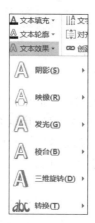

文本填充
文本轮廓
文本效果
阴影(S)
映像(R)
发光(G)
棱台(B)
三维旋转(D)
转换(T)

图 3-6　文本效果等命令

无转换
abcde
跟随路径
弯曲

图 3-7　转换效果列表

阿基米德的故事
叙拉古的亥厄洛王叫金匠造一顶纯金的皇冠，因怀疑里面掺有银，便请阿基米德鉴定。当他进入浴盆洗澡时，水漫溢到盆外，于是悟得不同质料的物体，虽然重量相同，但因体积不同，排去的水也必不相等。根据这一道理，就可以判断皇冠是否掺假。

图 3-8　应用“正三角”转换效果

其他主题填充(O)

图 3-9　形状样式列表

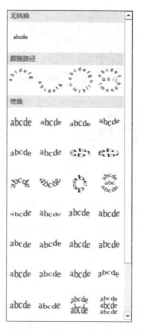

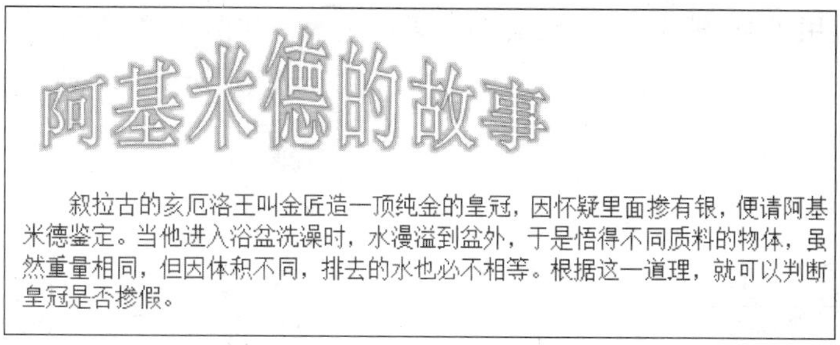

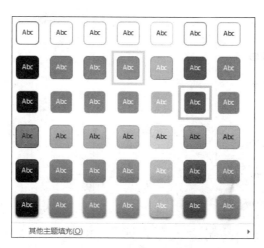

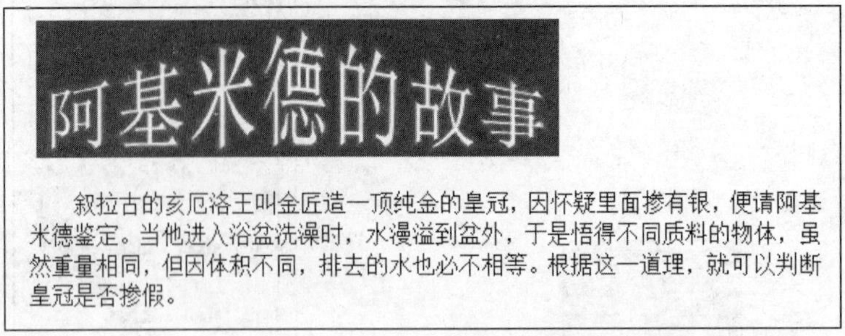

阿基米德的故事
叙拉古的亥厄洛王叫金匠造一顶纯金的皇冠，因怀疑里面掺有银，便请阿基米德鉴定。当他进入浴盆洗澡时，水漫溢到盆外，于是悟得不同质料的物体，虽然重量相同，但因体积不同，排去的水也必不相等。根据这一道理，就可以判断皇冠是否掺假。

图 3-10　应用形状样式效果

（2）在“绘图工具|格式”选项卡的“形状样式”组中单击“形状填充”、“形状轮廓”和“形状效果”按钮可以对艺术字文本框做进一步的效果修改。“形状填充”命令可以设置艺术字文本框的内部颜色，“形状轮廓”命令可以设置艺术字文本框的轮廓颜色，“形状效果”可以设置艺术字文本框的预设、阴影、映像、发光、柔滑边缘、棱台和三维旋转等效果，如图 3-11 所示。

（3）下面进行三维旋转效果的设置。在“绘图工具|格式”选项卡的“形状样式”组中单击“形状效果”按钮右侧的下拉箭头，在展开的形状效果列表中单击“三维旋转”选项右侧的箭头，将展开三维旋转效果列表，如图 3-12 所示，选择“离轴 1 上”效果应用于所选艺术字文本框，应用了“离轴 1 上”三维旋转效果的艺术字如图 3-13 所示。

形状填充
形状轮廓
形状效果
A
预设(P)
阴影(S)
映像(R)
发光(G)
柔化边缘(E)
棱台(B)
三维旋转(D)

图 3-11　形状效果等命令

无旋转
平行
透视
倾斜
三维旋转选项(R)...

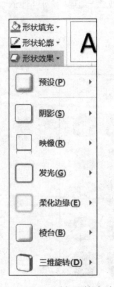

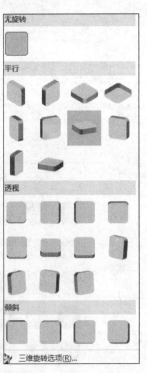

图 3-12　三维旋转效果列表

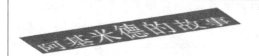

阿基米德的故事
叙拉古的亥厄洛王叫金匠造一顶纯金的皇冠，因怀疑里面掺有银，便请阿基米德鉴定。当他进入浴盆洗澡时，水漫溢到盆外，于是悟得不同质料的物体，虽然重量相同，但因体积不同，排去的水也必不相等。根据这一道理，就可以判断皇冠是否掺假。

图 3-13　应用“离轴 1 上”三维旋转效果

3.1.3　插入文本框

文本框是一种可以移动、调整大小的文字容器或图形容器。使用文本框可以让用户不受文档段落格式、页面设置等因素的影响，将文本放置到文档页面的任意位置。Word 2013 为用户提供了多种内置的文本框样式，用户也可以根据需要绘制横排文框或竖排文本框。下面主要介绍一下绘制竖排文本框的方法。

绘制竖排文本框的具体操作步骤如下。

(1) 打开示例文件 3.1.docx，在“插入选项卡|文本”组中单击“文本框”按钮的下拉箭头，将展开文本框下拉列表，如图 3-14 所示。

文本框
文档部件
艺术字
首字下沉
签名行
日期和时间
对象
公式
符号
编号
内置
简单文本框
奥斯汀提要栏
奥斯汀引言
边线型提要栏
边线型引述
花丝提要栏
花丝引言
怀旧型提要栏
怀旧型引言
Office.com 中的其他文本框(M)
绘制文本框(D)
绘制竖排文本框(V)
将所选内容保存到文本框库(S)

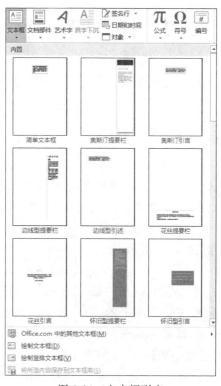

图 3-14　文本框列表

（2）在展开的文本框下拉列表单击"绘制竖排文本框"选项,在文档中需要插入竖排文本框的位置用鼠标拖曳即可生成竖排文本框,在文本框里面输入文字"阿基米德的故事",效果如图 3-15 所示。

图 3-15　竖排文本框效果

（3）选中文本框后,在选项卡区会出现"绘图工具|格式"选项卡,如图 3-4 所示,利用该选项卡用户可以进一步编辑修改文本框及框内文字的形状样式、艺术字样式、文本、排列等效果,具体的实现方法与设置艺术字格式类似,这里就不再赘述。

3.2　插　入　图　片

除了在文档中输入文字之外,还可以在文档中插入图片类元素,构建图文并茂的文档画面来对文档进行美化。

3.2.1　插入本机图片

用户可以在文档中插入计算机中已存储的图片,插入本机图片的具体操作步骤如下。

（1）打开示例文件 3.2.docx,将光标插入点定位在要插入图片的位置,这里将光标插入点置于文档开头处,在"插入"选项卡的"插图"组中单击"图片"按钮,如图 3-16 所示,弹出"插入图片"对话框,如图 3-17 所示。

图 3-16　"图片"按钮

（2）可以浏览本机上的图片资源,选择一幅合适的图片插入,这里选择系统图片库中的一幅示例图片,单击"插入"按钮,即可完成图片的插入工作,选择图片对其进行大小调整,效果如图 3-18 所示。

（3）当图片和文字共存于 Word 文档中时,可以根据需要调整图片周围文字的环绕方式,以达到较好的效果。在"图片工具|格式"选项卡的"排列"组中单击"位置"按钮下拉

图 3-17 "插入图片"对话框

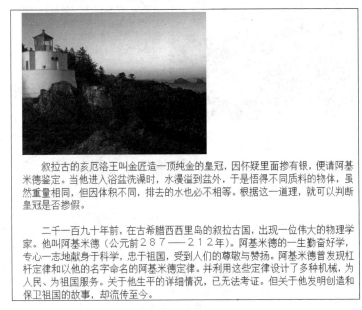

图 3-18 插入图片效果

箭头,将展开位置列表,如图 3-19 所示。

(4) 在图片位置列表中选择一种合适的文字环绕方式即可,这里选择第一种文字环绕方式,应用效果如图 3-20 所示,其实当插入图片后,在图片的右上角就会有一个设置文字环绕方式的"布局选项"按钮 ,单击该按钮也可展开图片位置列表。

操作技巧:单击选中插入的图片,在选项卡区会出现"图片工具|格式"选项卡,如图 3-21 所示,利用该选项卡用户可以进一步编辑修改图片的艺术效果、形状样式、排列、大小等。

图 3-19　图片位置列表

叙拉古的亥厄洛王叫金匠造一顶纯金的皇冠，因怀疑里面掺有银，便请阿基米德鉴定。当他进入浴盆洗澡时，水漫溢到盆外，于是悟得不同质料的物体，虽然重量相同，但因体积不同，排去的水也必不相等。根据这一道理，就可以判断皇冠是否掺假。

二千一百九十年前，在古希腊西西里岛的叙拉古国，出现一位伟大的物理学家。他叫阿基米德（公元前287——212年）。阿基米德的一生勤奋好学，专心一志地献身于科学，忠于祖国，受到人们的尊敬与赞扬。阿基米德曾发现杠杆定律和以他的名字命名的阿基米德定律。并利用这些定律设计了多种机械，为人民、为祖国服务。关于他生平的详细情况，已无法考证。但关于他发明创造和保卫祖国的故事，却流传至今。

图 3-20　文字环绕效果

图 3-21　图片格式选项卡

3.2.2　插入联机图片

除了插入本机图片外，Word 2013 还提供了丰富的联机图片，在文档中通过网络搜索可以获取联机图片。插入联机图片的具体操作步骤如下。

（1）打开示例文件 3.2.docx，将光标插入点定位在要插入联机图片的位置，这里将光标插入点置于文档结尾处，在"插入"选项卡的"插图"组中单击"联机图片"按钮，弹出"插入图片"对话框,如图 3-22 所示。

图 3-22　"插入图片"对话框

（2）在"Office.com 剪贴画"右侧的文本框中输入要搜索的图片关键字,单击"搜索"按钮,系统就会联机搜索相应的图片,并在下方显示所有符合条件的图片,这里输入关键字"自然"进行搜索,搜索到 1000 个联机图片,如图 3-23 所示。

图 3-23　搜索图片

（3）在搜索结果中单击选择一张需要的图片,单击"插入"按钮,就会在文档的指定位置插入联机图片,与上节插入图片的操作类似,可以根据需要适当调整联机图片的大小与文字环绕方式,效果如图 3-24 所示。

操作技巧：除了在"Office.com 剪贴画"中进行联机图片搜索之外,还可以使用"必应图像搜索"进行图像搜索,比如,同样也输入关键字"自然","必应图像搜索"搜索到 16000

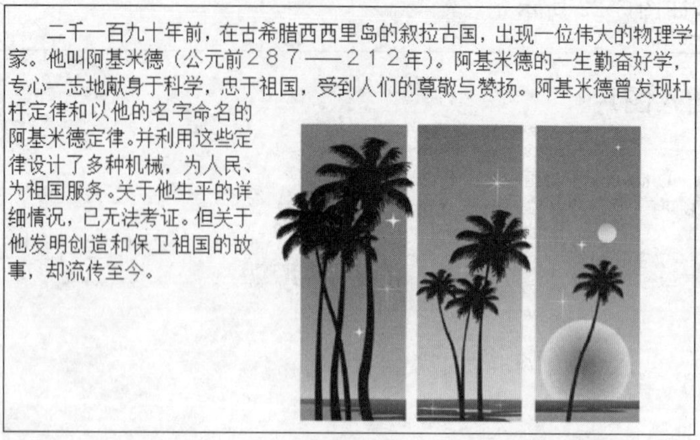

二千一百九十年前，在古希腊西西里岛的叙拉古国，出现一位伟大的物理学家。他叫阿基米德（公元前２８７——２１２年）。阿基米德的一生勤奋好学，专心一志地献身于科学，忠于祖国，受到人们的尊敬与赞扬。阿基米德曾发现杠杆定律和以他的名字命名的阿基米德定律。并利用这些定律设计了多种机械，为人民、为祖国服务。关于他生平的详细情况，已无法考证。但关于他发明创造和保卫祖国的故事，却流传至今。

图 3-24　插入联机图片效果

个联机图片，搜索结果如图 3-25 所示。

返回到站点
必应图像搜索
16100 个搜索结果: 自然
自然
选择一个或多个项目。
插入
取消

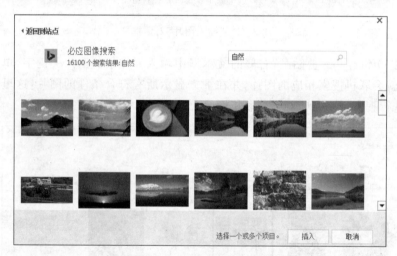

图 3-25　“必应图像搜索”的搜索结果

3.2.3　使用屏幕截图

除了插入本机图片和联机图片外，Word 2013 还提供了屏幕截图功能，使用屏幕截图功能可以轻松截取窗口、软件界面和文件页面中的图片。使用屏幕截图的具体操作步骤如下。

(1) 打开示例文件 3.2.docx，将光标插入点定位在要插入屏幕截图的位置，这里将光标插入点置于文档中间。然后需要激活一下要截取的窗口或软件界面或文件页面，这里准备截取 Windows 7 操作系统桌面背景图片的中间部分，需要先切换到桌面背景一下，然后再回到 Word 文档中。

(2) 在“插入”选项卡的“插图”组中单击“屏幕截图”按钮的向下箭头按钮，弹出屏幕截图列表,如图 3-26 所示,单击"屏幕剪辑"选项,Word 将会自动切换到桌面,鼠标指针将变成十字样式"十",在准备截取图片部分的左上角单击并拖曳到准备截取图片的右下角松开,即可选择所需范围图片,并自动切回到 Word 文档,将截取图片插入到 Word 文档中,效果如图 3-27 所示。

图 3-26　屏幕截图列表

图 3-27　插入屏幕截图效果

3.3　设置图片效果

在文档中插入图片类元素后,可以对图片效果做进一步的设置,以达到更好的视觉效果。本节主要介绍几种常用的设置图片效果的操作,包括应用图片样式、应用图片艺术效果、剪裁图片以及删除图片背景。

3.3.1　应用图片样式

Word 2013 为用户提供了多种图片样式,可以根据需要选择适合的图片样式,以美化图片显示效果。

应用图片效果的具体操作步骤如下。

(1) 打开示例文件 3.3.docx,选中文档中已经插入的图片,在"图片工具|格式"选项

卡的“图片样式”组中单击“图片样式”组合框的向下箭头，将展开图片样式列表，如图 3-28 所示，将光标停留在某个样式上，系统会暂时为所选图片应用该样式，用户可查看效果是否满意，不满意则可以继续浏览别的图片样式。如果找到了合适的图片样式选项则单击该样式即可应用于所选图片，这里单击选择第 2 行第 5 个“圆形对角，白色”样式，应用图片样式的效果如图 3-29 所示。

图片工具
3.3 - Word
引用
邮件
审阅
视图
格式
圆形对角，白色

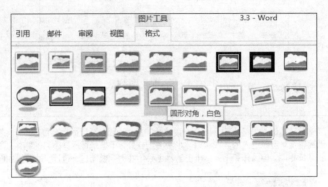

图 3-28　图片样式列表

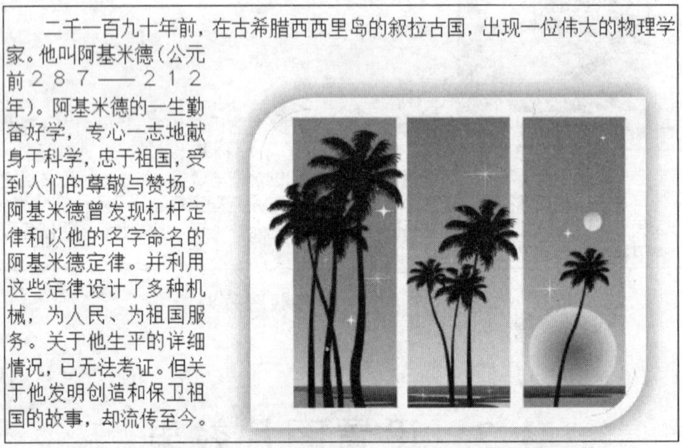

二千一百九十年前，在古希腊西西里岛的叙拉古国，出现一位伟大的物理学家。他叫阿基米德（公元前 2 8 7 —— 2 1 2 年）。阿基米德的一生勤奋好学，专心一志地献身于科学，忠于祖国，受到人们的尊敬与赞扬。阿基米德曾发现杠杆定律和以他的名字命名的阿基米德定律。并利用这些定律设计了多种机械，为人民、为祖国服务。关于他生平的详细情况，已无法考证。但关于他发明创造和保卫祖国的故事，却流传至今。

图 3-29　应用图片样式效果

(2) 用户还可以在“图片工具|格式”选项卡的“图片样式”组中单击“图片边框”、“图片效果”和“图片版式”3 个按钮，对图片样式做进一步的效果修改。“图片边框”用于设置图片边框的颜色、线条样式和粗细等，“图片效果”用于设置图片边框的预设、阴影、映像、发光、柔滑边缘、棱台和三维旋转等效果，“图片版式”用于设置图片的版式。

3.3.2　应用图片艺术效果

Word 2013 为用户提供了多种图片艺术效果，可以根据需要选择适合的图片艺术效果，以美化图片显示效果。

应用图片艺术效果的具体操作步骤如下。

（1）打开示例文件 3.3.docx，选中文档中已经插入的图片，在"图片工具|格式"选项卡的"调整"组中单击"艺术效果"按钮的向下箭头，展开艺术效果列表，如图 3-30 所示，将光标停留在某个艺术效果选项上，系统会暂时为所选图片应用该艺术效果，用户可查看效果是否满意，不满意则可以继续浏览别的艺术效果选项，如果找到了合适的艺术效果选项则单击该选项即可应用于所选图片。这里单击选择第 3 行第 1 个"浅色屏幕"艺术效果选项，效果如图 3-31 所示。

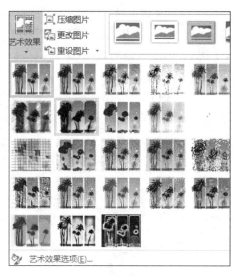

图 3-30　艺术效果列表

图 3-31　应用艺术效果选项的效果

（2）还可以在"图片工具|格式"选项卡的"调整"组中单击"更正"和"颜色"按钮对图片的效果做进一步修改。"更正"用于可以对图片进行锐化和柔化效果处理，还可以设置图片的亮度和对比度，"颜色"用于可以更改图片的颜色饱和度和色调，甚至可以对图片重新着色。

3.3.3 剪裁图片

当用户只需要插入图片中的某一部分时,可以对图片进行剪裁,将不需要的图片部分去掉,只留下需要的图片部分。

剪裁图片的具体操作步骤如下。

(1)打开示例文件 3.3.docx,选中文档中已经插入的图片,在"图片工具|格式"选项卡的"大小"组中单击"剪裁"按钮的向下箭头,展开剪裁列表,如图 3-32 所示,单击剪裁列表中的"剪裁"选项,这时在所选图片周围出现了剪裁控制手柄,如图 3-33 所示。

图 3-32　剪裁列表

(2)用户只需拖曳剪裁控制手柄到所需图片范围,如图 3-34所示,然后按 Enter 车键,即可实现图片剪裁,效果如图 3-35 所示。

图 3-33　剪裁控制手柄

图 3-34　拖曳剪裁控制手柄

二千一百九十年前，在古希腊西西里岛的叙拉古国，出现一位伟大的物理学家。他叫阿基米德（公元前２８７——２１２年）。阿基米德的一生勤奋好学，专心一志地献身于科学，忠于祖国，受到人们的尊敬与赞扬。阿基米德曾发现杠杆定律和以他的名字命名的阿基米德定律。并利用这些定律设计了多种机械，为人民、为祖国服务。关于他生平的详细情况，已无法考证。但关于他发明创造和保卫祖国的故事，却流传至今。

图 3-35　剪裁图片效果

（3）还可以将图片剪裁成不同的形状，具体操作方方法是先选中需要剪裁的图片，然后在"图片工具|格式"选项卡的"大小"组中单击"剪裁"按钮的向下箭头，在展开的剪裁列表中单击"剪裁为形状"选项右侧的箭头，在展开的形状列表中选择一种形状即可实现将图片剪裁成该形状，这里打开示例文件 3.3.docx，选中文档中已经插入的图片，将其剪裁成六边形，效果如图 3-36 所示。

二千一百九十年前，在古希腊西西里岛的叙拉古国，出现一位伟大的物理学家。他叫阿基米德（公元前２８７——２１２年）。阿基米德的一生勤奋好学，专心一志地献身于科学，忠于祖国，受到人们的尊敬与赞扬。阿基米德曾发现杠杆定律和以他的名字命名的阿基米德定律。并利用这些定律设计了多种机械，为人民、为祖国服务。关于他生平的详细情况，已无法考证。但关于他发明创造和保卫祖国的故事，却流传至今。

图 3-36　剪裁为形状效果

操作技巧：用户还可以在"图片工具|格式"选项卡的"大小"组中单击"高度"和"宽度"按钮对图片的大小做进一步修改。"高度"和"宽度"可以通过在文本框中输入具体数值来精确设置图片的高度和宽度。

3.3.4　删除图片背景

Word 2013 还为用户提供了删除图片背景的功能，利用该功能可以根据需要删除图片中的背景部分。

删除图片背景的具体操作步骤如下。

（1）打开示例文件 3.3.docx，选中文档中已经插入的图片，如"图片工具|格式"选项卡的"调整"组中单击"删除背景"按钮，这时将出现"背景消除"选项卡，图片中将出现一个保留区域选定框，如图 3-37 所示。

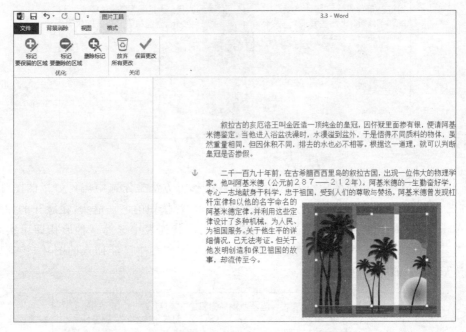

图 3-37   删除图片命令

（2）拖曳保留区域选定框四周的手柄，以选择要保留的图片部分，如图 3-38 所示。然后在"背景消除"选项卡的"关闭"组中单击"保留更改"按钮，或者按 Enter 键，即可完成删除背景操作，效果如图 3-39 所示。

图 3-38   选择保留图片部分

二千一百九十年前，在古希腊西西里岛的叙拉古国，出现一位伟大的物理学家。他叫阿基米德（公元前２８７——２１２年）。阿基米德的一生勤奋好学，专心一志地献身于科学，忠于祖国，受到人们的尊敬与赞扬。阿基米德曾发现杠杆定律和以他的名字命名的阿基米德定律。并利用这些定律设计了多种机械，为人民、为祖国服务。关于他生平的详细情况，已无法考证。但关于他发明创造和保卫祖国的故事，却流传至今。

图 3-39　删除图片背景效果

3.4　插入自选图形

Word 2013 自选图形为用户提供了线条、矩形、基本形状、箭头、公式和流程图等多种类别的图形形状，用户可以组合运用这些图形来绘制出需要的图形样式。

3.4.1　插入自选图形

插入自选图形的具体操作步骤如下。

（1）打开示例文件 3.4.docx，或者自己创建一个空白文档，在"插入"选项卡的"插图"组中单击"形状"按钮的向下箭头，将弹出形状列表，如图 3-40 所示。

（2）单击形状列表中矩形组中的圆角矩形按钮，鼠标指针将变成十字样式"＋"，在准备插入图形的文档位置上单击鼠标并拖曳到合适大小并松开，即可生成一个圆角矩形，如图 3-41 所示。

（3）还可以在圆角矩形内输入文本内容，右击圆角矩形，在弹出的快捷菜单中选择"添加文字"命令，如图 3-42 所示，这时用户就可以在圆角矩形框内输入需要的文本，效果如图 3-43 所示。

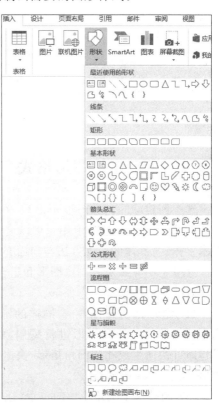

图 3-40　形状列表

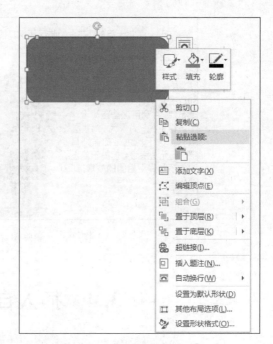

图 3-41　插入圆角矩形

图 3-42　右键快捷菜单

图 3-43　添加文字效果

3.4.2　设置自选图形格式

　　选中创建好的自选图形矩形后,在选项卡区也会出现"绘图工具|格式"选项卡,如图 3-4 所示,利用该选项卡用户可以进一步编辑修改圆角矩形的形状样式及内部文字的艺术字样式,具体的实现方法与前面介绍的设置艺术字格式和文本框格式类似,就不再赘述。这里主要介绍对齐自选图形和组合图形两个操作。

　　对齐自选图形的操作如下。

　　(1)继续创建与图 3-41 同样的圆角矩形,只需选中已创建好的圆角矩形进行复制,然后执行粘贴操作即可快速生成相同圆角矩形,快速生成 3 个圆角矩形,如图 3-44 所示。

　　(2)调整 4 个圆角矩形的位置,让它们基本位于一列,如图 3-45 所示,按住 Ctrl 键的同时单击选中 4

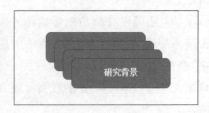

图 3-44　复制圆角矩形

个圆角矩形,在"绘图工具|格式"选项卡的"排列"组中单击"对齐"按钮的下拉箭头,在弹出的对齐方式列表中选择"左对齐"选项和"纵向分布"选项,如图 3-46 所示。则 4 个圆角矩形将会实现左对齐并且纵向之间间距相等,效果如图 3-47 所示。

图 3-45　移动圆角矩形

图 3-46　对齐方式列表

（3）修改 3 个复制圆角矩形内的文字内容,用户还可以插入箭头等其他自选图形形状,将圆角矩形连接成流程图,效果如图 3-48 所示。

图 3-47　左对齐和纵向分布效果

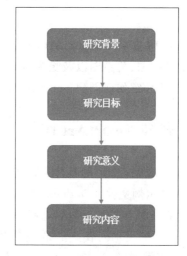

图 3-48　自选图形效果

组合图形是指将绘制的多个图形对象组合在一起成为一个整体图片,以便于整体移动。组合自选图形的操作如下。

（1）按住 Ctrl 键的同时,用鼠标单击选中 4 个圆角矩形和 3 个箭头,在"绘图工具|格式"选项卡的"排列"组中单击"组合"按钮的下拉箭头,在弹出的组合列表中选择"组合"选项,如图 3-49 所示,则选中的所有自选图形将组合成一幅图片,效果如图 3-50 所示。

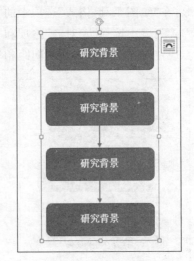

图 3-49　组合列表　　　　　　　图 3-50　　组合自选图形效果

（2）如果想单独编辑组合后的某个自选图形，则需先取消组合，方法是选中该组合图形，在"绘图工具|格式"选项卡的"排列"组中单击"组合"按钮的下拉箭头，在弹出的组合列表中选择"取消组合"选项即可。

3.5　插入 SmartArt 图形

Word 2013 提供了 SmartArt 图形，利用它可以非常轻松地创建图形列表、流程图、循环图、层次结构图、关系图以及更为复杂的图形，以直观的形式快速、轻松、有效地传达信息。本节主要介绍如何创建 SmartArt 图形以及设置 SmartArt 图形的格式。

3.5.1　创建 SmartArt 图形

创建 SmartArt 图形的具体操作步骤如下。

（1）打开示例文件 3.5.docx，或者自己创建一个空白文档，在"插入"选项卡的"插图"组中单击 SmartArt 按钮，弹出"选择 SmartArt 图形"对话框，如图 3-51 所示，左侧一列是 SmartArt 图形的类别列表，"全部"选项中包含了所有类别的 SmartArt 图形，"列表"选项中包含了列表类型的 SmartArt 图形，而"流程"选项中包含了循环类型的 SmartArt 图形，"循环"选项中包含了循环类型的 SmartArt 图形，等等。选中某一个类别选项后，SmartArt 图形对话框的中间会列出该选项下包括的所有 SmartArt 图形，单击某一个 SmartArt 图形样式后，在对话框的右侧会简单说明该 SmartArt 图形的具体用途。

（2）选择"循环"选项中的"基本循环"SmartArt 图形，然后单击"确定"按钮，就会在文档中插入基本循环 SmartArt 图形，如图 3-52 所示。同时，选项卡区会出现"SmartArt 工具"选项卡，如图 3-53 所示。

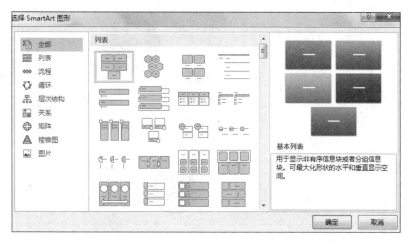

图 3-51 SmartArt 图形对话框

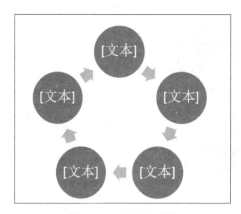

图 3-52 基本循环图

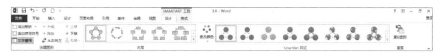

图 3-53 SmartArt 工具选项卡

(3) 单击图 3-52 中的每一个圆形图标就可以进行文字输入,这里做一个五行循环图,因此在 5 个圆形图标中分别输入"金"、"木"、"水"、"火"、"土"5 个字,也可以在图形左侧的文字列表中输入文字,效果如图 3-54 所示。

操作技巧:当需要向创建的 SmartArt 图形中添加圆形图标时,可以右击 SmartArt 图形中任意一个圆形图标,然后在弹出的右键快捷菜单中选择"添加形状"选项就可以在该图标的前面或后面添加新的圆形图标,如图 3-55 所示,如果新添加的圆形图标的位置需要改动,可以选中该图标,再在"SmartArt 工具|设计"选项卡的"创建图形"组中单击"上移"或"下移"按钮,如图 3-53 所示,即可实现图标位置的移动;当需要删除圆形图标时,只需选中该图标,再按 Delete 键即可。

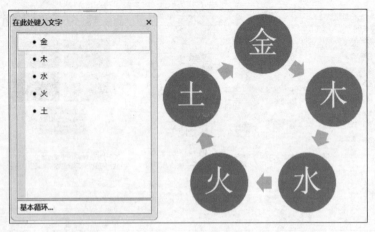

图 3-54　在 SmartArt 图形中输入文字

图 3-55　SmartArt 图形右键菜单

3.5.2　设置 SmartArt 图形格式

在文档中创建了 SmartArt 图形后,还可以对 SmartArt 图形的格式进行修改,包括布局、样式、颜色以及艺术效果等,以进一步提升 SmartArt 图形的显示效果。

更改 SmartArt 图形布局的操作步骤如下。

(1)选中第 3.5.1 节中已创建好的 SmartArt 图形,在"SmartArt 工具|设计"选项卡的"布局"组中单击"布局"组合框的下拉箭头,将展开布局列表,如图 3-56 所示。

(2)选中某个布局选项时,系统会暂时为 SmartArt 图形应用该布局,用户可查看效果是否满意,不满意则可以继续浏览别的布局选项,如果找到了合适的布局选项则单击该选项即可应用于所选 SmartArt 图形,这里单击选择第 1 行第 3 个布局,更改布局后的效果如图 3-57 所示。

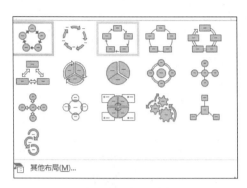

图 3-56　布局列表

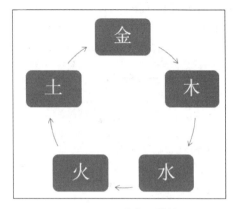

图 3-57　更改布局效果

更改 SmartArt 图形样式的操作步骤如下。

（1）选中第 3.5.1 节已创建好的 SmartArt 图形，在"SmartArt 工具|设计"选项卡的"SmartArt 样式"组中单击"SmartArt 样式"组合框的下拉箭头，将展开 SmartArt 样式列表，如图 3-58 所示。

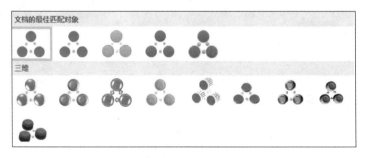

图 3-58　样式列表

（2）选中某个样式选项时，系统会暂时为 SmartArt 图形应用该样式，用户可查看效果是否满意，不满意则可以继续浏览别的样式选项，如果找到了合适的样式选项则单击该选项即可应用于所选 SmartArt 图形，这里单击选择第 2 行第 1 个样式，更改样式后的效果如图 3-59 所示。

更改 SmartArt 图形颜色的操作步骤如下。

（1）选中第 3.5.1 节已创建好的 SmartArt 图形，在"SmartArt 工具|设计"选项卡的"SmartArt 样式"组中单击"更改颜色"按钮的下拉箭头，展开更改颜色列表，如图 3-60 所示。

（2）选中某个颜色选项时，系统会暂时为 SmartArt 图形应用该颜色，用户可查看效果是否

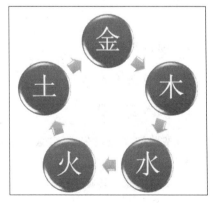

图 3-59　更改样式效果

满意,不满意则可以继续浏览别的颜色选项,如果找到了合适的颜色选项则单击该选项即可应用于所选 SmartArt 图形,这里单击选择彩色组中的第 1 个颜色选项,更改颜色后的效果如图 3-61 所示。

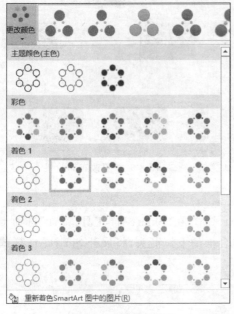

图 3-60　更改颜色列表

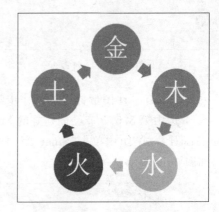

图 3-61　更改颜色效果

操作技巧:在"SmartArt 工具|格式"选项卡中可以进一步对 SmartArt 图形中的文字和背景进行艺术效果设置,其操作方法与设置艺术字和文本框艺术效果的方法类似。

操作练习实例

【操作要求】　在"3-练习.docx"文档中,按照图 3-62 所示样文,对文档进行以下操作:

1. 项目符号

按照样文为第 3～5 段设置项目符号。

2. 插入艺术字

- 按照样文插入艺术字"大学机构"。
- 艺术字样式:右下角。
- 文本效果:转换-两端远。

图 3-62　样文

3. 插入图片

- 按照样文插入图片"3-练习.jpeg"。
- 设置图片文字环绕效果：顶端居右，四周型文字环绕；并适当调整图片位置。

4. 屏幕截图

打开系统自带的示例图片文件夹，按照样文截取图片。

5. 插入文本框

按照样文在文末图片后插入竖排文本框。

第4章

表 格 绘 制

本章主要介绍如何在文档中绘制表格,包括创建表格、编辑单元格、设置表格格式、文本与表格的转换以及表格的计算与排序等。通过本章的学习,使读者能够在文档编辑中运用表格简明、概要地表达信息。

4.1 创 建 表 格

Word 2013 提供了两种创建表格的方式:自动插入表格和手动绘制表格。本节将逐一介绍这两种表格创建方式。

4.1.1 自动插入表格

自动插入表格有 3 种方法,下面先介绍自动插入表格的第 1 种方法,具体操作步骤如下。

(1) 打开示例文件 4.1.docx,或者自己创建一个空白文档,在"插入"选项卡的"表格"中单击"表格"按钮的向下箭头,弹出表格列表,如图 4-1 所示。

(2) 单击表格列表中的"插入表格"选项,将弹出"插入表格"对话框,如图 4-2 所示。

图 4-1 表格列表

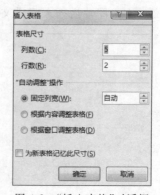

图 4-2 "插入表格"对话框

（3）在"插入表格"对话框中输入要创建表的列数和行数，这里输入 6 列 7 行，然后单击"确定"按钮，就会在文档中插入一个 6 列 7 行的表格，效果如图 4-3 所示。单击表格单元格就可以在单元格中输入文字内容。

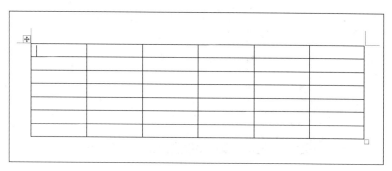

图 4-3　插入 6 列 7 行表格效果

下面介绍一下自动插入表格的第 2 种方法，具体操作步骤如下。

（1）打开示例文件 4.1.docx，或者自己创建一个空白文档，在"插入"选项卡的"表格"组中单击"表格"按钮的向下箭头，弹出表格列表，如图 4-1 所示。

（2）表格列表的上半部分给出了一个 8 行 10 列的表格，将光标在此范围内滑动选定合适的行列数，同时在表格列表左上方会显示所选择表格的行数和列数，这里选定 4 行 4 列，如图 4-4 所示，然后单击，即可在文档中插入一个 4 行 4 列的表格，效果如图 4-5 所示。

最后介绍自动插入表格的第 3 种方法，具体操作步骤如下。

（1）打开示例文件 4.1.docx，或者自己创建一个空白文档，在"插入"选项卡的"表格"组中单击"表格"按钮的向下箭头，将弹出表格列表，如图 4-1 所示。

（2）单击表格列表中的"快速表格"选项右侧的箭头，将展开内置表格列表，如图 4-6 所示。

图 4-4　选择表格行列数

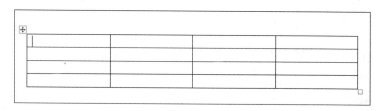

图 4-5　插入 4 列 4 行表格效果

（3）单击内置表格列表中的某个表格即可在文档中插入该样式表格，效果如图 4-7 所示。

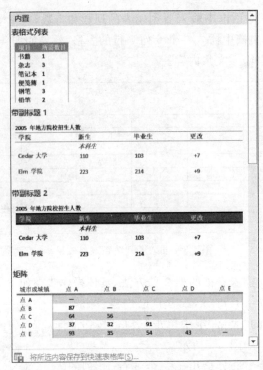

图 4-6 内置表格列表

2005 年地方院校招生人数			
学院	新生	毕业生	更改
本科生			
Cedar 大学	110	103	+7
Elm 学院	223	214	+9
Maple 高等专科院校	197	120	+77
Pine 学院	134	121	+13
Oak 研究所	202	210	-8
研究生			
Cedar 大学	24	20	+4
Elm 学院	43	53	-10
Maple 高等专科院校	3	11	-8
Pine 学院	9	4	+5
Oak 研究所	53	52	+1
总计	998	908	90

来源: 虚构数据，仅作举例之用

图 4-7 插入内置表格效果

4.1.2　手动绘制表格

在 Word 文档中除了可以自动创建表格外，还可以手动绘制表格，具体操作步骤如下。

（1）打开示例文件 4.1.docx，或者自己创建一个空白文档，在"插入"选项卡的"表格"中单击"表格"按钮的向下箭头，弹出表格列表，如图 4-1 所示。

（2）单击表格列表中的"绘制表格"选项，这时光标将会变成一支笔，通过鼠标拖曳就可以利用这支笔来绘制表格了。

4.2　编辑单元格

表格是由多个单元格组成的，很多时候还需要对单元格进行插入、删除、合并和拆分等编辑工作。

4.2.1　插入行、列与单元格

有时需要在已有的表格中插入一列单元格、一行单元格或者是单个单元格。

插入一列单元格和一行单元格的具体操作步骤如下。

（1）打开示例文件 4.2.docx，其中已经创建好一表格，如图 4-8 所示，将光标定位在要插入新列的邻近列的任一单元格中，这里将光标定位在第 4 列第一个单元格中，选项卡区将出现表格工具选项卡，如图 4-9 所示。在"表格工具|布局"选项卡的"行和列"组中单击"在右侧插入"按钮，将在第 4 列的右侧插入新的一列，效果如图 4-10 所示。

星期一	星期二	星期三	星期四
语文	英语	数学	数学
数学	数学	语文	语文
美术	体育	英语	美术
音乐	国学	体育	跆拳道
品德	语文	语文	国学
班会	书法	语文	语文

图 4-8　示例表格

图 4-9　"表格工具"选项卡

星期一	星期二	星期三	星期四	
语文	英语	数学	数学	
数学	数学	语文	语文	
美术	体育	英语	美术	
音乐	国学	体育	跆拳道	
品德	语文	语文	国学	
班会	书法	语文	语文	

图 4-10　在右侧插入列效果

（2）在"表格工具|布局"选项卡的"行和列"组中单击"在下方插入行"按钮，将会在光标定位的单元格行之下插入一新行，效果如图 4-11 所示。

星期一	星期二	星期三	星期四	
语文	英语	数学	数学	
数学	数学	语文	语文	
美术	体育	英语	美术	
音乐	国学	体育	跆拳道	
品德	语文	语文	国学	
班会	书法	语文	语文	

图 4-11　在下方插入行效果

操作技巧：将光标定位在需要插入新行的前一行末尾的结束处，按 Enter 键，就会在下面自动插入一行。

有时需要在已有的表格中指定位置插入单个单元格，插入单个单元格的具体操作步骤如下。

（1）打开示例文件 4.2.docx，其中已经创建好一表格，如图 4-8 所示，将光标定位在要插入新单元格的邻近单元格中，这里将光标定位在第 4 列第一个单元格中，然后右击，弹出快捷菜单，单击"插入"选项右侧的箭头，将展开插入列表，如图 4-12 所示。

（2）单击"插入单元格"按钮，将弹出"插入单元格"对话框，如图 4-13 所示，可以选择当前活动单元格向右移动或向下移动以插入新单元格，这里选择"活动单元格右移"，然后单击"确定"按钮，则将插入一新单元格，而原单元格右移一列，效果如图 4-14 所示。

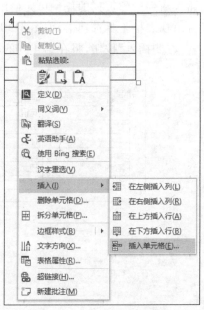

图 4-12　插入右键快捷菜单

图 4-13　"插入单元格"对话框

星期一	星期二	星期三		星期四
语文	英语	数学	数学	
数学	数学	语文	语文	
美术	体育	英语	美术	
音乐	国学	体育	跆拳道	
品德	语文	语文	国学	
班会	书法	语文	语文	

图 4-14　插入单个单元格效果

4.2.2　删除行、列与单元格

有时还需要在表格中删除不需要的单元行、单元列或单个单元格。删除一列单元格和一行单元格的具体操作步骤如下：

（1）打开示例文件 4.2.docx，如图 4-8 所示，将光标定位在要删除列的任意一个单元格中，这里将光标定位在第 4 列第一个单元格中，然后右击，在弹出的快捷菜单中选择"删除单元格"命令，弹出"删除单元格"对话框，如图 4-15 所示。

（2）在"删除单元格"对话框中选中"删除整列"单选按钮，再单击"确定"按钮，则第 4 列单元格将会被删除，效果如图 4-16 所示。

（3）删除一行单元格的操作与上述删除一列单元格的操作类似，只需选择删除对话框中的"删除整行"选项即可。

图 4-15　"删除单元格"
对话框

星期一	星期二	星期三
语文	英语	数学
数学	数学	语文
美术	体育	英语
音乐	国学	体育
品德	语文	语文
班会	书法	语文

图 4-16　删除一列单元格效果

删除单个单元格的具体操作步骤如下。

（1）打开示例文件 4.2.docx，其中已经创建好一表格，如图 4-8 所示，将光标定位在要删除的单元格中，这里将光标定位在第 3 列第一个单元格中，然后右击，在弹出的快捷菜单中选择"删除单元格"命令，弹出"删除单元格"对话框，如图 4-15 所示。

（2）选中"删除单元格"对话框中的"下方单元格上移"单选按钮，再单击"确定"按钮，则被选中的单元格将会被删除，效果如图 4-17 所示。

星期一	星期二	数学
语文	英语	语文
数学	数学	英语
美术	体育	体育
音乐	国学	语文
品德	语文	语文
班会	书法	

图 4-17　删除单个单元格效果

4.2.3　合并与拆分单元格

有时还需要在表格中将多个连续的单元格合并成一个单元格，或者将一个单元格拆分成多个单元格。

合并单元格的具体操作步骤如下：

（1）打开示例文件 4.2.docx，用光标选中需要合并的多个单元格，这里选中第一行所有单元格，如图 4-18 所示。

星期一	星期二	星期三	星期四
语文	英语	数学	数学
数学	数学	语文	语文
美术	体育	英语	美术
音乐	国学	体育	跆拳道
品德	语文	语文	国学
班会	书法	语文	语文

图 4-18　选择一行单元格

（2）在"表格工具|布局"选项卡的"合并"组中单击"合并单元格"按钮即可，合并后的效果如图 4-19 所示。

拆分单元格的具体操作步骤如下：

（1）用光标选中需要拆分的单元格，这里选中图 4-19 中的第一行的第一个单元格，如图 4-20 所示。

（2）在"表格工具|布局"选项卡的"合并"组中单击"拆分单元格"按钮，弹出"拆分单

星期一			
星期二			
星期三			
星期四			
语文	英语	数学	数学
数学	数学	语文	语文
美术	体育	英语	美术
音乐	国学	体育	跆拳道
品德	语文	语文	国学
班会	书法	语文	语文

图 4-19　合并单元格效果

星期一			
星期二			
星期三			
星期四			
语文	英语	数学	数学
数学	数学	语文	语文
美术	体育	英语	美术
音乐	国学	体育	跆拳道
品德	语文	语文	国学
班会	书法	语文	语文

图 4-20　选择单个单元格

元格"对话框,如图 4-21 所示。在对话框中可以设置拆分的行数和列数,这里将列数设为4,行数设为 1,然后单击"确定"按钮即可,拆分后的效果如图 4-22 所示。

图 4-21　"拆分单元格"对话框

星期一	星期二	星期三	星期四
语文	英语	数学	数学
数学	数学	语文	语文
美术	体育	英语	美术
音乐	国学	体育	跆拳道
品德	语文	语文	国学
班会	书法	语文	语文

图 4-22　拆分单元格效果

4.2.4 设置单元格中文字对齐方式

当创建好表格并在其中输入文字之后,还需要对表格中的文字的对齐方式进行设置,以美化表格显示效果。

设置单元格中文字对齐方式的具体操作步骤如下。

(1)打开示例文件4.2.docx,如图4-8所示,单击表格左上角的田图标将选中整个表格,在"表格工具|布局"选项卡的"对齐方式"组中有9种对齐方式可供选择,如图4-23所示。

图4-23 表格文本对齐方式

(2)选择"对齐方式"组中的"水平居中",则所选表格中的文本将会水平居中对齐显示,效果如图4-24所示。

星期一	星期二	星期三	星期四
语文	英语	数学	数学
数学	数学	语文	语文
美术	体育	英语	美术
音乐	国学	体育	跆拳道
品德	语文	语文	国学
班会	书法	语文	语文

图4-24 表格文本水平居中对齐效果

4.3 设置表格格式

为了使表格更加美观,可以对表格进行格式设置,包括修改表格的样式以及设置表格属性。

4.3.1 自动套用表格样式

Word 2013为用户提供了一系列预设的表格样式,可以直接应用于创建的表格中。自动套用表格样式的具体操作步骤如下。

(1)打开示例文件4.3.docx,如图4-25所示,单击表格左上角的田图标选中整个表格,或者将光标定位在表格中的任意单元格中,在"表格工具|设计"选项卡的"表格样式"组中单击"表格样式"组合框的下拉箭头,将展开表格样式列表,如图4-26所示。

(2)将光标停留在某个表格样式上,系统会暂时为所选表格应用该样式,用户可查看效果是否满意,不满意则可以继续浏览别的表格样式,如果找到了合适的表格样式则单击该样式即可应用于所选表格,这里单击选择网格表分组中第4行第2个样式,应用表格样式的效果如图4-27所示。

星期一	星期二	星期三	星期四	星期五
语文	英语	数学	数学	英语
数学	数学	语文	语文	数学
美术	体育	英语	美术	数学
音乐	国学	体育	跆拳道	语文
品德	语文	语文	国学	科技
班会	书法	语文	语文	音乐

图 4-25　示例表格

图 4-26　表格样式列表

星期一	星期二	星期三	星期四	星期五
语文	英语	数学	数学	英语
数学	数学	语文	语文	数学
美术	体育	英语	美术	数学
音乐	国学	体育	跆拳道	语文
品德	语文	语文	国学	科技
班会	书法	语文	语文	音乐

图 4-27　应用表格样式效果

4.3.2　设置表格属性

用户还可以根据需要设置表格的尺寸、对齐方式、环绕方式等属性,设置表格属性的具体操作步骤如下。

(1) 打开示例文件 4.3.docx,如图 4-25 所示,单击表格左上角的⊞图标选中整个表格,在"表格工具|布局"选项卡的"表"组中单击"属性"按钮,展开"表格属性"对话框,如图 4-28 所示。

图 4-28　表格属性对话框

(2) 在该对话框中有"表格"、"行"、"列"、"单元格"和"可选文字"5 个选项卡,在"表格"选项卡中可以设置表格的对齐方式和文字环绕方式,在"行"选项卡中可以精确设置表格的行高,在"列"选项卡中可以精确设置表格的列宽。

除此之外,还可以在"表格工具|布局"选项卡的"单元格大小"组中进行设置,如图 4-29 所示,对表格的单元格进行大小设置,以及平均分布表格各行行高和各列列宽。

图 4-29　"单元格大小"组

4.4　文本与表格的转换

Word 2013 提供了文本与表格相互转换的功能,利用该功能可以轻松地将文本转换成表格,将表格转换成文本。

4.4.1 将表格转换成文本

将表格转换成文本的具体操作步骤如下。

（1）打开示例文件 4.4.docx，如图 4-25 所示，单击表格左上角的 ⊞ 图标选中整个表格，或者将光标定位在表格中的任意单元格中，在"表格工具|布局"选项卡的"数据"组中单击"转换为文本"按钮，弹出"表格转换成文本"对话框，如图 4-30 所示。

图 4-30 "表格转换成文本"对话框

（2）在对话框中选择一种文本分隔符号，这里选择"逗号"选项，然后单击"确定"按钮即可，表格转换为文本的效果如图 4-31 所示。

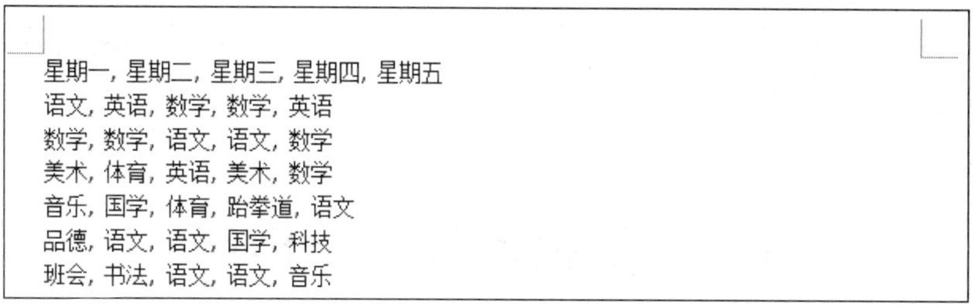

> 星期一, 星期二, 星期三, 星期四, 星期五
> 语文, 英语, 数学, 数学, 英语
> 数学, 数学, 语文, 语文, 数学
> 美术, 体育, 英语, 美术, 数学
> 音乐, 国学, 体育, 跆拳道, 语文
> 品德, 语文, 语文, 国学, 科技
> 班会, 书法, 语文, 语文, 音乐

图 4-31 表格转换成文本效果

4.4.2 将文本转换成表格

将文本转换成表格的具体操作步骤如下。

（1）如图 4-31 所示，选中文本内容，在"插入"选项卡中单击"表格"组的下拉箭头，展开插入表格列表，如图 4-32 所示，选择"文本转换成表格"，弹出"将文字转换成表格"对话框，如图 4-33 所示。

（2）Word 会自动识别将文本转换成表格后表格的列数和行数以及文本分隔符号，如果系统默认设置没有问题，单击"确定"按钮即可，文本转换成表格的效果如图 4-34 所示。

图 4-32 插入表格列表

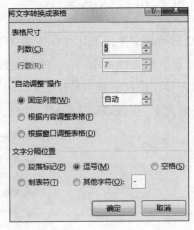

图 4-33 "将文字转换成表格"对话框

星期一	星期二	星期三	星期四	星期五
语文	英语	数学	数学	英语
数学	数学	语文	语文	数学
美术	体育	英语	美术	数学
音乐	国学	体育	跆拳道	语文
品德	语文	语文	国学	科技
班会	书法	语文	语文	音乐

图 4-34 文本转换成表格效果

4.5 表格的计算与排序

Word 2013 还为用户提供了表格计算与排序功能。本节将介绍如何在表格中进行一些基本的计算,以及如何排列表格中的数据。

4.5.1 表格计算

表格计算的具体操作步骤如下。

(1) 打开示例文件 4.5.docx,如图 4-35 所示,将光标定位在第 2 行最后一个单元格,这里求一下"东北区"各季度的销售总额。

(2) 在"表格工具|布局"选项卡的"数据"组中单击"公式"按钮,弹出"公式"对话框,如图 4-36 所示。

(3) 可以在"公式"对话框中设置公式实现计算,这里要求东北区 4 个季度的销售总

季度 区域	1季度销售	2季度销售	3季度销售	4季度销售	汇总
东北区	100	105	115	95	
西北区	87	98	95	84	
华北区	146	138	150	146	
华中区	133	134	132	134	
华南区	112	112	116	150	
东南区	150	150	111	118	

图 4-35　示例表格

图 4-36　"公式"对话框

额,Word 会自动识别表格数据,并预设一个求和公式"＝SUM(LEFT)",这个公式恰好能实现想要的操作,于是只需单击"确定"按钮即可,计算结果如图 4-37 所示。

季度 区域	1季度销售	2季度销售	3季度销售	4季度销售	汇总
东北区	100	105	115	95	415
西北区	87	98	95	84	
华北区	146	138	150	146	
华中区	133	134	132	134	
华南区	112	112	116	150	
东南区	150	150	111	118	

图 4-37　东北区计算结果

(4) 使用同样的操作方法,在图 4-36 所示的公式对话框中设置公式" = SUM
(LEFT)",可以继续求出其余几个区域 4 个季度的销售总额,计算结果如图 4-38 所示。

季度 区域	1季度销售	2季度销售	3季度销售	4季度销售	汇总
东北区	100	105	115	95	415
西北区	87	98	95	84	364
华北区	146	138	150	146	580
华中区	133	134	132	134	533
华南区	112	112	116	150	490
东南区	150	150	111	118	529

图 4-38　所有区域计算结果

4.5.2　表格排序

有时候需要按照一定的次序对表格中的数据重新排列,表格排序的具体操作步骤
如下。

(1) 对图 4-38 中的表格按照汇总后的销售额度进行降序排序,选中表格,在"表格工
具 | 布局"选项卡中选择"数据"组中的"排序"按钮,弹出"排序"对话框,如图 4-39 所示。

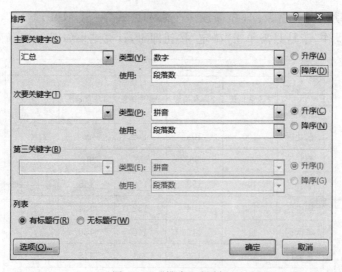

图 4-39　"排序"对话框

（2）在"排序"对话框中，将"汇总"设置为主要关键字并"降序"排列，其余选项不做设置，单击"确定"按钮即可，排序后的效果如图 4-40 所示。

季度 区域	1季度销售	2季度销售	3季度销售	4季度销售	汇总
华北区	146	138	150	146	580
华中区	133	134	132	134	533
东南区	150	150	111	118	529
华南区	112	112	116	150	490
东北区	100	105	115	95	415
西北区	87	98	95	84	364

图 4-40　排序结果

操作练习实例

【操作要求】　在"4-练习.docx"文档中新建 Word 文档，按照图 4-41 所示样文绘制表格。

课　程　表					
日期 课时	星期一	星期二	星期三	星期四	星期五
上 午　第 1 节					
第 2 节					
第 3 节					
第 4 节					
下 午　第 5 节					
第 6 节					

图 4-41　样文

第5章

Word 高效办公与打印输出

本章主要介绍 Word 2013 的文档页面设置、引用功能以及文档打印预览输出,包括设置纸型、页边距和方向、分节符,插入页码,编辑页眉和页脚,文档分栏,生成目录,为文档添加脚注和尾注,以及打印预览文档等。

5.1 页 面 设 置

文档的页面设置是 Word 文档比较基本的排版操作,用户通过设置纸型、页边距和方向、版式以及分隔符来达到需要的文档版面效果。

5.1.1 设置纸张大小

通过设置纸张大小,可以为文档选择合适的纸张尺寸。Word 2013 默认的纸型是 A4,其宽度是 21 厘米,长度是 29.7 厘米。设置纸张大小的具体操作步骤如下。

(1) 打开示例文件 5.1. docx,在"页面布局"选项卡的"页面设置"组中单击"纸张大小"按钮的下拉箭头,展开纸张大小列表,如图 5-1 所示。

(2) 在纸张大小列表中单击选择一种合适的纸张,即可完成文档纸张大小的设置。

5.1.2 设置纸张方向

Word 2013 的纸张方向有两种:纵向和横向,Word 2013 默认的纸张方向是纵向。可以根据需要修改纸张的方向,具体操作步骤如下。

(1) 打开示例文件 5.1. docx,在"页面布局"选项卡的"页面设置"组中单击"纸张方向"按钮的下拉箭头,展开纸张方向列表,如图 5-2 所示。

(2) 在纸张方向列表中单击选择一种合适的纸张方向,即可完成文档纸张方向的设置。

图 5-1　纸张大小列表

图 5-2　纸张方向列表

5.1.3　设置页边距

通过设置页边距,可以调整文档中文本与上下左右页边之间的距离。Word 2013 默认的页边距设置是,上下页边距为 2.54 厘米,左右页边距为 3.17 厘米。用户可以根据实际需要设置文档的上下左右页边距,操作步骤如下。

(1)打开示例文件 5.1.docx,在"页面布局"选项卡的"页面设置"组中单击"页边距"按钮的下拉箭头,展开页边距列表,如图 5-3 所示,在页边距列表中系统预先给出了 5 种页面边距设置选项:普通、窄、适中、宽和镜像,用户可以从中选择合适的页边距。

(2)如果这 5 种预设的页面边距设置选项仍不能满足需求,则可以单击页边距列表最下方的"自定义边距"选项,弹出"页面设置"对话框,如图 5-4 所示。在页边距选项卡中,可以根据需要重新修改设置上、下、左、右页边距的值,单击"确定"命令按钮即可实现更改。

另外,在页边距选项卡中,还可以为文档设置装订线,先在"装订线位置"选项中选择装订线的位置,有"左"和"上"两个选项,然后在"装订线"选项中设置装订线边距值即可。

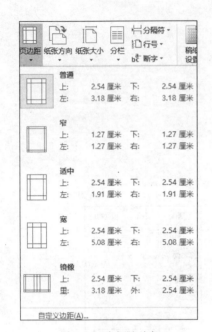

图 5-3　页边距列表

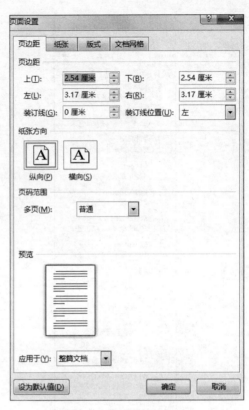

图 5-4　"页面设置"对话框

5.1.4　设置分隔符

　　如果想生成新的一页或者在文档的某一位置插入新节以采用不同的文档格式设置，可以通过设置分隔符来实现。插入分隔符的具体操作步骤如下。

　　(1) 打开示例文件 5.1.docx,将光标插入点定位在要插入分隔符的起始位置,这里将光标定位在第二自然段的开始,如图 5-5 所示,然后在"页面布局"选项卡的"页面设置"组中单击"分隔符"按钮的下拉箭头,展开分隔符列表,如图 5-6 所示。

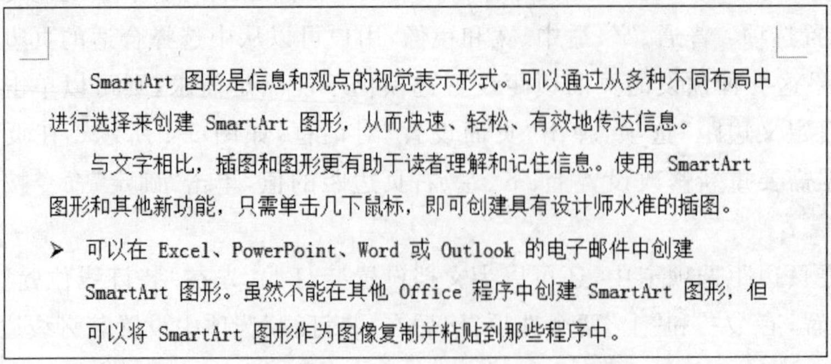

SmartArt 图形是信息和观点的视觉表示形式。可以通过从多种不同布局中进行选择来创建 SmartArt 图形,从而快速、轻松、有效地传达信息。

　　与文字相比,插图和图形更有助于读者理解和记住信息。使用 SmartArt 图形和其他新功能,只需单击几下鼠标,即可创建具有设计师水准的插图。

➤ 可以在 Excel、PowerPoint、Word 或 Outlook 的电子邮件中创建 SmartArt 图形。虽然不能在其他 Office 程序中创建 SmartArt 图形,但可以将 SmartArt 图形作为图像复制并粘贴到那些程序中。

图 5-5　光标定位

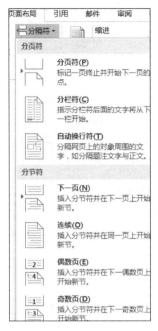

图 5-6　分隔符列表

（2）在分隔符列表中选择一种合适的分节符即可，这里选中"分页符"，则当前光标插入点向后的所有文本内容将出现在新生成的下一页文档页面中，效果如图 5-7 所示。

图 5-7　插入分页符效果

5.2　设置页码

为了方便阅读，还常常需要为文档添加页码，具体操作步骤如下。

（1）打开示例文件 5.2.docx，在"插入"选项卡的"页眉和页脚"组中单击"页码"按钮的下拉箭头，展开页码列表，如图 5-8 所示。

图 5-8　页码列表

（2）在页码列表中，可以选择想要插入页码的位置，这里选择将页码插在页面底端，单击"页面底端"选项的向右箭头，展开页面底端位置列表，如图 5-9 所示。

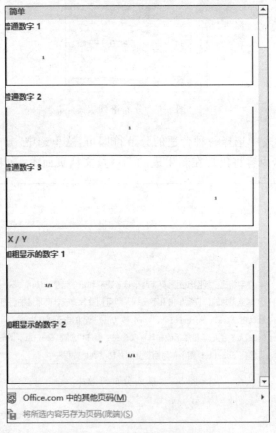

图 5-9　页面底端位置列表

（3）页面底端位置列表，可以选择一种需要的样式，这里选择"普通数字 2"，会在文档页面底端插入选中样式的页码，同时文档进入页脚编辑状态，出现"页眉和页脚工具|设计"选项卡，如图 5-10 所示。

（4）在"页眉和页脚工具|设计"选项卡的"关闭"组中单击"关闭页眉和页脚"按钮，会退出页脚编辑状态，返回文档的页面视图，插入页码的最终效果如图 5-11 所示。

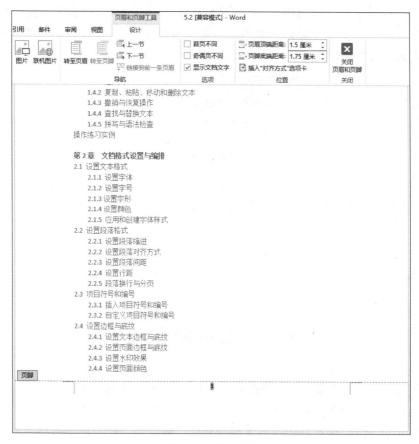

引用　邮件　审阅　视图　　页眉和页脚工具　　5.2 [兼容模式] - Word

设计

图片　联机图片　转至页眉 转至页脚　　上一节　　下一节　　链接到前一条页眉　　首页不同　奇偶页不同　✔ 显示文档文字　　页眉顶端距离: 1.5 厘米　页脚底端距离: 1.75 厘米　插入"对齐方式"选项卡　　关闭页眉和页脚

导航　　选项　　位置　　关闭

页脚

图 5-10　插入页码

1

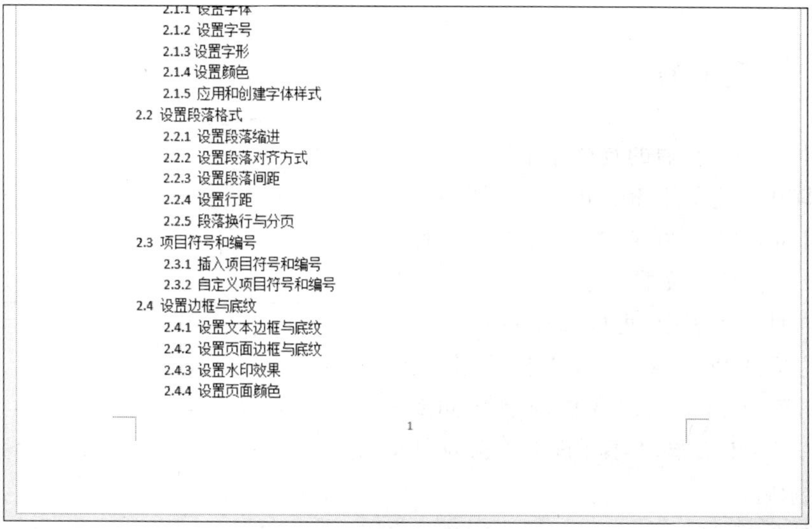

图 5-11　插入页码效果

操作技巧：单击页码列表中的"设置页码格式"选项，将弹出"页码格式"对话框，如图 5-12 所示，在该对话框中可以选择不同的页码编号格式，可以设置页码编号的起始页等；单击页码列表中的"删除页码"，将会删除文档中已插入的页码。

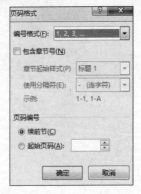

图 5-12　"页码格式"对话框

5.3　设置页眉和页脚

在制作文档时，常常需要为文档添加页眉和页脚，页眉中的内容将显示在文档中每个页面的顶部，而页脚中的内容将显示在文档中每个页面的底部。通常，在页眉中输入文档标题或插入 Logo（标识）图片，而在页脚中设置页码信息。

5.3.1　设置页眉

在文档中插入页眉的具体操作如下。

（1）打开示例文件 5.3.docx，在"插入"选项卡的"页眉和页脚"组中单击"页眉"按钮的下拉箭头，展开页眉列表，如图 5-13 所示。

（2）在页眉列表中，可以选择一种合适的页眉样式，这里选择"边线型"，文档将进入页眉编辑状态，而文档正文成灰白色且不可编辑，并出现"页眉和页脚工具｜设计"选项卡，如图 5-14 所示。

（3）在页眉编辑区可以输入文本文字，也可以插入 Logo 图片，这里输入文字"计算机应用提纲"，然后在"页眉和页脚工具｜设计"选项卡的

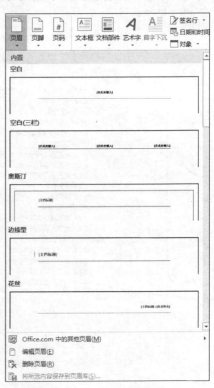

图 5-13　页眉列表

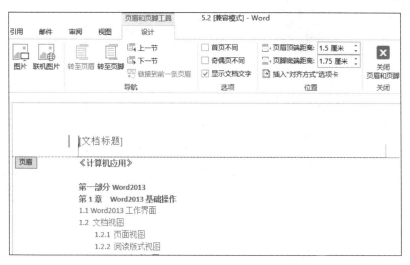

图 5-14　页眉列表

"关闭"组中单击"关闭页眉和页脚"按钮,将会退出页眉编辑状态,返回文档的页面视图,插入页眉的最终效果如图 5-15 所示。

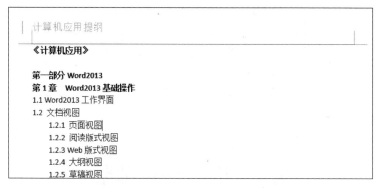

图 5-15　插入页眉效果

操作技巧:还可以在页眉编辑状态下,修改页眉内文字的字体、字号、字形、颜色等文本格式效果;单击"页眉列表"中的"删除页眉"将会删除已插入的页眉信息。

5.3.2　设置页脚

在文档中插入页脚的具体操作如下。

(1) 打开示例文件 5.3.docx,在"插入"选项卡的"页眉和页脚"组中单击"页脚"按钮的下拉箭头,展开页脚列表,如图 5-16 所示。

(2) 在页脚列表中,可以选择一种合适的页脚样式,其具体操作方法与第 5.3.1 节中插入页眉的操作类似,在此不再赘述。

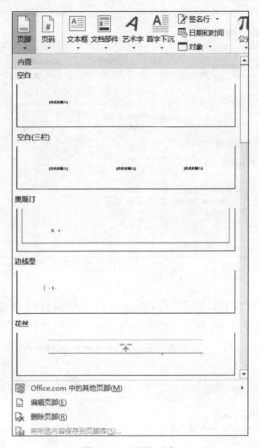

图 5-16　页脚列表

5.4　设置分栏排版

人们经常可以在报刊、杂志上看到分栏排版的文档格式,Word 2013 为用户提供了分栏排版的功能,具体操作步骤如下。

(1)打开示例文件 5.4.docx,选中需要分栏的文本内容,如图 5-17 所示,在"页面布局"选项卡的"页面设置"组中单击"分栏"按钮的下拉箭头,展开分栏列表,如图 5-18 所示。

(2)在分栏列表有"两栏"、"三栏"、"偏左"、"偏右"4 个分栏选项,如果想对分栏效果作更多的设置,则选择"更多分栏"选项,弹出"分栏"对话框,如图 5-19 所示。

(3)在"分栏"对话框中,可以设置分栏的"栏数",可以在栏之间添加分隔线,还可以为每栏设置具体的宽度和栏间距等。这里选中"两栏"和"分隔线"选项,然后单击"确定"按钮,分栏效果如图 5-20 所示。

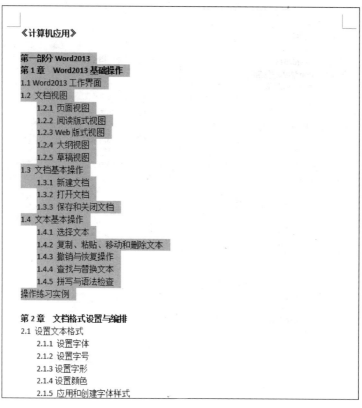

图 5-17　选择分栏文本

图 5-18　分栏列表

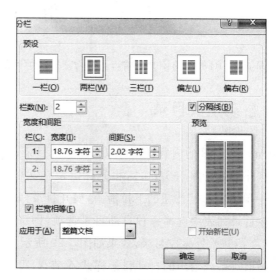

图 5-19　"分栏"对话框

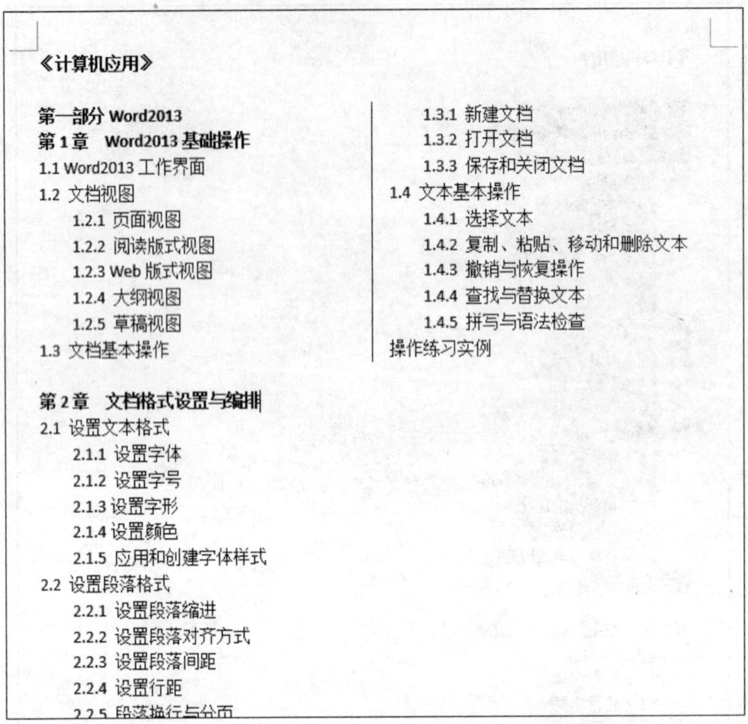

《计算机应用》

第一部分 Word2013
第1章 Word2013基础操作
1.1 Word2013工作界面
1.2 文档视图
　　1.2.1 页面视图
　　1.2.2 阅读版式视图
　　1.2.3 Web版式视图
　　1.2.4 大纲视图
　　1.2.5 草稿视图
1.3 文档基本操作

第2章 文档格式设置与编排
2.1 设置文本格式
　　2.1.1 设置字体
　　2.1.2 设置字号
　　2.1.3 设置字形
　　2.1.4 设置颜色
　　2.1.5 应用和创建字体样式
2.2 设置段落格式
　　2.2.1 设置段落缩进
　　2.2.2 设置段落对齐方式
　　2.2.3 设置段落间距
　　2.2.4 设置行距
　　2.2.5 段落换行与分页

　　1.3.1 新建文档
　　1.3.2 打开文档
　　1.3.3 保存和关闭文档
1.4 文本基本操作
　　1.4.1 选择文本
　　1.4.2 复制、粘贴、移动和删除文本
　　1.4.3 撤销与恢复操作
　　1.4.4 查找与替换文本
　　1.4.5 拼写与语法检查
操作练习实例

图 5-20　分栏效果

5.5　引用功能

使用 Word 2013 中的引用功能，可以实现自动生成目录，添加脚注和尾注等功能。

5.5.1　自动生成目录

运用 Word 2013 的内置样式可以自动生成目录，具体操作步骤如下。

（1）打开示例文件 5.5.docx，将光标定位在文档的开始位置处，在"引用"选项卡的"目录"组中单击"目录"按钮的下拉箭头，展开目录列表，如图 5-21 所示。

（2）在目录列表中选择一种自动目录选项，即可快速生成目录，这里选择"自动目录2"选项，在文档开始处生成目录，效果如图 5-22 所示。

（3）如果对系统给出的自动目录样式不满意，可以单击目录列表中的"自定义目录"选项，弹出"目录"对话框，如图 5-23 所示，可以根据需要对各级目录的选项和样式进行修改。

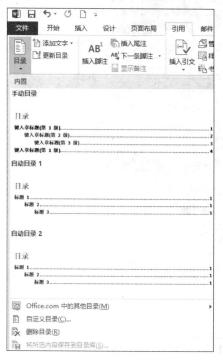

图 5-21　目录列表

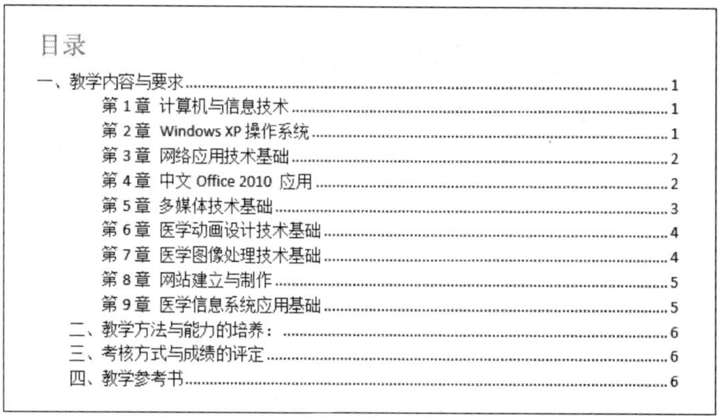

目录

一、教学内容与要求............1
第 1 章 计算机与信息技术............1
第 2 章 Windows XP 操作系统............1
第 3 章 网络应用技术基础............2
第 4 章 中文 Office 2010 应用............2
第 5 章 多媒体技术基础............3
第 6 章 医学动画设计技术基础............4
第 7 章 医学图像处理技术基础............4
第 8 章 网站建立与制作............5
第 9 章 医学信息系统应用基础............5
二、教学方法与能力的培养：............6
三、考核方式与成绩的评定............6
四、教学参考书............6

图 5-22　自动生成目录效果

5.5.2　插入脚注

当需要注释说明文档中的某些内容时，可以通过在相应位置添加脚注来实现，脚注通常显示在文档页面的结尾处。插入脚注的具体操作步骤如下。

(1) 打开示例文件 5.5.docx，将光标插入点定位在需要插入脚注的位置上，如图 5-24 所示。在“引用”选项卡的“脚注”组中单击“插入脚注”按钮，如图 5-25 所示。

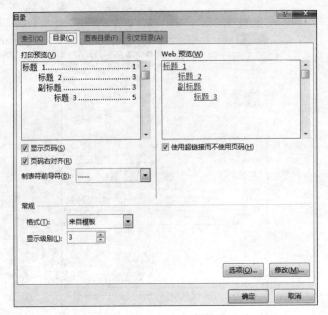

图 5-23 "目录"对话框

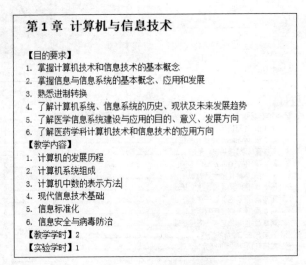

图 5-24 光标定位

图 5-25 插入脚注命令

（2）欲在文档页面的底端显示脚注标号，并将光标插入点定位在此，可以输入需要的脚注内容，这里输入"了解二进制、八进制和十六进制数"，插入脚注的效果如图 5-26 所示。

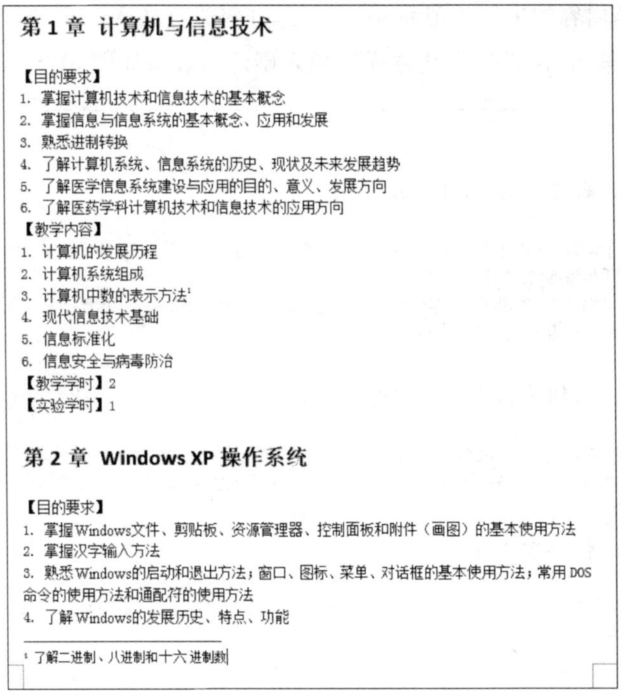

第 1 章 计算机与信息技术

【目的要求】
1. 掌握计算机技术和信息技术的基本概念
2. 掌握信息与信息系统的基本概念、应用和发展
3. 熟悉进制转换
4. 了解计算机系统、信息系统的历史、现状及未来发展趋势
5. 了解医学信息系统建设与应用的目的、意义、发展方向
6. 了解医药学科计算机技术和信息技术的应用方向

【教学内容】
1. 计算机的发展历程
2. 计算机系统组成
3. 计算机中数的表示方法[1]
4. 现代信息技术基础
5. 信息标准化
6. 信息安全与病毒防治

【教学学时】2
【实验学时】1

第 2 章 Windows XP 操作系统

【目的要求】
1. 掌握Windows文件、剪贴板、资源管理器、控制面板和附件（画图）的基本使用方法
2. 掌握汉字输入方法
3. 熟悉Windows的启动和退出方法；窗口、图标、菜单、对话框的基本使用方法；常用DOS命令的使用方法和通配符的使用方法
4. 了解Windows的发展历史、特点、功能

[1] 了解二进制、八进制和十六进制数

图 5-26　插入脚注效果

5.5.3　插入尾注

当需要说明文档中引用的文献或者关键字词时，可以通过在文档相应位置添加尾注来实现，尾注通常显示在文档内容的结尾处。插入尾注的具体操作步骤如下。

(1) 打开示例文件 5.5.docx，用光标选中需要设置尾注的文本内容，如图 5-27 所示。在引用选项卡的“脚注”组中单击“插入尾注”按钮。

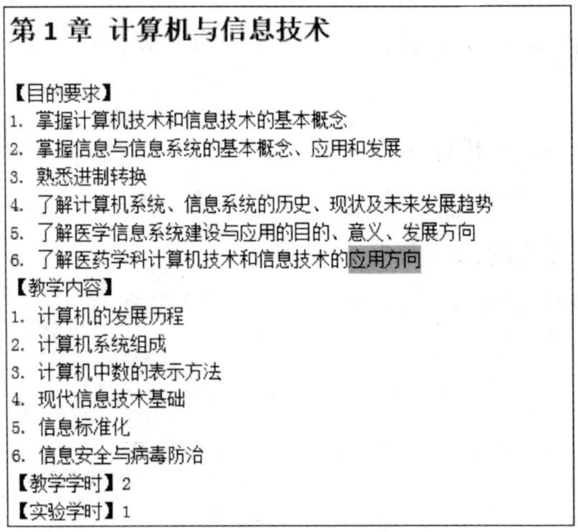

第 1 章 计算机与信息技术

【目的要求】
1. 掌握计算机技术和信息技术的基本概念
2. 掌握信息与信息系统的基本概念、应用和发展
3. 熟悉进制转换
4. 了解计算机系统、信息系统的历史、现状及未来发展趋势
5. 了解医学信息系统建设与应用的目的、意义、发展方向
6. 了解医药学科计算机技术和信息技术的应用方向

【教学内容】
1. 计算机的发展历程
2. 计算机系统组成
3. 计算机中数的表示方法
4. 现代信息技术基础
5. 信息标准化
6. 信息安全与病毒防治

【教学学时】2
【实验学时】1

图 5-27　选择文本

（2）欲在文档内容的末尾处显示尾注标号，并将光标插入点定位在此，可以输入需要的尾注内容，这里输入"医学信息化方向"，插入尾注的效果如图 5-28 所示。

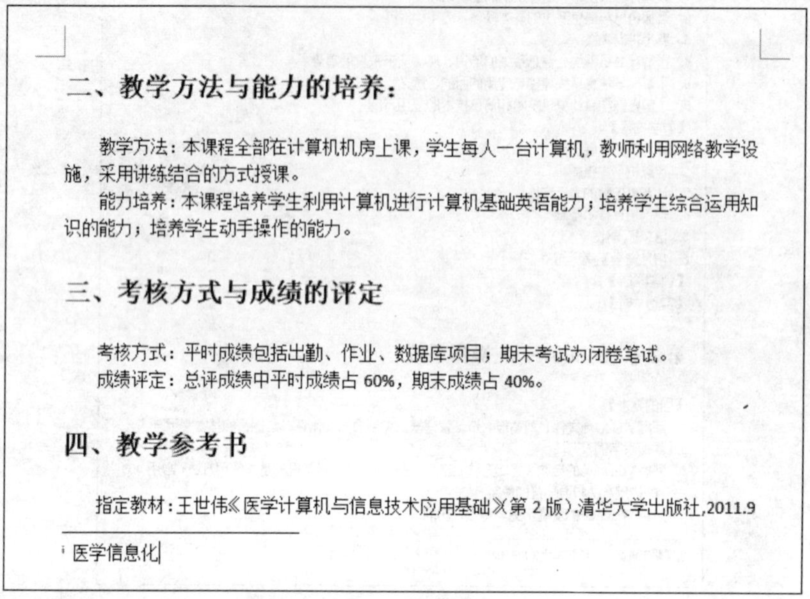

二、教学方法与能力的培养：

教学方法：本课程全部在计算机机房上课，学生每人一台计算机，教师利用网络教学设施，采用讲练结合的方式授课。
能力培养：本课程培养学生利用计算机进行计算机基础英语能力；培养学生综合运用知识的能力；培养学生动手操作的能力。

三、考核方式与成绩的评定

考核方式：平时成绩包括出勤、作业、数据库项目；期末考试为闭卷笔试。
成绩评定：总评成绩中平时成绩占 60%，期末成绩占 40%。

四、教学参考书

指定教材：王世伟《医学计算机与信息技术应用基础》(第 2 版)．清华大学出版社，2011.9

i 医学信息化

图 5-28　插入尾注效果

5.6　打　印　预　览

制作完成一篇文档后，在正式打印输出文档之前，可以使用 Word 2013 提供的打印预览功能先查看一下文档的整体效果，如果有不满意的地方可以再切换回页面视图进行修改，直到满意再打印输出文档。打印预览文档的具体操作步骤如下。

（1）打开示例文件 5.6.docx，选中"文件"选项卡，展开文件菜单列表，如图 5-29 所示。

（2）选择"打印"选项，展开打印设置和预览窗口，如图 5-30 所示，左侧一列是打印设置选项，可以设置打印文档的份数，选择打印机，设置打印范围，纸张方向以及纸张类型等属性，而右侧一列则是文档的打印预览效果图。

（3）如果对文档的预览效果满意，则单击打印设置和预览窗口中的"打印"按钮即可打印输出文档。

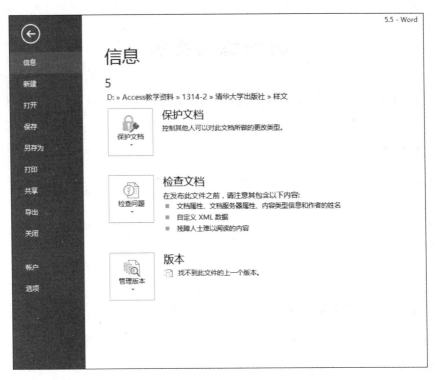

图 5-29　文件菜单列表

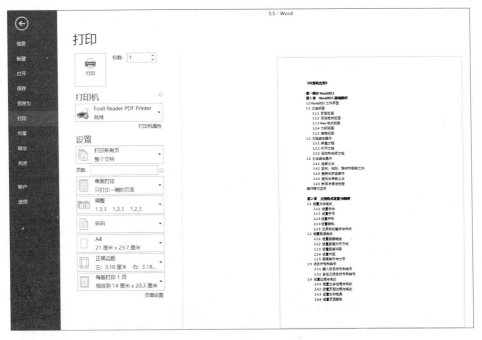

图 5-30　打印设置和预览窗口

操作练习实例

【操作要求】 在“5-练习.docx”文档中，按照图 5-31 所示样文，对文档进行以下操作：

1. 文档的分页

为每章内容设置另起一页的分页效果。

2. 插入页眉

按照样文所示设置页眉。

3. 插入目录

按照样文为文档自动生成目录。

4. 插入页码

按照样文所示插入页码信息。

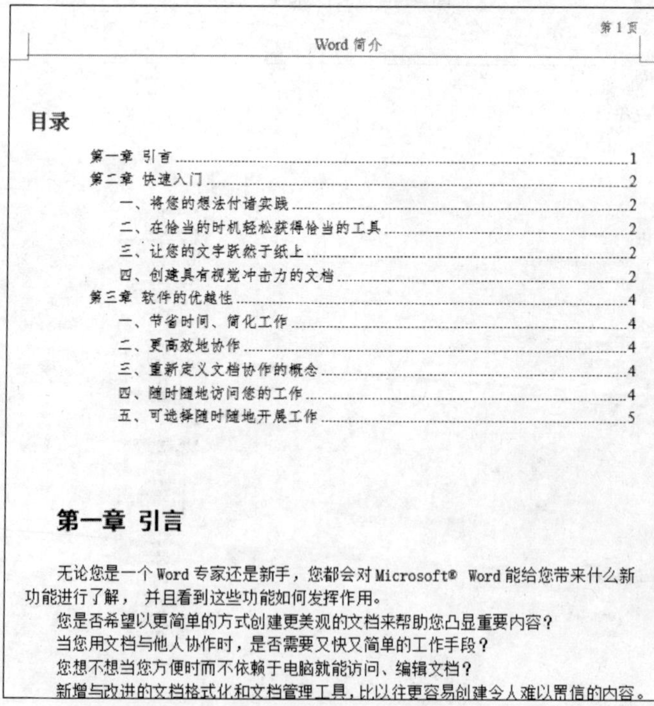

第 1 页

Word 简介

目录

第一章 引言 1
第二章 快速入门 2
一、将您的想法付诸实践 2
二、在恰当的时机轻松获得恰当的工具 2
三、让您的文字跃然于纸上 2
四、创建具有视觉冲击力的文档 2
第三章 软件的优越性 4
一、节省时间、简化工作 4
二、更高效地协作 4
三、重新定义文档协作的概念 4
四、随时随地访问您的工作 4
五、可选择随时随地开展工作 5

第一章 引言

无论您是一个 Word 专家还是新手，您都会对 Microsoft® Word 能给您带来什么新功能进行了解，并且看到这些功能如何发挥作用。
您是否希望以更简单的方式创建更美观的文档来帮助您凸显重要内容？
当您用文档与他人协作时，是否需要又快又简单的工作手段？
您想不想当您方便时而不依赖于电脑就能访问、编辑文档？
新增与改进的文档格式化和文档管理工具，比以往更容易创建令人难以置信的内容。

图 5-31 样文

第6章

Excel 基础操作

本章将介绍 Excel 2013 的工作界面、工作簿的基本操作、工作表的基本操作、Excel 中输入数据、数据的自动填充功能、数据有效性的设置等内容。通过本章的学习，可掌握 Excel 2013 的基础操作。

6.1 Excel 工作界面

在 Windows 7 中，选择"开始"|"Microsoft Office 2013"|"Excle2013"命令，即可启动 Excel 2013。

Excel 2013 启动之后，将会看到图 6-1 所示的界面。

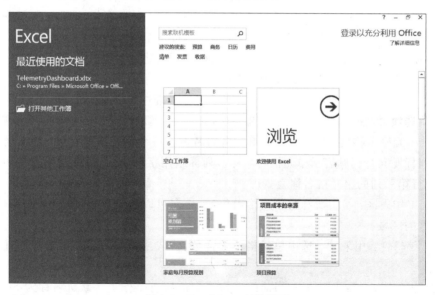

图 6-1　Excel 2013 起始界面

在这个界面中，可以打开已经存在的 Excel 文件，也可以新建 Excel 文件，还可以选择"欢迎使用 Excel"快速学习 Excel 2013 的 3 个新功能。还可以选择某一主题的模板为用户完成大多数设置和设计工作，让用户可以专注于数据。打开 Excel 2013 时，可以看到预算、日历、表单和报告等模板,也可以输入主题搜索联机模板。

单击"空白工作簿",即可新建一个 Excel 工作簿,界面如图 6-2 所示。

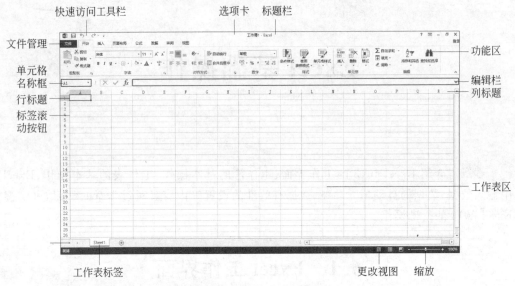

图 6-2　Excel 2013 工作界面

Excel 2013 工作界面主要部分说明如下。

(1) 快速访问工具栏:可以将常用的工具按钮添加到快速访问工具栏,以便使用。

(2) 选项卡:Excel 2013 中常用的选项卡有"开始"、"插入"、"页面布局"、"公式"、"数据"、"审阅"、"视图"、"团队"共 8 个选项卡。单击任何一个选项卡,即可显示相应的功能区。每个功能区由很多组组成,每组又由很多工具按钮组成。

(3) 标题栏:标题栏显示 Excel 文件的名称。当新建一个空白工作簿,默认的名称是"工作簿 1",保存文件时,可以重新为文件命名。

(4) 文件管理:又称为 BackStage 视图。文件管理中包含 Excel 2003"文件"菜单中所有菜单选项,例如"打开"、"新建"、"保存"等选项,还可以设置 Excel 选项、更改账户。

(5) 单元格名称框:显示选中的单元格的名称。每个单元格都有唯一的名称,Excel 中使用列标题和行标题表示单元格的名称。列标题用字母表示,行标题用数字表示。例如,第一行第一列的单元格名称为 A1。

(6) 工作表区:是由所有的单元格组成的,用户可以在工作表区输入数据,是编辑、处理数据的区域。

(7) 编辑栏:用来显示选中单元格中的常数、公式或函数。可以在编辑栏直接进行编辑。

(8) 工作表标签:用来显示当前的工作簿中的所有工作表。默认名称为 Sheet1,可以修改工作标签的名称,也可以单击右侧的"⊕"按钮添加新的工作表。一个工作簿中可以有一个或多个工作表。

(9) 更改视图:可以切换到不同的视图。Excel 2013 中的视图有"普通"视图、"页面布局"视图和"分页预览"视图。

6.2 工作簿的基本操作

6.2.1 新建工作簿

1. 新建空白工作簿

方法 1：在"文件"选项卡中选择"新建"选项，再选择"空白工作簿"。

方法 2：在快速访问工具栏中单击"新建"按钮。

方法 3：使用快捷方式，按 Ctrl+N 键。

2. 选择模板新建工作簿

在"文件"选项卡选择"新建"选项，再选择"选择模板"，单击"创建"按钮。

例如，选择"费用趋势预算"模板，将会弹出如图 6-3 所示界面，单击"创建"按钮就会下载该模板，创建"费用趋势预算 1"文件。

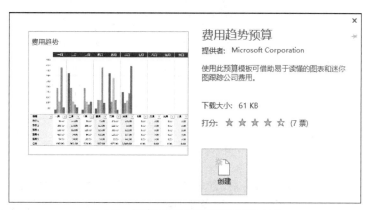

图 6-3　创建"费用趋势预算"模板文件

6.2.2 保存工作簿

工作簿创建后，可以以当前名称保存工作簿，或者重新输入名称，另存为更改名称后的文件。

方法 1：在"文件"选项卡中选择"保存"或"另存为"，接着选择文件存储的位置，有 OneDrive、"计算机"、"添加位置"3 种方式。其中，OneDrive 将文件保存为 OneDrive 文档，以便用户从任意位置创建和编辑文档，与他人共同协作处理文档；选择"计算机"，将文件保存在本机上，通过"浏览"按钮选择路径，保存文件；选择"添加位置"，将文件保存到云。

方法 2：通过快速访问工具栏方式，单击"保存"按钮进行保存。

方法 3：通过快捷方式，按 Ctrl+S 键进行保存。

6.2.3　打开工作簿

方法 1：在"文件"选项卡中选择"打开"，选择文件所在位置，打开文件。

方法 2：通过快速访问工具栏方式单击"打开"按钮。

方法 3：通过快捷方式按 Ctrl+O 键。

6.3　工作表的基本操作

在 Excel 工作簿中，可以包含一个或多个工作表。工作表默认名称为 Sheet1，Sheet2，Sheet3……用户可以插入工作表、复制和移动工作表、重命名工作表、删除工作表。

6.3.1　插入工作表

方法 1：单击"新工作表"按钮插入工作表。如图 6-4 所示。

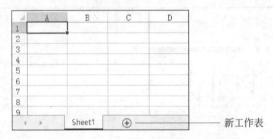

图 6-4　插入工作表

方法 2：在 Sheet1 标签上右击，在弹出的快捷菜单上选择"插入"命令，弹出"插入"对话框，在"常用"选项卡中选择"工作表"，单击"确定"按钮，如图 6-5 所示。

图 6-5　"插入"对话框

方法 3：在"开始"选项卡的"单元格"组中单击"插入"右侧的下拉箭头，选择"插入工作表"选项，如图 6-6 所示。

方法 4：通过快捷方式操作，按 Shift＋F11 键进行插入。

6.3.2 复制和移动工作表

移动工作表是将选中的工作表移动位置；复制工作表是将选中的工作表复制一份，建立副本。

方法 1：右击要移动或复制的工作表标签，从弹出的快捷菜单中选择"移动或复制"命令，弹出"移动或复制工作表"对话框，选择要移动的位置，例如要复制，就选中"建立副本"复选框单击"确定"按钮，如图 6-7 所示。

图 6-6　插入工作表

图 6-7　复制工作表 Sheet1

方法 2：在"开始"选项卡的"单元格"组中单击"格式"按钮右侧的下拉按钮，选择"移动或复制工作表"，弹出图 6-7 所示"移动或复制工作表"对话框，进行与方法一相同的设置即可。

方法 3：移动工作表：选中要移动的工作表标签，按住左键拖到想要移动的位置即可；复制工作表：选中要复制的工作表标签，按住 Ctrl 键的同时拖动左键到想要的位置，就可以实现工作表的复制。

6.3.3 重命名工作表

方法 1：双击工作表标签名称，变成改写状态，输入新的名称，按 Enter 键确定。

方法 2：右击工作表标签名称，从快捷菜单中选择"重命名"命令，输入新的名称，按 Enter 键确定。

方法 3：在"开始"选项卡的"单元格"组中单击"格式"按钮右侧的下拉按钮，选择"重命名工作表"，输入新的名称，按 Enter 键确定。

6.3.4 删除工作表

方法 1：右击工作表标签名称，从弹出的快捷菜单中选择"删除"命令。

方法 2：选中要删除的工作表，在"开始"选项卡的"单元格"组中单击"删除"按钮右侧的下拉箭头，选择"删除工作表"选项，如图 6-8 所示。

图 6-8　删除工作表

6.4　数据的输入

在 Excel 2013 中可以输入文本、数字、日期和时间类型的数据，并可以格式化单元格中的数据。

6.4.1　输入文本

中文、英文或数字、符号的组合都是文本，不需要计算的数字或表达式也是文本。默认情况下，文本在单元格中左对齐，用户可以修改对齐方式。

单元格中输入文本后，可以格式化文本。

方法 1：选中要设置格式的单元格右击，从弹出的快捷菜单中选择"设置单元格格式"命令，弹出"设置单元格格式"对话框，如图 6-9 所示。分别选择"对齐"、"字体"、"边框"、"填充"、"保护"选项卡，完成设置。"设置单元格格式"对话框如图 6-9 所示。

方法 2：在"开始"选项卡的"字体"组中单击相应的按钮，设置文本单元格格式。

6.4.2　输入小数和分数

Excel 中的数字类型可以进行加、减、乘、除等各种运算。不进行运算的数字可以定义为文本类型，例如电话号码、邮编等。

小数输入时可以加入负号，千位分隔符，小数点，百分号，如果是货币类型需要加上货币符号。例如输入￥3,567.89。

分数输入时应该先输入 0 和一个空格，之后再输入分数，分数线用"/"表示。

注意：若直接输入 3/7，Excel 会当作日期处理，变成"3 月 7 日"。

数字类型自动右对齐。

图 6-9 "设置单元格格式"对话框

Excel 2013 中输入数字后,默认的单元格格式为"常规"类型,可以使用"单元格格式"对话框选择数值、货币、分数等其他的数字的格式。

1. 设置小数格式

选择单元格,右击,从弹出的快捷菜单中选择"设置单元格格式"命令,弹出"设置单元格格式"对话框。在"数字"选项卡的"分类"栏中选择"数值"以及小数位数和是否添加千位分隔符,最后单击"确定",如图 6-10 所示。

图 6-10 "数字"选项

2．设置分数格式

在 Excel 中，一个小数可以用不同的分数形式去表示，例如，123.567，可以表示成分母为一位数的分数 $123\frac{4}{7}$，也可以表示成分母为 100 的分数 $123\frac{57}{100}$。具体方法如下。

选择单元格，右击，从弹出的快捷菜单中选择"设置单元格格式"命令，弹出"设置单元格格式"对话框。在"数字"选项卡的"分类"栏中选择"分数"以及选择分数的类型，单击"确定"按钮完成设置，如图 6-11 所示。

图 6-11 "分数"选项

6.4.3 输入日期和时间

在 Excel 中输入日期时，年、月、日之间可以用"/"或"-"分隔。年可以输入两位或 4 位。例如，输入 2014 年 7 月 20 日，可以输入 14/7/20 或者 14-7-20，也可以输入完整 2014-7-20 或 2014/7/20。

输入时间时，小时、分、秒之间用"："分隔。Excel 分为 12 小时制和 24 小时制两种表示方式。如果是 12 小时制，要在时间后加一个空格，然后输入 a 或 p。Excel 会将 a 转换为 AM，表示上午；p 转换为 PM，表示下午。如果是 24 小时制，则直接输入时间即可。例如输入 23：10：13。

Excel 中日期和时间也有很多种显示方式，日期的设置方式如图 6-12 所示，时间的设置方式如图 6-13 所示。设置步骤如下：

选择单元格，右击，从弹出的快捷菜单中选择"设置单元格格式"命令，弹出"设置单元

格格式"对话框。在"数字"选项卡的"分类"栏中选择"日期"或"时间"以及日期或时间的
类型单击"确定"按钮完成设置。

图 6-12　"日期"选项

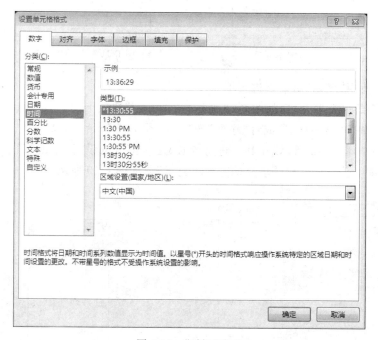

图 6-13　"时间"选项

6.5   自动填充功能

在 Excel 中输入的数据如果是有规律的等差、等比数列,或者是固定的某个文本列表,都可以使用 Excel 提供的自动填充功能快速实现数据的输入。自动填充功能分为自动填充和自定义序列填充。

6.5.1   使用填充柄填充

方法 1:选中输入数据的前两个单元格,如图 6-14 所示。当光标移到右下角的填充柄上,变成十字形时拖动填充柄到需要填充数据的最后一个单元格,结果如图 6-15 所示。

图 6-14   选中单元格

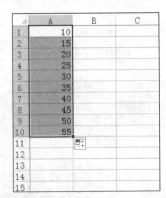

图 6-15   自动填充序列

方法 2:使用"序列"对话框进行填充设置。

选中填充的一个单元格,如图 6-16 所示。在"开始"选项卡的"编辑"组中单击"填充"下拉列表框,选择填充的方向或者"序列"选项,如图 6-17 所示,如果选择"序列",弹出的"序列"对话框如图 6-18 所示,在其中进行步长、终止值等的设置,单击"确定"按钮,关闭对话框。拖曳单元格右下角的填充柄进行填充,结果如图 6-19 所示。

图 6-16   选中第一个单元格

图 6-17   "填充"列表框

图 6-18 "填充"对话框

图 6-19 填充日期

6.5.2 自定义序列填充

在实际应用中,如果多次使用一个 Excel 中没有提供的固定序列,可以使用自定义序列进行填充。例如,班级的学生名单、销售的某类商品、学校的各个部门等。

例如:某高校的 Excel 工作表中要多次使用院系序列,下面使用自定义序列填充。

方法:先编辑自定义序列,之后填充。

在"文件"选项卡中选择"选项",在对话框中,选择"高级"选项的"常规"栏中,单击"编辑自定义列表"按钮,如图 6-20 所示,弹出"自定义序列"对话框,输入院系序列,如图 6-21 所示。单击"确定"按钮,关闭对话框。工作表的单元格中输入第一个院系名称,拖动填充柄填充,如图 6-22 所示。

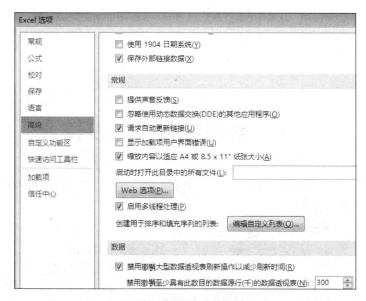

图 6-20 Excel 选项

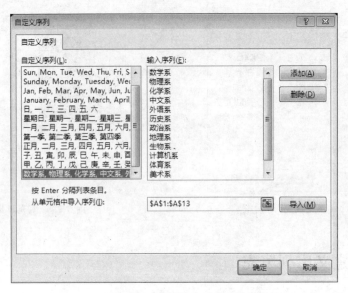

图 6-21　编辑自定义序列

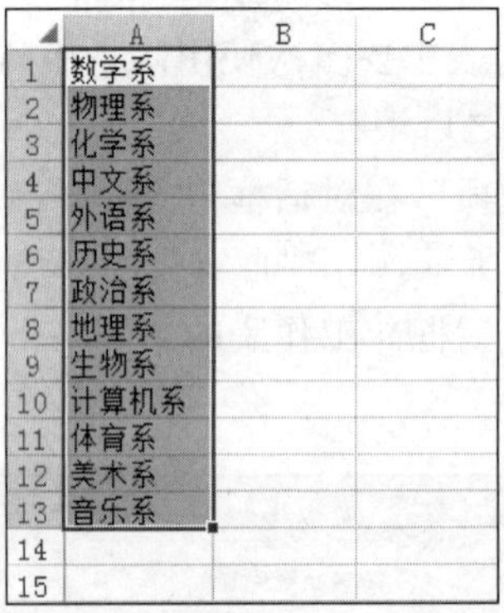

图 6-22　填充自定义序列

6.6　数据有效性的设置

在 Excel 2013 中,数据有效性改名为"数据验证",位于"数据"选项卡的"数据工具"组中,如图 6-23 所示。

图 6-23　数据验证

使用数据验证可以验证输入的数据是否满足指定的条件,比如成绩在 0~100 之间,日期在 2014-1-1 和 2014-12-31 之间等。

例如,设置成绩的有效值在 0~100 分之间。

第 1 步,选中需要检查有效性的单元格区域,如图 6-24 所示。

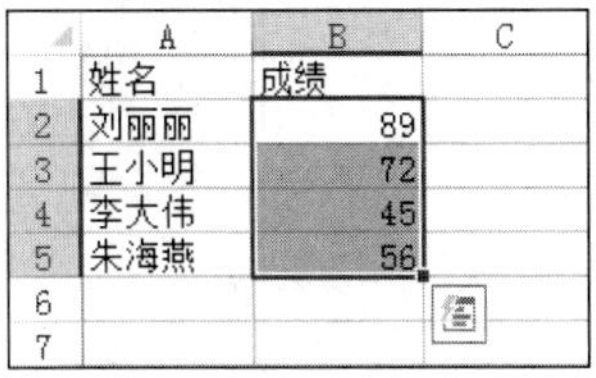

第 2 步,在"数据"选项卡的"数据工具"组中单击"数据验证"按钮,如图 6-23 所示。

第 3 步:选择"数据验证"组合框中的"数据验证"选项,弹出"数据验证"对话框,选择"设置"选项卡,进行如图 6-25 所示的设置。

图 6-24　选中数据区域

图 6-25　"数据验证"设置

第 4 步,进一步设置"出错警告"选项卡,当数据在 0~100 之外时,提示错误原因,如图 6-26 所示。

图 6-26　"出错警告"设置

第 5 步,数据验证,将最后一个成绩改为 120 分,弹出如图 6-27 所示的提示。

图 6-27　数据验证成功

操作练习实例

【操作要求】　按照图 6-28 所示样表,进行以下操作:

	A	B	C	D	E
1			XX电器7月上旬电器销售情况		
2					
3	商品类别ID	商品类别	销售日期	售货员	销量
4	A001	冰箱	2014年7月1日	张三	50
5	A001	冰箱	2014年7月2日	李四	50
6	A001	冰箱	2014年7月3日	王五	50
7	A001	冰箱	2014年7月4日	赵六	50
8	A001	冰箱	2014年7月5日	张三	50
9	A002	液晶电视	2014年7月1日	李四	32
10	A002	液晶电视	2014年7月2日	王五	33
11	A002	液晶电视	2014年7月3日	赵六	34
12	A002	液晶电视	2014年7月4日	张三	35
13	A002	液晶电视	2014年7月5日	李四	36
14	A002	液晶电视	2014年7月6日	王五	37
15	A002	液晶电视	2014年7月7日	赵六	38
16	A003	空调	2014年7月1日	张三	80
17	A003	空调	2014年7月2日	李四	90
18	A003	空调	2014年7月3日	王五	100
19	A003	空调	2014年7月4日	赵六	110
20	A003	空调	2014年7月5日	张三	120
21					

7月上旬销售情况

图 6-28　样表

(1) 新建 Excel 2013 空白工作簿,保存为"Excel 部分-第 6 章实例练习"。

(2) 在 Sheet1 工作表中输入样表所示的数据。

① B1 单元格输入表名,第 3 行输入字段名称"商品类别 ID"、"商品类别"、"销售日期"、"销售员"、"销量"。

② 根据数据规律快速填充样表所示的"商品类别 ID"、"商品类别"、"销售日期"、"销量"4 列数据。

③ 使用自定义填充序列填充"售货员"一列的数据。

(3) 设置数据有效性。

设置"销售日期"一列的有效性条件为介于 2013-7-1 和 2013-7-10 之间。

（4）设置数据格式。

① 标题格式：字体：隶书，字号：16。

② 表格对齐方式："销量"一列的数据右对齐，表头和其余各列居中。

③ 数字格式："销售日期"一列的数据格式设为长日期。

（5）工作表的常用操作。

将 Sheet1 重命名为"7 月上旬销售情况"。

第 **7** 章

单元格的编辑与美化

在 Excel 中,经常需要对单元格进行编辑和美化。通过本章的学习,将掌握单元格的常用操作,比如选择单元格、设置行高与列宽、合并单元格、插入、删除插入单元格等;还会掌握如何设置单元格的边框、底纹、设置分页符、设置重复表头等内容。

7.1 单元格操作

7.1.1 选择单元格

编辑或设置工作表时,常需要选择一个或多个单元格。选择单元格时,可以选择单个单元格、多个单元格、一行或一列。下面分别说明选择的方法。

(1) 一个单元格:单击单元格,使其变成活动单元格。

(2) 连续的多个单元格:单击第一个单元格,拖动鼠标到最后一个单元格。

(3) 不连续的多个单元格:单击第一个单元格,按住 Ctrl 键的同时,单击其他单元格。

(4) 一行、一列:单击行标或列标进行选择。

(5) 连续的多行或多列:单击第一行或第一列,拖动鼠标就可以选择连续的多行或多列。

(6) 不连续的多行或多列:选择第一行或第一列,按住 Ctrl 键,继续单击其他行标或列标,就可以选择其他行或列。

7.1.2 设置行高与列宽

新建工作表后,工作表中所有单元格的行高和列宽是一样的。输入数据后,为了能更好地显示数据,常常需要设置行高和列宽。

1. 设置行高

设置行高有两种方法,使用鼠标设置和使用对话框设置。具体方法如下。

方法1：拖动鼠标设置行高。

单击该行任何位置，选择整行或一个单元格。将鼠标移动到改变行高的行号的下分割线上，当鼠标指针变成垂直双向箭头时，如图7-1所示。按住鼠标左键，上下拖动鼠标，将行高调整到合适的高度并松开鼠标，完成设置。

注意：Excel 2013中拖动鼠标时会看到行的高度。

方法2：使用"行高"对话框设置。

在"开始"选项卡的"单元格"组中单击"格式"按钮，在弹出的下拉列表中，选择"行高"，打开图7-2所示的"行高"对话框，输入行高，单击"确定"按钮，完成设置。

1	XX电器7月上旬电器销售情况				
2					
3	商品类别ID	商品类别	销售日期	售货员	销量
4	A001	冰箱	2014年7月1日	张三	50
5	A001	冰箱	2014年7月2日	李四	50
6	A001	冰箱	2014年7月3日	王五	50
7	A001	冰箱	2014年7月4日	赵六	50

图7-1　拖动鼠标设置行高

图7-2　"行高"对话框

2. 设置列宽

和行高的设置方式一样，设置列宽，也可以使用鼠标和对话框进行设置。

方法1：拖动鼠标设置列宽。

单击设置列宽的列的任何位置，将鼠标移动到列标的右边界，待鼠标变成水平双向箭头时，如图7-3所示。按住鼠标左键不动，左右拖动鼠标，将列宽调整到合适的位置并松开鼠标，完成设置。

	A	B	C	D	E
1		XX电器7月上旬电器销售情况			
2					
3	商品类别ID	商品类别	销售日期	售货员	销量
4	A001	冰箱	2014年7月1日	张三	50
5	A001	冰箱	2014年7月2日	李四	50
6	A001	冰箱	2014年7月3日	王五	50
7	A001	冰箱	2014年7月4日	赵六	50
8	A001	冰箱	2014年7月5日	张三	50

图7-3　拖动鼠标设置列宽

注意：Excel 2013中，拖动鼠标时会显示列宽。

方法2：使用"列宽"对话框设置。

在"开始"选项卡的"单元格"组中单击"格式"按钮，在弹出的下拉列表中，选择"列宽"，打开图7-4所示的对话框，输入列宽后单击"确定"按钮，完成设置。

除了用户自己设置行高和列宽，也可以在"开始"选项卡的"单元格"组中单击"格式"按钮，在弹出的下拉列表中选择"自动调整行高"或"自动调整列宽"，自动设置行高或列宽。

图7-4　"列宽"对话框

7.1.3 合并单元格

合并单元格是将选择的多个单元格合并成一个较大的单元格,常用来创建跨多列的标签。Excel 2007 之后的版本中,合并单元格又分成"合并后居中"、"跨越合并"、"合并单元格"3 种方式。

(1)"合并后居中":将选中的整个区域合并成一个单元格,并且居中显示。

(2)"跨越合并":将选中的整个区域逐行分别合并,比如 3 行 4 列,合并后变成 3 行 1 列,只保留多行中第一列的数据,并按常规的方式对齐文本。

(3)"合并单元格":将选中的整个区域合并成一个单元格,按常规的方式对齐文本。

注意:如果合并单元格选中的多个单元格中只有一个单元格中有数据,则合并后保留这一个单元格中的数据;若多个单元格都有数据"合并后居中"、"合并单元格"方式只保留选中的第一行第一列单元格的数据,其他单元格数据会被删除。

操作如下:

选中要合并的多个单元格区域,在"开始"选项卡的"对齐方式"组中单击"合并后居中"按钮,下拉列表中选择以上 3 种方式中的一种。

例如,打开"Excel 部分-第 7 章课堂练习.xlsx",合并 A1:E2 单元格。

第 1 步,选中 A1:E2 单元格。合并前如图 7-5 所示。

	A	B	C	D	E	F
1	XX电器7月上旬电器销售情况					
2						
3	商品类别ID	商品类别	销售日期	售货员	销量	
4	A001	冰箱	2014年7月1日	张三	50	
5	A001	冰箱	2014年7月2日	李四	50	
6	A001	冰箱	2014年7月3日	王五	50	
7	A001	冰箱	2014年7月4日	赵六	50	
8	A001	冰箱	2014年7月5日	张三	50	
9	A002	液晶电视	2014年7月1日	李四	32	
10	A002	液晶电视	2014年7月2日	王五	33	
11	A002	液晶电视	2014年7月3日	赵六	34	
12	A002	液晶电视	2014年7月4日	张三	35	
13	A002	液晶电视	2014年7月5日	李四	36	
14	A002	液晶电视	2014年7月6日	王五	37	
15	A002	液晶电视	2014年7月7日	赵六	38	
16	A003	空调	2014年7月1日	张三	80	
17	A003	空调	2014年7月2日	李四	90	
18	A003	空调	2014年7月3日	王五	100	
19	A003	空调	2014年7月4日	赵六	110	
20	A003	空调	2014年7月5日	张三	120	
21						

图 7-5 合并单元格前

第 2 步,在"开始"选项卡的"对齐方式"组中单击"合并后居中"按钮,合并后的效果如图 7-6 所示。

图 7-6　合并后效果图

7.1.4　插入与删除单元格

工作表是由一个个单元格组成的,编辑工作表时经常需要插入、删除单元格。

1. 插入单元格

方法1:选定要插入单元格的位置,右击,从弹出的快捷菜单中选择"插入"命令,弹出"插入"对话框,选择所需选项,即可。

例如,打开"原始文件\Excel部分-第7章课堂练习.xlsx"文件,在 A9 单元格的上方插入一个单元格。

第1步,选中插入单元格的位置 A9,如图 7-7 所示。

图 7-7　选中单元格

第 2 步,右击,从弹出的快捷菜单中选择"插入"命令,弹出"插入"对话框,如图 7-8 所示。

图 7-8 "插入"对话框

第 3 步,选择需要的选项,单击"确定"按钮。结果如图 7-9 所示。

	A	B	C	D	E	F
1	XX电器7月上旬电器销售情况					
2						
3	商品类别ID	商品类别	销售日期	售货员	销量	
4	A001	冰箱	2014年7月1日	张三	50	
5	A001	冰箱	2014年7月2日	李四	50	
6	A001	冰箱	2014年7月3日	王五	50	
7	A001	冰箱	2014年7月4日	赵六	50	
8	A001	冰箱	2014年7月5日	张三	50	
9		液晶电视	2014年7月1日	李四	32	
10	A002	液晶电视	2014年7月2日	王五	33	
11	A002	液晶电视	2014年7月3日	赵六	34	
12	A002	液晶电视	2014年7月4日	张三	35	
13	A002	液晶电视	2014年7月5日	李四	36	
14	A002	液晶电视	2014年7月6日	王五	37	
15	A002	液晶电视	2014年7月7日	赵六	38	
16	A002	空调	2014年7月1日	张三	80	
17	A003	空调	2014年7月2日	李四	90	
18	A003	空调	2014年7月3日	王五	100	
19	A003	空调	2014年7月4日	赵六	110	
20	A003	空调	2014年7月5日	张三	120	
21	A003					

图 7-9 成功插入单元格

方法 2:选定要插入单元格的位置,在"开始"选项卡的"单元格"组中单击"插入"按钮,在下拉列表中选择"插入单元格选项",弹出"插入"对话框。其他步骤同上。

2. 删除单元格

删除单元格是将选定的单元格从工作表中删除,留下的空白由周围单元格填补。方法有两种:

方法 1:选定要删除的单元格,右击,从弹出的快捷菜单中选择"删除"命令,弹出"删除"对话框,选择所需选项即可。

例如,打开"原始文件\Excel 部分-第 7 章课堂练习.xlsx"文件,将上例中插入的单元格删除。

第 1 步,选中要删除的单元格,如图 7-10 所示。

	A	B	C	D	E	F
1	XX电器7月上旬电器销售情况					
2						
3	商品类别ID	商品类别	销售日期	售货员	销量	
4	A001	冰箱	2014年7月1日	张三	50	
5	A001	冰箱	2014年7月2日	李四	50	
6	A001	冰箱	2014年7月3日	王五	50	
7	A001	冰箱	2014年7月4日	赵六	50	
8	A001	冰箱	2014年7月5日	张三	50	
9		液晶电视	2014年7月1日	李四	32	
10	A002	晶电视	2014年7月2日	王五	33	
11	A002	液晶电视	2014年7月3日	赵六	34	
12	A002	液晶电视	2014年7月4日	张三	35	
13	A002	液晶电视	2014年7月5日	李四	36	
14	A002	液晶电视	2014年7月6日	王五	37	
15	A002	液晶电视	2014年7月7日	赵六	38	
16	A002	空调	2014年7月1日	张三	80	
17	A003	空调	2014年7月2日	李四	90	
18	A003	空调	2014年7月3日	王五	100	
19	A003	空调	2014年7月4日	赵六	110	
20	A003	空调	2014年7月5日	张三	120	
21	A003					
22						

图 7-10　选中删除的单元格

第2步,右击,从弹出的快捷菜单中选择"删除"命令,弹出"删除"对话框,如图 7-11 所示。

图 7-11　"删除"对话框

第3步,选择"下方单元格上移"选项,单击"确定"按钮。结果如图 7-12 所示。

	A	B	C	D	E	F
1	XX电器7月上旬电器销售情况					
2						
3	商品类别ID	商品类别	销售日期	售货员	销量	
4	A001	冰箱	2014年7月1日	张三	50	
5	A001	冰箱	2014年7月2日	李四	50	
6	A001	冰箱	2014年7月3日	王五	50	
7	A001	冰箱	2014年7月4日	赵六	50	
8	A001	冰箱	2014年7月5日	张三	50	
9	A002	液晶电视	2014年7月1日	李四	32	
10	A002	液晶电视	2014年7月2日	王五	33	
11	A002	液晶电视	2014年7月3日	赵六	34	
12	A002	液晶电视	2014年7月4日	张三	35	
13	A002	液晶电视	2014年7月5日	李四	36	
14	A002	液晶电视	2014年7月6日	王五	37	
15	A002	液晶电视	2014年7月7日	赵六	38	
16	A003	空调	2014年7月1日	张三	80	
17	A003	空调	2014年7月2日	李四	90	
18	A003	空调	2014年7月3日	王五	100	
19	A003	空调	2014年7月4日	赵六	110	
20	A003	空调	2014年7月5日	张三	120	
21						

图 7-12　成功删除单元格

方法 2：选定要插入单元格的位置，在"开始"选项卡的"单元格"组中单击"删除"按钮，从下拉列表中选择"删除单元格选项"，弹出"删除"对话框。其他步骤同上。

7.1.5 插入与删除行或列

1. 插入行或列

用户可以插入一行或多行，也可以插入一列或多列。选中几行将插入几行，选中几列也将插入几列。插入的行将插入在选中行的上方，插入的列将插入在选中列的左边。

插入行或列的方法有两种：

方法 1：使用快捷菜单插入。选中要插入位置的行或列，如图 7-13 所示。右击，从弹出的快捷菜单中选择"插入"命令，如图 7-14 所示。

图 7-13 选中插入位置的行

图 7-14 插入行

方法 2：使用选项卡插入。选中要插入位置的行或列，在"开始"选项卡的"单元格"组中单击"插入"按钮，在弹出的下拉列表中选择"插入工作表行"或者"插入工作表列"，如图 7-15 所示。

2. 删除行或列

如果删除行，下面的行将会上移；如果删除列，右面的列将会左移。

方法 1：使用快捷菜单删除。选中要删除的行或列，右击，从弹出的快捷菜单中选择"删除"命令。

方法 2：使用选项卡删除。选中要删除的行或列，在"开始"选项卡的"单元格"组中单击"删除"按钮，从弹出的下拉列表中选择"删除工作表行"或者"删除工作表列"，如图 7-16 所示。

图 7-15 "插入"下拉列表   图 7-16 "删除"下拉列表

注意：删除行或列，不同于"清除内容"。"清除内容"是将选中的行、列或单元格的数据删除，留下空白行、列或单元格。行、列或单元格并没有真正删除。

7.1.6 隐藏行或列

用户可以将工作表中选中的行或列隐藏起来，也可以取消隐藏。

隐藏行或列的方法有以下 3 种。

方法 1：拖动鼠标隐藏。选中要隐藏的行或列，将鼠标移动到选中行标的下边界，当鼠标变成垂直双向箭头（行）或水平双向箭头（列）时，向上拖动鼠标（行），或者向左拖动鼠标（列），将行或列隐藏。

方法 2：使用快捷菜单隐藏。选中要隐藏的行或列，右击，从弹出的快捷菜单中选择"隐藏"命令，如图 7-17 所示。

方法 3：使用选项卡隐藏。选中要隐藏的行或列，在"开始"选择卡的"单元格"组中单击"格式"按钮，在弹出的下拉列表中，选择"隐藏和取消隐藏"，在子菜单中选择"隐藏行"或者"隐藏列"命令，如图 7-18 所示。

注意：如果要取消隐藏，选择图 7-18 中的"取消隐藏行"或"取消隐藏列"即可。

图 7-17　隐藏行

图 7-18　"隐藏和取消隐藏"子菜单

7.2　单元格美化

工作表中输入数据后,可以通过设置单元格的边框样式、设置单元格的底纹和图案、或者自动套用格式等方式美化工作表,使得工作表重点醒目,直观并且美观。

7.2.1　设置单元格边框样式

设置单元格边框样式可以设置数据单元格的外边框和内边框的样式。具体方法如下。

方法 1:使用快捷菜单,打开"设置单元格格式"对话框进行设置。

选中要设置边框的单元格区域,右击,从弹出的快捷菜单中选择"设置单元格格式"命令,弹出"设置单元格格式"对话框,选择"边框"选项卡,如图 7-19 所示。选择边框线条的样式、颜色等选项进行设置。

方法 2:使用选项卡,打开"设置单元格格式"对话框进行设置。

选中要设置边框的单元格区域,在"开始"选项卡的"单元格"组中单击"格式"按钮,在下拉列表中,选择"设置单元格格式",弹出"设置单元格格式"对话框,如图 7-19 对话框。其余操作同方法 1。

注意:若删除边框线,同样需要选中单元格区域,打开"设置单元格格式"对话框,将线条"样式"选项选中"无"。

图 7-19　设置单元格格式

7.2.2　设置单元格底纹和图案

为了让工作表中突出某些单元格的数据,可以设置单元格底纹。单元格底纹可以填充某种颜色,也可以填充某种图案。

方法 1:通过填充颜色设置底纹。选中设置底纹的单元格。在"开始"选项卡的"字体"组中单击 💧·"填充颜色"按钮,弹出的颜色下拉列表如图 7-20 所示。选择某种颜色进行填充即可。

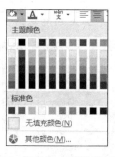

图 7-20　通过填充颜色设置底纹

方法 2:通过"设置单元格格式"对话框中的"填充"选项进行设置。选中设置底纹的单元格,右击,从弹出的快捷菜单中选择"设置单元格格式"命令,弹出"设置单元格格式"对话框,选择"填充"选项卡,如图 7-21 所示。选择背景色、填充效果、图案颜色、图案样式等选项进行设置。

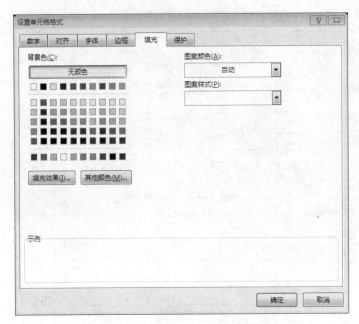

图 7-21　设置单元格底纹和图案

注意：若要取消单元格底纹和图案，在上面的方法1中选择"无填充颜色"，方法2中选择"无颜色"。

7.2.3　自动套用格式

用户常常需要快速设置工作表的边框、底纹、字形等，使用系统已经预设好的"自动套用格式"功能，可以快速设置美观的工作表格式。

方法：选中要设置的单元格区域，如图7-22所示。在"开始"选项卡的"样式"组中单

	A	B	C	D	E	F
1			XX电器7月上旬电器销售情况			
2						
3	商品类别ID	商品类别	销售日期	售货员	销量	
4	A001	冰箱	2014年7月1日	张三	50	
5	A001	冰箱	2014年7月2日	李四	50	
6	A001	冰箱	2014年7月3日	王五	50	
7	A001	冰箱	2014年7月4日	赵六	50	
8	A001	冰箱	2014年7月5日	张三	50	
9	A002	液晶电视	2014年7月1日	李四	32	
10	A002	液晶电视	2014年7月2日	王五	33	
11	A002	液晶电视	2014年7月3日	赵六	34	
12	A002	液晶电视	2014年7月4日	张三	35	
13	A002	液晶电视	2014年7月5日	李四	36	
14	A002	液晶电视	2014年7月6日	王五	37	
15	A002	液晶电视	2014年7月7日	赵六	38	
16	A003	空调	2014年7月1日	张三	80	
17	A003	空调	2014年7月2日	李四	90	
18	A003	空调	2014年7月3日	王五	100	
19	A003	空调	2014年7月4日	赵六	110	
20	A003	空调	2014年7月5日	张三	120	
21						

图 7-22　选中数据区域

击"套用表格格式"按钮,弹出下拉列表,显示各种表格样式,如图 7-23 所示。单击选择一种样式,就会看到设置后的效果,如图 7-24 所示。

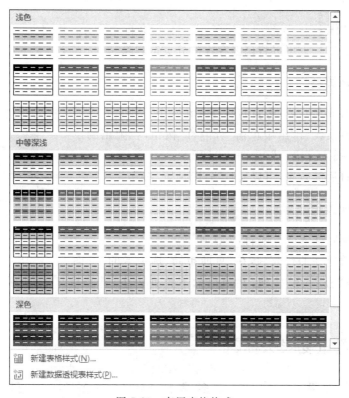

图 7-23　套用表格格式

	A	B	C	D	E	F
1		XX电器7月上旬电器销售情况				
2						
3	商品类别I	商品类别	销售日期	售货员	销量	
4	A001	冰箱	2014年7月1日	张三	50	
5	A001	冰箱	2014年7月2日	李四	50	
6	A001	冰箱	2014年7月3日	王五	50	
7	A001	冰箱	2014年7月4日	赵六	50	
8	A001	冰箱	2014年7月5日	张三	50	
9	A002	液晶电视	2014年7月1日	李四	32	
10	A002	液晶电视	2014年7月2日	王五	33	
11	A002	液晶电视	2014年7月3日	赵六	34	
12	A002	液晶电视	2014年7月4日	张三	35	
13	A002	液晶电视	2014年7月5日	李四	36	
14	A002	液晶电视	2014年7月6日	王五	37	
15	A002	液晶电视	2014年7月7日	赵六	38	
16	A003	空调	2014年7月1日	张三	80	
17	A003	空调	2014年7月2日	李四	90	
18	A003	空调	2014年7月3日	王五	100	
19	A003	空调	2014年7月4日	赵六	110	
20	A003	空调	2014年7月5日	张三	120	
21						

图 7-24　套用表格格式后的效果

7.2.4 设置分页符

在 Excel 工作表中,当数据比较多,满一页后会自动分页。用户也可以在某一行或某一列处插入分页符。也可以将已经存在的分页符删除。

1. 插入分页符

选中某一行或某一列,分页符将插入在选中行的上方或者选中列的左边。在"页面布局"选项卡的"页面设置"组中单击"分隔符"按钮,在弹出的下拉列表中选择"插入分隔符",如图 7-25 所示。

插入分隔符后的效果,可以通过"打印预览"看到。

2. 删除分页符

如果需要删除插入的分隔符,方法如下。

图 7-25 插入分隔符

选中分页符所在的行或列,在"页面布局"选项卡的"页面设置"组中单击"分隔符"按钮,在弹出的下拉列表中,选择图 7-25 所示"删除分页符"即可。

7.2.5 设置重复表头标题

在 Excel 中,如果工作表的数据较多,需要分页打印在多张纸上,可以设置重复表头标题,让每张纸上都显示表头标题。设置方法如下。

在"页面布局"选项卡的"页面设置"组中单击"打印标题"按钮,弹出"页面设置"对话框,并自动打开"工作表"选项卡,如图 7-26 所示。在对话框中进行"打印区域"、"打印标题"等设置,如图 7-27 所示。单击"打印预览"按钮,即可看到设置后的效果,如图 7-28 和

图 7-26 设置前的工作表及"页面设置"对话框

图 7-29 所示。

图 7-27 选项设置

XX电器7月上旬电器销售情况

商品类别ID	商品类别	销售日期	售货员	销量
A001	冰箱	2014年7月1日	张三	50
A001	冰箱	2014年7月2日	李四	50
A001	冰箱	2014年7月3日	王五	50
A001	冰箱	2014年7月4日	赵六	50
A001	冰箱	2014年7月5日	张三	50

图 7-28 打印预览第一页效果

XX电器7月上旬电器销售情况

商品类别ID	商品类别	销售日期	售货员	销量
A002	液晶电视	2014年7月1日	李四	32
A002	液晶电视	2014年7月2日	王五	33
A002	液晶电视	2014年7月3日	赵六	34
A002	液晶电视	2014年7月4日	张三	35
A002	液晶电视	2014年7月5日	李四	36
A002	液晶电视	2014年7月6日	王五	37
A002	液晶电视	2014年7月7日	赵六	38
A003	空调	2014年7月1日	张三	80
A003	空调	2014年7月2日	李四	90
A003	空调	2014年7月3日	王五	100
A003	空调	2014年7月4日	赵六	110
A003	空调	2014年7月5日	张三	120

图 7-29 打印预览第二页效果

操作练习实例

【操作要求】 打开"7-练习.xlsx"工作簿,按照图7-30所示样表,对工作表进行以下操作:

学号	姓名	性别	出生日期	籍贯	高考成绩	家庭住址	电子邮箱	联系电话
201402001	王芳	女	1996/3/2	河南	540	河南南阳		13812341109
201402002	刘明明	男	1996/5/1	河南	543	河南焦作		13911260124
201402003	李大鹏	男	1997/8/20	山西	564	山西大同		18801286671
201402004	张晓燕	女	1996/7/13	山西	572	山西吕梁		18801257781
201402005	刘丽丽	女	1997/3/21	山西	582	山西太原		13621347788
201402006	陈文宇	女	1996/4/14	河北	561	河北邯郸		13811223124
201402007	李新华	男	1995/4/17	河北	542	河北邢台		13978923456
201402008	崔晶晶	女	1996/10/12	河北	507	河北沧州		13687900011
201402009	张洋洋	男	1996/11/4	河北	534	河北石家庄		13690120909
201402010	陈春华	女	1996/12/21	河北	567	河北石家庄		13890128978
201402011	王晓	男	1996/1/13	河北	543	河北廊坊		13911567823
201402012	李萌	女	1996/5/12	山东	567	山东青岛		13878123409
201402013	刘静	女	1996/6/17	山东	537	山东济南		13866779012
201402014	陈晓楠	女	1997/8/18	山东	555	山东烟台		13890129099
201402015	郭鑫	男	1996/9/23	山东	548	山东日照		13608081213

图7-30　样表

(1) 在Sheet1工作表中设置行高、列宽。

① 将第2-26行的行高设置为20。

② 将"性别"列的列宽设置为4。

(2) 插入列。

在"联系电话"列前插入新列"电子邮箱"。

(3) 将表名"学生个人信息"设置为"合并居中"。

(4) 设置表格边框、自动套用格式。

① 将A1:I26区域的外边框设置为"双实线"、"红色"。

② 将A1:I26自动套用格式"表样式中等深浅13"。

(5) 插入分页符、设置打印标题。

① 在第14行前插入分页符分页。

② 将第2行设置为打印标题。

第 **8** 章

图 表 制 作

图表是 Excel 中非常重要的组成部分,使用图表可以直观的表示数据的变化趋势、所占比重等。在本章,将学习图表的类型、图表的组成以及如何制作图表、美化图表。

8.1 图表的类型

在 Excel 2013 中,图表类型共有 10 种,如图 8-1 所示。

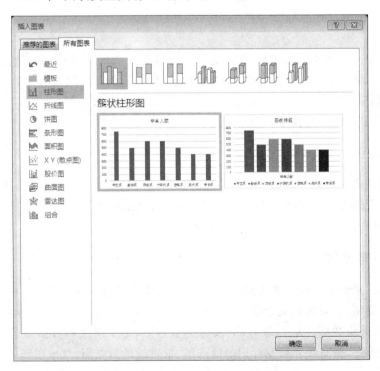

图 8-1 Excel 2013 所有图表类型

在这 10 种图表类型中,每一种类型又包含着很多种自动套用格式,可以展示不同风格的图表。例如,柱形图类中有可以分为簇状柱形图、堆积柱形图、百分比堆积柱形图、三维簇状柱形图、三维堆积柱形图、三维百分比柱形图和三维柱形图。

下面介绍 10 种图表类型的主要功能及用途。

1. 柱形图

柱形图由一系列垂直条组成,通常用来比较一段时间中两个或多个项目的相对尺寸。其中,堆积柱形图用来表示各项与整体的关系;三维柱形图可以沿着两个坐标轴对数据进行比较。

2. 折线图

折线图用来显示一段时间内的趋势。一类数据有多种情况,就会有多条折线分别表示,以便比较变化趋势。折线图可以用来表示月份-销量、时间-速度等情况。折线图也可以分为折线图、堆积折线图、百分比堆积折线图、带数据标识的折线图、三维折线图等。

3. 饼图

饼图用于对比几个数据在其形成的总和中所占百分比。使用饼图可以很好地表示整体中各部分所占的比例。饼图分为饼图、三维饼图、复合饼图、复合条饼图、圆环图。其中,圆环图中的每个环代表一个数据系列,能显示多个数据系列。

4. 条形图

条形图由一系列水平条组成,用来显示不连续且无关的对象的差别情况。条形图中的每一条在工作表上是一个单独的数据点或数。例如使用条形图表示各个系男女生人数等。条形图有可以分为簇状条形图、堆积条形图、百分比堆积条形图、三维簇状条形图、三维堆积条形图、三维百分比堆积条形图。

5. 面积图

面积图用来表示多个数据系列在一段时间内连续的变化情况,可以直观表示各部分和整体的变化情况。面积图有可以分为面积图、堆积面积图、百分比堆积面积图、三维面积图、三维堆积面积图、三维百分比堆积面积图。

6. XY(散点图)

散点图用来绘制两组数据之间的关系,通常将两组数分别作为 XY 坐标,将成对的数据用坐标点绘制,大量的点被绘制后,会形成一个图形。可以绘制简单的函数以及复杂的函数,常用来分析数据。X Y(散点图)又分为散点图、带平滑线和数据标记的散点图、带平滑线的散点图、带直线和数据标记的散点图、带直线的散点图、气泡图和三维气泡图。

7. 股价图

股价图用来表示股票的价格走势和成交量,可以表示股票的成交量-开盘价-盘高-盘低-收盘价。也可以按照给定的数据组织顺序描绘其他金融等行业的数据。股价图可以

分为盘高-盘低-收盘图、开盘-盘高-盘低-收盘图、成交量-盘高-盘低-收盘图、成交量-开盘-
盘高-盘低-收盘图。

8. 曲面图

曲面图用来对两个或以上数据系列用不同颜色和图案显示同一取值范围内的数据变
化。曲面图可以分为三维曲面图、三维曲面图(框架图)、曲面图和曲面图(俯视框架图)。

9. 雷达图

雷达图用来显示数据如何按中心点或其他数据变动。在雷达图中每个类别的坐标轴
由中心点向外辐射,来源于同一系列的数据通过折线连接起来。通过雷达图可以显示几
个系列数据之间的对比。雷达图又分为雷达图、带数据标记的雷达图和填充雷达图。

10. 组合

在 Excel 2013 中,使用组合可以将多种图表组合在一个图表中显示。要创建组合
图,必须至少要有两个数据系列。组合图有簇状柱形图-折线图、簇状柱形图-次坐标轴上
的折线图、堆积面积图-簇状柱形图和自定义组合。

8.2　图表的组成

Excel 图表由图表区、绘图区、图表标题、数据系列、坐标轴、图例等基本的组成元素
构成。了解图表的各个组成部分,可以帮助用户快速设置和修改图表的各个区域。

1. 图表区

Excel 图表区是指图表的全部范围,由黑色细实线边框和白色填充区域组成。图表
区是整个图表区域,绘图区、图表标题图例、坐标轴、数据系列都在图表区中。图 8-2 中黑
色边框以内都是图表区。

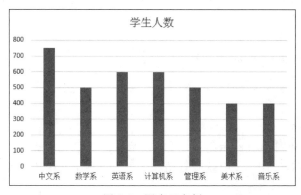

图 8-2　图表区实例

2. 绘图区

绘图区是指图表区内绘制图形的区域,以坐标轴为边的长方形区域。图 8-3 中黑色区域所示部分就是绘图区。

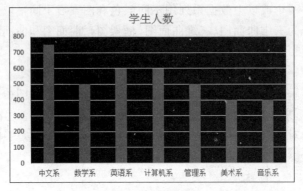

图 8-3　绘图区实例

在 Excel 2013 中除上面的图表组成元素外,还有网格线、误差线、线条、趋势线、涨/跌柱线。

3. 图表标题

图表标题是显示在绘图区上方的文本框,用来显示图表的题目,每个图表只有一个标题。Excel 默认的图表标题是无边框的黑色文字的文本框。图 8-3 中"学生人数"就是图表标题。

4. 数据系列

工作表中的一行或一列数据,对应图表中的一个数据系列。工作表中的每一个单元格的数据对应图表中数据系列的一个点、线、面等图形,这样一行或一列数据,就对应图表中的多个点、线、面等图形,组成了一个数据系列的图形。不同的数据系列可以使用不同的颜色或图形加以区分。图 8-3 中,各个系别的柱形图就用来表示学生人数数据系列。

5. 坐标轴

Excel 中图表种类不同,坐标轴也不同。例如图 8-3 所示的柱形图坐标轴按位置不同可分为垂直(值)轴和水平(类别)轴。

6. 图例

图例由图例项和图例项标示组成,可以显示在绘图区的顶部、底部、左侧、右侧等位置,也可以不显示图例。图 8-3 中就没有图例。如果在图 8-3 中添加图例,则效果如图 8-4 所示。

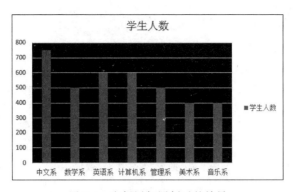

图 8-4　右侧添加图例后的效果

8.3　制 作 图 表

8.3.1　迷你图

迷你图是放入单元格中的小型图,每一行或每一列数据可以使用迷你图表示数据的变化趋势。迷你图有 3 种,分为折线迷你图、柱形迷你图和盈亏迷你图。

1. 创建迷你图

创建迷你图的方法如下。

选中某一行或某一列,如图 8-5 所示。在"插入"选项卡的"迷你图"组中单击"折线图"、"柱形图"或"盈亏"按钮,弹出"创建迷你图"对话框,设置选项,如图 8-6 所示。单击

商品类别	一月销售量	二月销售量	三月销售量	四月销售量	五月销售量	六月销售量
某电器卖场2014年上半年销售情况						
液晶电视	3400	3200	2800	2600	3300	3000
音响	1200	1100	1000	900	1100	800
空调	2000	2300	2100	1900	2400	2500
洗衣机	4500	4300	4000	3900	4200	4000
冰箱	3400	3200	3000	3100	3500	3000

图 8-5　选择一行数据

图 8-6　"创建迷你图"对话框

"确定"按钮,迷你图就创建好了,如图 8-7 所示。

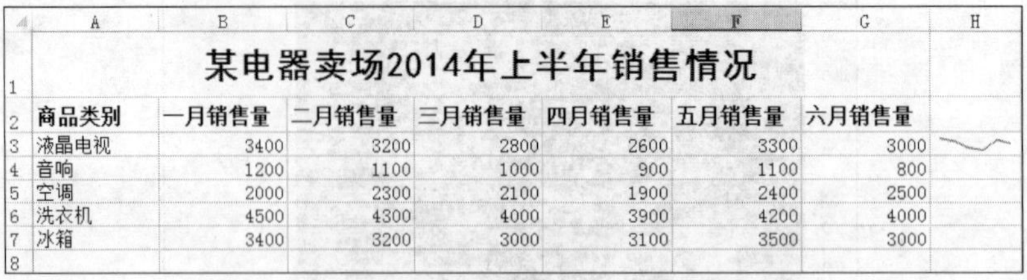

图 8-7　插入"迷你图"后效果

　　注意:在一个单元格中插入迷你图后,使用填充柄可以为其他行或列填充迷你图。如果在图 8-7 的基础上,为 H4:H7 填充迷你图,并为每月的销售情况添加柱形迷你图,将会实现图 8-8 所示效果。

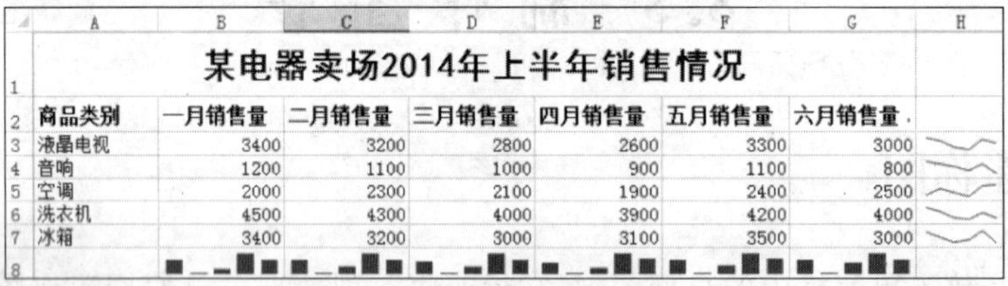

图 8-8　添加"迷你图"

2. 修改迷你图的设计

　　当选中已经创建好的迷你图后,将会看到上下文选项卡"迷你图工具设计"。在这个选项卡中,可以修改迷你图的类型,设计迷你图的样式,在迷你图上显示高点、低点等。

　　(1) 修改迷你图的类型。选中迷你图,在"迷你图工具|设计"选项卡的"类型"组中的"折线图"、"柱形图"、"盈亏",为迷你图修改类型。

　　(2) 在迷你图上添加高点、低点等标识。选中迷你图,在"迷你图工具|设计"选项卡的"显示"组中选择"高点"、"低点"、"首点"、"尾点"等标记,在迷你图上添加标识。

　　(3) 设计迷你图的样式。选中迷你图,在"迷你图工具|设计"的"样式"组中单击"样式"下拉列表,选择一种样式。

　　在"样式"组中,也可以单击"迷你图颜色"按钮,弹出"颜色"下拉列表,为迷你图设置颜色。

　　在"样式"组中,也可以单击"标记颜色"按钮,弹出"负点"、"标记"、"高点"、"低点"、"首点"、"尾点"下拉列表,选择标记点,为其设置颜色。

8.3.2　根据数据制作图表

　　在 Excel 2013 中,选择数据区域,系统可以为用户推荐最适合的图表。也可以自己选择图表类型,绘制需要的图表。

1. 推荐的图表

选择数据区域,在"插入"选项卡的"图表"组中单击"推荐的图表"(或者选中右下角的 "查看所有图表"按钮),弹出"插入图表"窗口,如图 8-9 所示。在"推荐的图表"选项卡中选择一种系统推荐的图表即可。

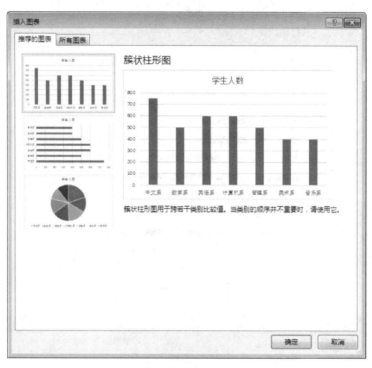

图 8-9 系统推荐的图表

2. 绘制图表

方法 1:使用选项卡插入图表。

选择数据区域,在"插入"选项卡的"图表"组中单击各种图表按钮,在弹出的下拉列表中选择一种图表,在工作表空白处插入图表,如图 8-10 所示。

方法 2:使用"插入图表"对话框插入图表。

选择数据区域,在"插入"选项卡的"图表"组中单击右下角的 "查看所有图表"按钮,弹出"插入图表"窗口,选择"所有图表"选项卡,如图 8-11 所示。选择一种图表类型,并进一步选择二维或三维等不同的图表,单击"确定"按钮,就可以插入图表。

注意:在 Excel 2013 中,当选中的数据区域有两列数字类型的数据时可以插入"组合"图表。插入的方法和上面的方法 2 相同。

例如,打开"原始文件\Excel 部分-第 8 章课堂练习.xlsx"文件,选择 Sheet2 工作表,可以看到如图 8-12 所示的数据。按照绘制图表的第 2 种方法,选择"组合"图表类型,如图 8-13 所示,可以绘制出柱形图和折线图在一个图表中的组合图。

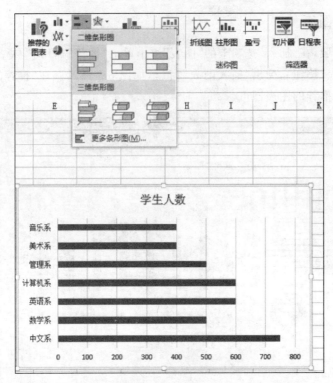

图 8-10　插入图表

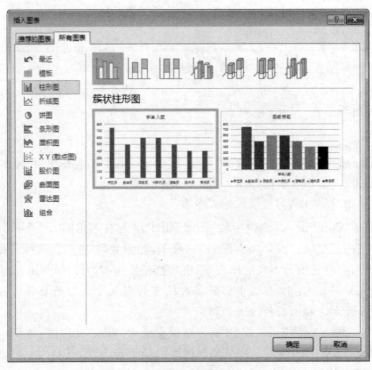

图 8-11　选择不同类型插入图表

	A	B	C	D
1	院系	学生人数	教师人数	
2	中文系	750	45	
3	数学系	500	34	
4	英语系	600	40	
5	计算机系	600	35	
6	管理系	500	30	
7	美术系	400	23	
8	音乐系	400	30	
9				

图 8-12　原始数据

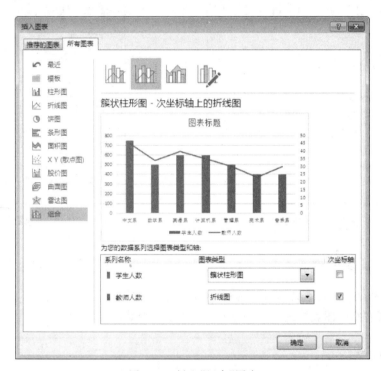

图 8-13　插入"组合"图表

8.3.3　美化图表

创建好图表后,还需要美化图表。可以修改图表的布局和样式,也可以为图表区或绘图区填充不同颜色或图案。

当选中图表后,会弹出上下文选项卡"图表工具|设计"和"图表工具|格式"选项卡。所有对图表的设计和格式的修改都可以在这两个选项卡中实现。

1. 修改图表的布局

修改图表布局有两种方式。第 1 种方式直接在图表上添加坐标轴、轴标题、图表标题、数据标签、数据表、误差线、网格线、图例等图表元素进行设计;第 2 种方式通过"快速布局"选择系统设计好的 11 种布局中的一种,应用到图表中就可以了。

方式 1:直接添加图表元素。选中图表,在"图表工具|设计"选项卡的"图表布局"组中单击"添加图表元素"按钮,在弹出的下拉列表中选择需要添加的元素,并在子菜单中进一步选择,即可插入元素到图表中,如图 8-14 所示。

方式 2:使用"快速布局"。选中图表,在"图表工具|设计"选项卡的"图表布局"组中单击"快速布局"按钮,在弹出的下拉列表中选择系统设计好的一种布局,如图 8-15 所示。

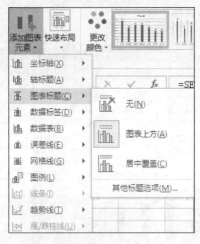

图 8-14　添加图表元素

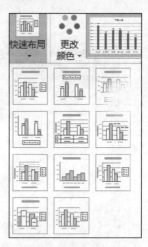

图 8-15　使用"快速布局"

2. 修改图表的样式

选中图表,在"图表工具|设计"选项卡的"图表样式"组中单击"更改颜色"按钮,选择一种颜色,在右侧的图表样式列表中选择一种样式,如图 8-16 所示。

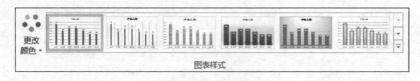

图 8-16　"图表样式"组

3. 填充颜色

在图表中还可以为绘图区和图表区填充一种颜色、图案或渐变效果。

选中图表中的绘图区或图表区,在"图表工具|格式"选项卡的选择"形状样式"组中可以在"形状样式"下拉列表中进行选择,也可以选择"形状填充"按钮,在弹出的下拉列表中选择颜色、图案、渐变效果等进行填充,如图 8-17 所示。

例如,将"学生人数"的柱状图的图表区和绘图区填充不同的图案,得到如图 8-18 所示的效果。

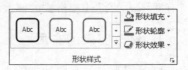

图 8-17　"形状样式"组

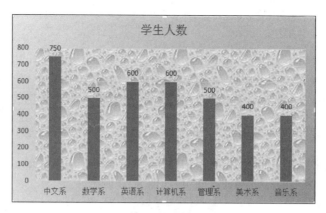

图 8-18 "学生人数"图表填充效果

操作练习实例

【操作要求】 打开"8-练习.xlsx"工作簿,按照图 8-19 和图 8-20 所示样表,对工作表进行以下操作:

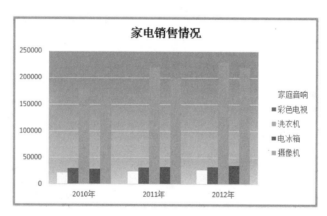

图 8-19 样表 1

2009年Office图书销量分析											
单位:本											
图书名称	1月	2月	3月	4月	5月	6月	7月	8月	9月	10月	
Excel 2007锦囊妙计	134	40	34	87	26	45	122	45	116	62	
Excel函数在办公中的应用	99	82	16	138	237	114	198	149	185	66	
Excel商务图表在办公中的应用	87	116	89	59	141	170	291	191	56	110	
Excel数据统计与分析	104	108	93	48	36	59	91	58	61	68	
Office高手——商务办公好帮手	126	3	33	76	132	41	135	46	42	91	
PowerPoint商务演讲	141	54	193	103	106	56	28		41	38	
Word 2007在办公中的应用	116	133	285	63	110	154	33	59	315	27	
电子邮件使用技巧	88	74	12	21	146	73	33	94	54	88	

图 8-20 样表 2

1. 图表

(1) 使用"家电销售情况"工作表中的数据,添加如图 8-19 所示的图表。

(2) 图表位置:作为其中的对象插入"家电销售情况"工作表中。

(3) 为图表添加标题,设置绘图区背景,修改图例的颜色,设置图表边框。

2. 迷你图

(1) 使用"图书销售分析"工作表中的数据,添加如图所示的柱形和折线迷你图。

(2) 设置迷你图中的高点和低点颜色,如图 8-20 所示。

第9章

数据分析与处理

在 Excel 中录入数据后,往往需要对数据进行分析和处理。本章需要学习数据排序,按给定的条件筛选数据,对数据进行分类汇总、合并计算,输入公式和函数进行各种计算,使用数据透视表、数据透视图、切片器分析数据。

9.1 排 序 数 据

在进行数据分析和处理前经常需要对数据进行排序。在 Excel 中可以按行或列对数据进行升序或降序的排序,可以自定义复杂的排序。

9.1.1 单列数据排序

单列数据排序是将选定的一列数据按照"升序"或"降序"进行排列。无论"升序"还是"降序",该列空白单元格的记录始终排在最后。

打开"原始文件\Excel 部分-第 9 章课堂练习. xlsx",选择 Sheet1 工作表,对"奖学金"列进行"升序"排序。常用的方法有以下两种。

方法 1:选择该列任意一个单元格,如图 9-1 所示。在"开始"选项卡的"编辑"组中单击"排序和筛选"按钮,在弹出的下拉列表中选择"升序",排序后的效果如图 9-2 所示。

方法 2:选择该列任意一个单元格,在"数据"选项卡的"排序和筛选"组中单击"升序"按钮 ᝲ,按照奖学金由低到高"升序"排序。排序后的效果如图 9-2 所示。

9.1.2 多列数据排序

Excel 中经常需要按照多列数据进行排序。如果多列数据是连续的多列,并且都进行"升序"或"降序"排序,就可以按照上面的方法进行排序。Excel 会自动先按照第 1 列排序,第 1 列相同的记录,再按照第 2 列排序,依次类推。其他情况下,都用下面的方法进行多列数据的排序。

方法:使用"排序"对话框进行排序。

	A	B	C	D	E	F	G	H	I
1	学号	姓名	民族	籍贯	班级编号	性别	奖学金	生日	入学成绩
2	0505105	常婷	汉族	安徽	00200	女	500.00	1986/5/7	482
3	0404370	江云	汉族	安徽	00233	女	800.00	1981/10/27	481
4	0504354	李海坤	汉族	安徽	00165	男	1,000.00	1986/10/2	423
5	0505104	欧越千	汉族	安徽	00159	男	1,000.00	1987/1/5	449
6	0505167	殷韵红	汉族	安徽	00160	女	1,000.00	1987/10/21	439
7	0504434	张姗琼	壮族	安徽	00233	女	1,500.00	1986/7/27	432
8	0508075	宗艺双	汉族	安徽	00202	女	1,500.00	1986/9/19	486
9	0511061	楼俊芳	汉族	安徽	00170	女	2,000.00	1987/1/14	488
10	0505168	张琳	回族	安徽	00160	女		1990/12/25	478
11	0508040	王漄生	满族	安徽	00202	男		1986/11/9	417
12	0511062	李卓如	汉族	安徽	00170	女		1987/10/15	497
13	0504177	张恋	汉族	北京	00157	女	500.00	1986/6/18	431
14	0504320	周瑶飞	汉族	北京	00165	男	500.00	1987/6/1	478
15	0504370	周永红	汉族	北京	00233	女	500.00	1987/6/24	492
16	0504378	李刘燕	汉族	北京	00233	女	500.00	1987/7/7	413
17	0505039	屈青	汉族	北京	00159	女	500.00	1987/4/24	452
18	0505041	王菁晔	汉族	北京	00159	女	500.00	1986/9/24	445
19	0505047	邢征英	汉族	北京	00159	女	500.00	1987/2/15	430
20	0505113	任长	汉族	北京	00160	男	500.00	1987/7/27	455
21	0506022	赵小龙	汉族	北京	00161	男	500.00	1987/3/17	407
22	0506024	裴扬萌	汉族	北京	00161	女	500.00	1986/10/24	438

图 9-1 选择该列任意单元格

	A	B	C	D	E	F	G	H	I
73	0512045	张琼	汉族	天津	00168	女	500.00	1986/3/20	434
74	0505060	李戈乐	汉族	新疆	00200	女	500.00	1985/2/14	427
75	0504357	高楠	汉族	云南	00233	男	500.00	1983/5/12	454
76	0509071	刘媛为	汉族	云南	00167	女	500.00	1987/5/16	436
77	0511046	谷意	汉族	浙江	00170	女	500.00	1986/6/4	460
78	0509052	眭洽俊	汉族	重庆	00193	男	500.00	1987/2/9	446
79	0512073	苗勇梅	汉族	重庆	00168	女	500.00	1987/1/15	492
80	0404193	谭育	汉族		00233	男	500.00	1984/4/1	408
81	0404370	江云	汉族	安徽	00233	女	800.00	1981/10/27	481
82	0504054	高妍	汉族	北京	00155	男	800.00	1986/12/28	480
83	0504380	侯羽	汉族	北京	00233	女	800.00	1986/10/26	465
84	0505038	朱琪婷	汉族	北京	00200	女	800.00	1985/8/24	406
85	0505052	郭思斌	汉族	北京	00200	男	800.00	1986/5/9	440
86	0506026	王慧欣	汉族	北京	00161	女	800.00	1986/11/30	467
87	0506033	胡颂	汉族	北京	00161	女	800.00	1987/11/29	421
88	0507036	于辰玥	壮族	北京	00164	女	800.00	1987/2/10	451
89	0509027	于瑞雨	汉族	北京	00203	女	800.00	1985/1/14	402
90	0511027	蒋浩叶	汉族	北京	00170	男	800.00	1987/5/25	428
91	0404336	黄胜霞	汉族	广西	00233	女	800.00	1986/11/20	402
92	0504339	张妍	汉族	广西	00165	女	800.00	1985/9/15	405
93	0505114	蒋英艳	汉族	河北	00160	女	800.00	1987/4/23	486

图 9-2 排序后的效果

在"数据"选项卡的"排序和筛选"组中单击"排序"按钮,在弹出的"排序"对话框中进行"主要关键字"、"排序依据"、"次序"的设置。单击"添加条件"按钮,设置次要关键字。如图 9-3 所示。设置好后,单击"确定"按钮,排序结果如图 9-4 所示。

图 9-3 "排序"对话框

	A	B	C	D	E	F	G	H	I
1	学号	姓名	民族	籍贯	班级编号	性别	奖学金	生日	入学成绩
2	0512036	黄路倡	回族	山西	00168	男	2,000.00	1987/2/15	400
3	0504177	张恋	汉族	北京	00157	女	2,000.00	1987/11/11	400
4	0507087	汪卉琪	汉族	河南	00232	男	2,000.00	1987/10/6	400
5	0505113	任长	汉族	北京	00160	男	2,000.00	1986/8/19	401
6	0504057	张宇璐	回族	山西	00155	女	2,000.00	1985/11/11	402
7	0505137	李昱	汉族	吉林	00160	男	2,000.00	1985/2/23	404
8	0505065	王文	汉族	广西	00200	女	2,000.00	1986/5/17	405
9	0504337	禹晓冰	壮族	山东	00233	女	2,000.00	1986/11/10	405
10	0511044	张琼	汉族	四川	00170	女	2,000.00	1986/12/14	408
11	0505027	朴琰文	汉族	甘肃	00159	男	2,000.00	1984/10/18	408
12	0505047	邢征英	汉族	北京	00159	女	2,000.00	1987/8/20	409
13	0507077	崔双娥	汉族	江苏	00232	女	2,000.00	1987/12/27	409
14	0507076	崔弘惠	汉族	江苏	00232	女	2,000.00	1986/9/10	412
15	0512024	武寿汝	汉族	北京	00168	男	2,000.00	1986/9/4	412
16	0505151	张金	汉族	广东	00160	女	2,000.00	1986/5/22	414
17	0507080	张波	汉族	宁夏	00232	女	2,000.00	1986/9/8	414
18	0505041	王菁晔	汉族	北京	00159	女	2,000.00	1986/11/29	414
19	0507041	刘斌林	汉族	山西	00164	男	2,000.00	1986/12/2	415
20	0504378	李刘燕	汉族	北京	00233	女	2,000.00	1986/10/6	415
21	0506022	赵小龙	汉族	北京	00161	男	2,000.00	1986/12/29	416

图 9-4　奖学金、入学成绩两列排序结果

注意：也可以把按列排序的方法用在按行排序中。只需在图 9-3 所示的对话框中单击"选项"按钮，即会弹出"排序选项"对话框。选择"按行排序"如图 9-5 所示。

图 9-5　"排序选项"对话框

9.1.3　自定义复杂排序

在实际应用中经常会遇到按照自定义序列进行排序的情况。例如按照医生的职称"主任医师"、"副主任医师"、"主治医师"、"住院医生"进行排序；按照公司职位高低进行排序，例如"总经理"、"副总经理"、"部门经理"等。

例如，"民族"按照自定义顺序"汉族"、"回族"、"满族"、"蒙古族"、"朝鲜族"、"壮族"排序。

方法：先添加自定义顺序，后进行排序。

第 1 步，添加自定义顺序。在"文件"选项卡中选择"选项"，弹出"Excel 选项"对话框，在左侧选择"高级"，单击"编辑自定义列表"按钮。如图 9-6 所示。在弹出的"自定义列表"对话框中，输入自定义顺序"汉族"、"回族"、"满族"、"蒙古族"、"朝鲜族"、"壮族"。单击"确定"按钮，添加顺序。

第 2 步,排序。打开"排序"对话框,选择"民族"字段作为主关键字,在"次序"选项中,选择上面设置的民族序列,如图 9-7 所示。单击"确定"按钮,排序完成。

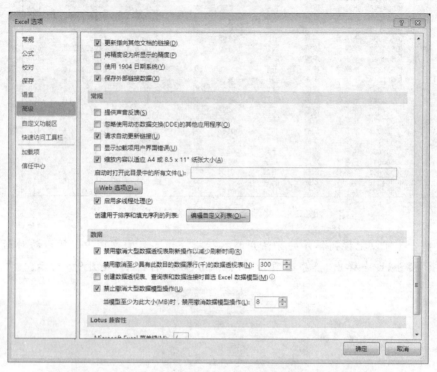

图 9-6 "Excel 选项"对话框

图 9-7 "排序"对话框的设置

9.2 筛 选 数 据

在 Excel 中,使用筛选数据的功能,可以根据用户给定的条件筛选出满足条件的记录,隐藏不满足条件的记录。筛选时可以给定一个或多个条件,也可以在筛选的结果上再次筛选。

9.2.1 自动筛选

一般情况下,筛选条件相对简单时,使用自动筛选可以快速筛选出符合条件的记录。需要注意的是,使用自动筛选,数据表中一定要有表头(列标题)。

例如,打开"原始文件\Excel部分-第9章课堂练习.xlsx",在Sheet1中筛选出所有男同学。

方法1:在"开始"选项卡的"编辑"组中单击"排序与筛选"按钮,在弹出的下拉列表中选择"筛选",将会看到所有的列标题右边都自动添加了一个下三角按钮,如图9-8所示。单击"性别"列右边的下三角按钮,在弹出下拉列表中,选择"男",如图9-9所示。单击"确定"按钮,筛选结果如图9-10所示。

	A	B	C	D	E	F	G	H	I
1	学号	姓名	民族	籍贯	班级编号	性别	奖学金	生日	入学成绩
2	0404022	王硕	汉族		00171	女		1985/9/30	417
3	0404024	谭伶利	汉族	北京	00233	女		1985/10/17	459
4	0404069	于龙	汉族	山西	00233	男		1985/3/9	428
5	0404111	陈琳	汉族	福建	00233	女		1987/7/20	406
6	0404128	谭依波	汉族	河北	00233	男		1985/12/18	409
7	0404193	谭育	汉族		00233	男	500.00	1984/4/1	408
8	0404255	孙广青	汉族	江西	00232	女		1985/5/23	425
9	0404336	黄胜霞	汉族	广西	00233	女	800.00	1986/1/20	402
10	0404342	马迪龙	汉族	江西	00233	男	500.00	1987/8/1	482
11	0404352	徐明	汉族	四川	00233	女	1,000.00	1984/5/20	427
12	0404370	江云	汉族	安徽	00233	女	800.00	1981/10/27	481
13	0404373	李丽	朝鲜族	福建	00233	女		1986/9/10	424
14	0404415	云修珠	汉族	浙江	00233	女		1986/9/11	474
15	0406068	司一琪	汉族	四川	00160	女		1985/8/26	407
16	0406109	邢亚	汉族	广西	00161	男		1983/1/10	499

图9-8　筛选状态的数据表

图9-9　选择筛选条件

方法2:在"数据"选项卡的"排序和筛选"组中单击"筛选"按钮,所有的列标题右边都自动添加了一个下三角按钮,如图9-8所示。其他步骤同上。

	A	B	C	D	E	F	G	H	I
1	学号	姓名	民族	籍贯	班级编号	性别	奖学金	生日	入学成绩
4	0404069	于龙	汉族	山西	00233	男		1985/3/9	428
6	0404128	谭依波	汉族	河北	00233	男		1985/12/18	409
7	0404193	谭育	汉族		00233	男	500.00	1984/4/1	408
10	0404342	马迪龙	汉族	江西	00233	男	500.00	1987/8/1	482
16	0406109	邢亚	汉族	广西	00161	男		1983/1/10	499
18	0504047	杜利鸿	汉族	北京	00155	男	1,500.00	1987/2/25	479
19	0504048	王海飞	汉族	北京	00155	男		1987/2/11	471
25	0504054	高妍	汉族	北京	00155	男	800.00	1986/12/28	480
29	0504058	杨斯	汉族	山西	00155	男	800.00	1987/12/27	490
30	0504059	陈莉	汉族	山东	00155	男	500.00	1986/3/20	466
31	0504060	张嘉哲	壮族	天津	00155	男	2,000.00	1986/6/25	452
32	0504061	乔之	汉族	天津	00155	男	500.00	1986/6/22	400
34	0504064	李静虎	回族	山东	00155	男		1985/7/4	498
35	0504065	耿小	汉族	黑龙江	00155	男		1987/2/28	494
38	0504068	谭云	汉族	山东	00155	男	2,000.00	1987/12/27	409
39	0504069	王思	汉族	吉林	00155	男	1,000.00	1986/3/2	452
41	0504071	李邈军	汉族	吉林	00155	男	1,000.00	1986/9/30	490
45	0504075	池娟	汉族	浙江	00155	男	2,000.00	1986/10/10	430
48	0504078	闫慧	回族	辽宁	00155	男		1987/10/21	410
63	0504183	黄淞健	汉族	北京	00157	男	1,000.00	1986/6/5	433

图 9-10 筛选结果

注意：如果取消筛选，再次单击"筛选"按钮即可。

9.2.2　自定义自动筛选

当筛选的条件稍微复杂一点，不能直接选择时，可以使用自定义自动筛选功能。

例如，筛选出入学成绩大于 450 分且小于 500 分的学生。

方法：在"数据"选项卡的"排序和筛选"组中单击"筛选"按钮，所有的列标题右边都自动添加了一个下三角按钮，如图 9-8 所示。单击"入学成绩"列右边的下三角按钮，在弹出下拉列表中，单击"数字筛选"，在弹出的子菜单中选择"介于"，如图 9-11 所示。将会弹出"自定义自动筛选方式"对话框。在对话框中输入条件，如图 9-12 所示。单击"确定"按钮，即可看到筛选结果。

图 9-11　筛选列表

图 9-12　自定义自动筛选对话框

9.2.3　高级筛选

高级筛选用于使用复杂条件进行筛选的情况。在高级筛选中要将筛选条件单独写出来，因此需要了解条件表达式的组成和设置条件筛选区的规则。

1. 条件表达式

Excel 中的条件表达式常见的有以下几种。

（1）使用比较运算符。可以使用＞（大于）、＜（小于）、＝（等于）、＞＝（大于等于）、＜＝（小于等于）、＜＞（不等于）。例如，查找入学成绩大于等于 450 分的学生，可以写出＞＝450。

（2）使用通配符。在条件中，还可以使用？代表单个字符，使用 ＊ 代表任意多个字符。例如，查找姓李的学生，条件可以写成"李 ＊"；查找王某，条件可以写成"王？"。

（3）与、或关系。条件表达式之间还存在着"与"、"或"关系。"与"关系表示两个条件都要满足；"或"关系表示两个条件满足其中一个就可以了。

2. 设置条件筛选区

高级筛选的前提是在数据表的空白处设置一个带有标题的条件区域，条件区需要注意以下几点：

（1）条件的标题要与数据表的原有标题完全一致。

（2）多字段间的条件若为"与"关系，则写在同一行。

（3）多字段间的条件若为"或"关系，则写在不同行。

例如，查找入学成绩大于 450 分的所有女生记录。

方法：先设置条件，后进行筛选。

在数据表的空白处输入筛选条件，如图 9-13 所示。在"数据"选项卡的"排序和筛选"组中单击"高级"按钮，在弹出的"高级筛选"对话框中设置"条件区域"等选项，如图 9-14 所示。单击"确定"按钮。

图 9-13　筛选条件　　　　　　　　　图 9-14　"高级筛选"对话框

9.3 分类汇总数据

使用分类汇总功能,可以通过插入分类汇总和总计快速计算相关数据。例如,可以按院系分类,统计各个院系学生的人数;按教师分组,统计每个教师的课时量等。

例如,统计各民族学生入学成绩的平均分。

方法:先对"民族"字段进行"升序"或"降序"的排序,选择"数据"选项卡,选择"分级显示"组。单击"分类汇总"按钮,弹出"分类汇总"对话框,将"民族"字段设为分类字段,对"入学成绩"字段求平均值,如图 9-15 所示。单击"确定",将结果中的明细信息折叠,如图 9-16 所示。

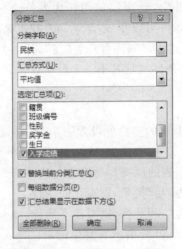

图 9-15 "分类汇总"对话框

1 2 3		A	B	C	D	E	F	G	H	I
	1	学号	姓名	民族	籍贯	班级编号	性别	奖学金	生日	入学成绩
+	2320			汉族 平均值						450
+	2450			回族 平均值						450
+	2601			满族 平均值						445
+	2656			蒙古族 平均值						451
+	2708			朝鲜族 平均值						446
+	2804			壮族 平均值						452
−	2805			总计平均值						450
	2806									

图 9-16 "分类汇总"结果

注意:如果取消分类汇总,单击图 9-15 中的"全部删除"按钮即可。

9.4 合并计算数据

Excel 中的合并计算功能可以合并多个不同数据源的数据,并可以进行求和、计数、求平均等计算。数据源可以是一个工作表中的多个不同的表格,也可以是一个工作簿中多个不同的工作表;还可以是不同工作簿中的工作表。

例如,打开"原始文件\Excel 部分-第 9 章课堂练习.xlsx",将"一月销售情况"、"二月销售情况"、"三月销售情况"中的数据合并计算,并将结果显示在"1-3 月销售情况"工作表中。

方法:打开"1-3 月销售情况"工作表,单击单元格 A1,在"数据"选项卡的"数据工具"组中单击"合并计算"按钮,弹出"合并计算"对话框,选择"一月销售情况"工作表中的数据,单击"添加"按钮,添加到"所有引用位置"。按照同样的方法,添加"二月销售情况"、"三月销售情况"中的数据,如图 9-17 所示。选择"首行"、"最左列",单击"确定"按钮,即可看到合并计算的结果,如图 9-18 所示。

图 9-17 "合并计算"对话框   图 9-18 "合并计算"结果图

注意:当需要按照行标题(字段名)分类统计时,选择"首行";需要按照第一列分类统计时,选择"最左列";二者都需要时全选。如果都没有选择,则会按数据源列表中数据的单元格位置进行计算,不会进行分类计算。

分类计算的结果中没有显示第一列的列标题可以自行添加。

合并计算后,结果表的数据项排列顺序是按图 9-17 中"所有引用位置"中的第一个数据源表的数据项顺序排列的。

9.5　公　　式

在 Excel 中,经常需要使用公式进行各种计算,在实际应用中,使用公式的频率非常高。

9.5.1　公式的组成

Excel 公式是工作表中进行数值计算的等式。公式的输入以"="开始,在公式中可以包含运算符、单元格名称、函数、引用、常量等,并组成一个算式。比如简单的加、减、乘、除计算公式。

Excel 中的运算符分为 4 种不同类型：算术运算符、比较运算符、文本连接运算符和引用运算符。

1. 算数运算符

算术运算符可以完成基本的数学运算、连接数字和产生数字结果等。常见的算术运算符如表 9-1 所示。

表 9-1　算术运算符

运　算　符	含　义	示　例
＋	两个数相加	3＋5
－	两个数相减或负数	5－3
＊	两个数相乘	3＊5
/	两个数相除	9/3
％	百分比	50％
＾	乘方	4^2＝16

2. 比较运算符

使用比较运算符可以对两个表达式进行比较。使用比较运算符后，表达式的结果是一个逻辑值，True 或 False，如表 9-2 所示。

表 9-2　比较运算符

运算符	含　义	示　例
＝	等于	A1＝90　判断 A1 是否等于 90
＞	大于	A1＞90　判断 A1 是否大于 90
＜	小于	A1＜90　判断 A1 是否小于 90
＞＝	大于等于	A1＞＝90　判断 A1 是否大于等于 90
＜＝	小于等于	A1＜＝90　判断 A1 是否小于等于 90
＜＞	不等于	A1＜＞90　判断 A1 是否不等于 90

3. 文本连接运算符

使用文本连接运算符将两个文本合并连接成一个更长的新的文本，如表 9-3 所示。

表 9-3　文本连接运算符

运算符	含　义	示　例
＆	文本连接	"HELLO"＆"WORLD" 结果为"HELLOWORLD"

4. 引用运算符

可以使用引用运算符对单元格区域进行合并计算。如表 9-4 所示。

表 9-4 引用运算符

运算符	含义	示例
:	区域	A1:B5 A1 到 B5 单元格区域
,	并	SUM(A1:B5,C1:C6)求 A1 到 B5,再加上 C1 到 C6 单元格区域的和
(空格)	交叉	SUM(A1:B5,B1:C3)求 A1:B5 和 B1:C3 共有的单元格 B1:B3 单元格的和

5. 运算符的优先级

当公式中有多个运算符时,按表 9-5 所示的顺序运算。

表 9-5 Excel 运算符的优先级

运 算 符	含 义	优 先 级
:	区域	高
(空格)	交叉	
,	并	
—	负号	
%	百分比	
^	乘幂	
* 和/	乘和除	
＋和—	加和减	
&	连接	
＝,＞,＜,＞＝,＜＝,＜＞	比较运算符	低

当运算符的优先级相同时,按照从左到右的顺序运算。

9.5.2 公式的输入与使用

在 Excel 中可以输入公式,并可以将输入的公式复制、移动。

1. 手动输入公式

在需要使用公式的单元格中直接输入公式。

例如,打开“原始文件\Excel 部分-第 9 章课堂练习.xlsx”,选择“学生成绩”工作表,在 E2 单元格中输入公式“＝C2＋D2”。

方法:单击 E2 单元格,在单元格中输入“＝C2＋D2”,如图 9-19 所示。按 Enter 键就

第 9 章 数据分析与处理

可以计算出总成绩了。

▲	A	B	C	D	E	F
1	学号	姓名	英语	政治	总分	
2	0404022	王硕	87	87	=C2+D2	
3	0404024	谭伶利	79	68		
4	0404069	于龙	76	86		
5	0404111	陈琳	85	85		

图 9-19　手工输入公式

2. 通过鼠标引用单元格输入公式

上面的公式还可以通过鼠标引用单元格的方式输入。

方法：在 E2 单元格输入"＝"，之后鼠标单击 C2 单元格，此时在单元格中显示"＝C2"，接下来，手工输入"＋"，之后，再次鼠标单击 D2 单元格。最终，E2 单元格显示"＝C2＋D2"，公式输入完毕。

3. 移动公式

移动公式时，公式及其计算结果从一个单元格移动到另一个单元格，公式和计算结果不会发生变化。

例如，将上面的 E2 单元格的公式移动到 E5 单元格。

方法：单击 E2 单元格，将鼠标放在单元格的边框上，当鼠标变成十字箭头形状时，如图 9-20 所示。按住鼠标左键，拖动到 E5 单元格，如图 9-21 所示。

▲	A	B	C	D	E
1	学号	姓名	英语	政治	总分
2	0404022	王硕	87	87	174
3	0404024	谭伶利	79	68	
4	0404069	于龙	76	86	
5	0404111	陈琳	85	85	
6	0404128	谭依波	97	89	
7	0404193	谭育	88	79	
8	0404255	孙广青	63	90	

图 9-20　选择单元格边框

▲	A	B	C	D	E
1	学号	姓名	英语	政治	总分
2	0404022	王硕	87	87	
3	0404024	谭伶利	79	68	
4	0404069	于龙	76	86	
5	0404111	陈琳	85	85	174
6	0404128	谭依波	97	89	
7	0404193	谭育	88	79	
8	0404255	孙广青	63	90	

图 9-21　移动公式后效果

4. 复制公式

复制是将公式应用于其他单元格的操作，复制的公式会自动发生变化。

例如，通过复制 E2 单元格，计算所有同学的总分。

方法1：使用填充柄复制。选中存放公式的单元格 E2，将鼠标指向单元格右下角的填充柄，待光标变成小实心十字时，如图 9-22 所示。按住鼠标左键向下拖动到 E20 单元格，计算出所有同学的总分。

	A	B	C	D	E	F
1	学号	姓名	英语	政治	总分	
2	0404022	王硕	87	87	174	
3	0404024	谭伶利	79	68		
4	0404069	于龙	76	86		
5	0404111	陈琳	85	85		
6	0404128	谭依波	97	89		
7	0404193	谭育	88	79		
8	0404255	孙广青	63	90		
9	0404336	黄胜霞	58	67		
10	0404342	马迪龙	95	86		
11	0404352	徐明	84	85		
12	0404370	江云	73	74		
13	0404373	李丽	90	72		
14	0404415	云修珠	83	90		
15	0406068	司一琪	82	85		
16	0406109	邢亚	71	84		
17	0406129	董文爽	70	69		
18	0504047	杜利鸿	67	79		
19	0504048	王海飞	66	60		
20	0504049	王林	54	77		

图 9-22　选中填充柄

方法2：使用"复制"、"粘贴"命令进行复制。选中存放公式的单元格 E2，单击 Excel 工具栏中的"复制"按钮或者按 Ctrl＋C 键。然后选中需要使用该公式的单元格，在选中区域内右击，从弹出的快捷菜单中选择"粘贴选项"|"粘贴"命令，或者按 Ctrl＋V 键。公式就被复制到已选中的单元格。

9.5.3　自动求和

使用自动求和功能可以快速计算出多个单元格的和、平均值、计数、最大值、最小值等。

例如，使用自动求和，计算每个学生的总分。

方法1：选择要进行计算的单元格 C2、D2，在"开始"选项卡的"编辑"组中单击"自动求和"按钮∑▾，在下拉列表中选择"求和"，结果如图 9-23 所示。

	A	B	C	D	E
1	学号	姓名	英语	政治	总分
2	0404022	王硕	87	87	174
3	0404024	谭伶利	79	68	
4	0404069	于龙	76	86	
5	0404111	陈琳	85	85	
6	0404128	谭依波	97	89	

图 9-23　自动求和结果

方法2：选择要进行计算的单元格 C2、D2，在"公式"选项卡的"函数库"组中单击"自动求和"按钮，在下拉列表中选择"求和"。

9.6 单元格引用方式

Excel 中单元格的引用有 3 种：相对引用、绝对引用、混合引用。单元格的引用主要用来使用公式对一组单元格进行计算。

9.6.1 相对引用

相对引用直接用单元格的名称表示，例如 A1、B2 等。当引用单元格的公式被复制时，新公式引用的单元格的位置将会发生改变。

例如，在"原始文件\Excel 部分-第 9 章课堂练习.xlsx"文件的"学生成绩"工作表中，计算每个学生的总分。

计算第一个学生的总分，在 E2 单元格输入公式"＝C2＋D2"即可。将 E2 单元格的公式复制到 E3 单元格，可以计算第二个学生的总分，E3 单元格的公式会自动变为"＝C3＋D3"，如图 9-24 所示。

E3	▼	:	×	✓	*fx*	=C3+D3	

▲	A	B	C	D	E	F
1	学号	姓名	英语	政治	总分	
2	0404022	王硕	87	87	174	
3	0404024	谭伶利	79	68	147	
4	0404069	于龙	76	86		
5	0404111	陈琳	85	85		
6	0404128	谭依波	97	89		
7	0404193	谭育	88	79		
8	0404255	孙广青	63	90		
9	0404336	黄胜霞	58	67		
10	0404342	马迪龙	95	86		
11	0404352	徐明	84	85		
12	0404370	江云	73	74		
13	0404373	李丽	90	72		
14	0404415	云修珠	83	90		
15	0406068	司一琪	82	85		
16	0406109	邢亚	71	84		
17	0406129	董文爽	70	69		
18	0504047	杜利鸿	67	79		
19	0504048	王海飞	66	60		
20	0504049	王林	54	77		
21						

图 9-24 使用"相对引用"计算总分

可以看出，通过相对引用，使用公式计算数据相当方便，当复制或拖动填充柄填充时，系统会自动复制上面的公式计算每一行或列的数据。这样，计算所有同学的总分，只需要输入第一个同学的总分计算公式，拖动填充柄，就可以快速得出所有同学的两门课成绩了。

9.6.2 绝对引用

绝对引用单元格的格式形如：＄A＄1，＄B＄1。如果公式中使用绝对引用单元格，无论公式如何被复制，公式将不会随行或列发生变化，公式始终引用的是原来的单元格。

例如，在图 9-24 中，E1 单元格输入公式"＝＄C＄2＋＄D＄2"，并将结果复制到 E2 单元格，公式将不再发生变化，依然为"＝＄C＄2＋＄D＄2"，计算的结果依然为 174 分。如图 9-25 所示。当然，使用绝对引用计算的第二个同学的总分是不正确的。

	A	B	C	D	E	F
					=$C$2+$D$2	
1	学号	姓名	英语	政治	总分	
2	0404022	王硕	87	87	174	
3	0404024	谭伶利	79	68	174	
4	0404069	于龙	76	86		
5	0404111	陈琳	85	85		
6	0404128	谭依波	97	89		
7	0404193	谭育	88	79		
8	0404255	孙广青	63	90		
9	0404336	黄胜霞	58	67		
10	0404342	马迪龙	95	86		
11	0404352	徐明	84	85		
12	0404370	江云	73	74		
13	0404373	李丽	90	72		
14	0404415	云修珠	83	90		
15	0406068	司一琪	82	85		
16	0406109	邢亚	71	84		
17	0406129	董文爽	70	69		
18	0504047	杜利鸿	67	79		
19	0504048	王海飞	66	60		
20	0504049	王林	54	77		
21						

图 9-25　使用"绝对引用"计算总分

如果在公式中单元格的地址使用了绝对引用，则复制公式时，单元格的地址不会相应的发生变化，始终表示引用的单元格。

9.6.3 混合引用

混合引用可以分为绝对行引用和绝对列引用。绝对行引用格式：A＄1，B＄1，表示当引用该单元格的公式被复制时，新公式对列的引用将会发生变化，而对行的引用则固定不变。绝对列引用格式：＄A1，＄B1，表示当引用该单元格的公式被复制时，新公式对行的引用将会发生变化，而对列的引用则固定不变。

在上面计算学生总分的实例中，如果在公式中使用绝对列引用，依然可以计算出每个学生的总分。如图 9-26 所示。

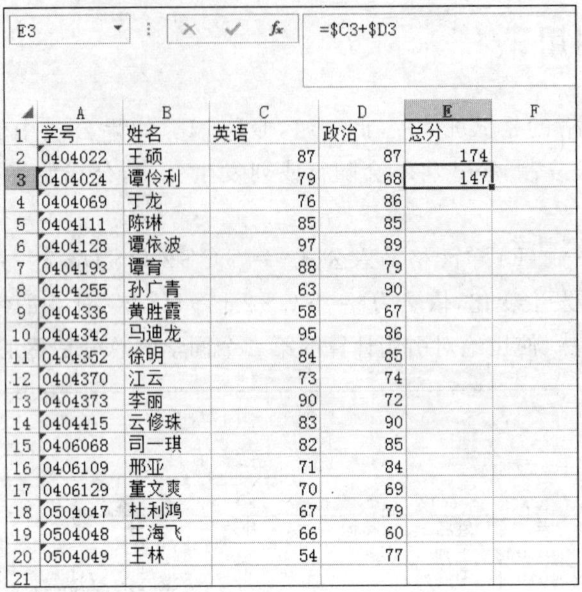

图 9-26　使用"混合引用"计算总分

9.7　函　　数

Excel 中的函数功能非常丰富,使用函数可以进行数据计算、数据统计、数据分析、财务计算等。

9.7.1　函数的结构

函数的结构如下所示:

返回值　函数名(参数 1,参数 2,…)

函数可以有一个、两个或多个参数,或者没有参数。当使用函数时,必须输入函数名、括号和具体的参数。参数可以是常数、也可以是单元格引用,还可以是函数。

Excel 中的常用函数有 SUM、AVERAGE、ROUND、COUNT、MAX、MIN、IF 等 。

1. SUM 函数

SUM 函数用来将用户给定的所有参数相加。函数格式如下:

SUM(number1,number2,…)

如果在单元格输入"=SUM(A1:A5)",函数将会计算单元格区域 A1 到 A5 的和。

2. AVERAGE 函数

AVERAGE 函数用来计算所有参数的平均值。函数格式如下所示：

```
AVERAGE(number1,number2,…)
```

如果在单元格中输入"＝AVERAGE(A1:A5)"，函数将会计算 A1 到 A5 单元格区域的平均值。

3. ROUND 函数

ROUND 函数根据给定的小数位数，将小数四舍五入。函数的格式如下所示：

```
ROUND(number,num_digits)
```

函数的参数有两个，第一个参数 number 给定一个小数，第二个参数 num_digits 是整数，用来指定小数的位数。例如，在单元格中输入"＝ROUND(34.5674,2)"，函数的结果为 34.57。

4. COUNT 函数

COUNT 函数用来计算包含数字的单元格以及参数列表中数字的个数。使用 COUNT 函数获取数字区域或数组中的数字字段中的项目数。函数的格式如下所示：

```
COUNT(value1,[value2],…)
```

参数 Value1 是必需的，指要计算其中数字的个数的第一项、单元格引用或区域。参数 value2 及后面的参数是可选的，指要计算其中数字的个数的其他项、单元格引用或区域，最多可包含 255 个。这些参数可以包含或引用各种类型的数据，但只有数字类型的数据才被计算在内。

例如，在单元格中输入"＝COUNT(A1:A10)"，计算区域 A1:A20 中数字的个数。如果该区域中有 5 个单元格包含数字，则结果为 5。

5. MAX 函数

MAX 函数用来求最大值。函数的格式如下：

```
MAX(number1,number2,…)
```

其中的参数 number1、number2 等可以是数字，单元格名称，连续单元格区域等。例如，单元格中输入"＝MAX(A1:A5,B6)"，如果 A1:A5,B6 单元格中最大值为 15，则函数的结果是 15。

6. MIN 函数

MIN 函数用来求最小值。函数的格式如下：

```
MIN(number1,number2,…)
```

例如,"=MIN(C3:D3)",如果 C3:D3 区域的最小值是 10,则函数的返回值是 10。

7. IF 函数

IF 函数具有判断功能。函数的格式如下所示:

```
IF(logical_test,value_if_true,value_if_false)
```

参数 logical_test 表示条件表达式,结果为"真"或"假"。如果为"真",则函数的结果为第二个参数 value_if_true;反之,函数的结果为第三个参数 value_if_false。

例如,打开"原始文件\Excel 部分-第 9 章课堂练习.xlsx",选择"学生成绩"工作表,判断每个学生的英语成绩是否及格,将结果显示在 F 列。

方法:在 F2 单元格输入公式"=IF(C2>=60,"及格","不及格")",F2 单元格的英语成绩为 87 分,判断条件为真,函数的结果显示为"及格"。拖动填充柄,将函数应用在 F 列其他单元格。结果如图 9-27 所示。

	A	B	C	D	E	F
1	学号	姓名	英语	政治	总分	英语是否及格
2	0404022	王硕	87	87		及格
3	0404024	谭伶利	79	68		及格
4	0404069	于龙	76	86		及格
5	0404111	陈琳	85	85		及格
6	0404128	谭依波	97	89		及格
7	0404193	谭育	88	79		及格
8	0404255	孙广青	63	90		及格
9	0404336	黄胜霞	58	67		不及格
10	0404342	马迪龙	95	86		及格
11	0404352	徐明	84	85		及格
12	0404370	江云	73	74		及格
13	0404373	李丽	90	72		及格
14	0404415	云修珠	83	90		及格
15	0406068	司一琪	82	85		及格
16	0406109	邢亚	71	84		及格
17	0406129	董文爽	70	69		及格
18	0504047	杜利鸿	67	79		及格
19	0504048	王海飞	66	60		及格
20	0504049	王林	54	77		不及格

图 9-27　IF 函数显示结果

9.7.2　函数的输入和使用

1. 插入函数

输入函数时,如果对函数比较熟悉,可以直接输入函数。如果不熟悉,可以通过对话框插入函数或者在选项组中选择需要的函数。

例如,通过 IF 函数实现英语成绩是否及格的判断。同上例。

方法 1:通过对话框插入函数。单击 F2 单元格,在"公式"选项卡的"函数库"组中单击"插入函数"按钮,弹出"插入函数"对话框,在对话框中选择 IF 函数,在弹出的"函数参数"对话框中,输入参数,如图 9-28 所示。单击"确定"按钮,完成对话框的设置。

方法 2:在选项组中选择函数。单击 F2 单元格,在"公式"选项卡的"函数库"组中单

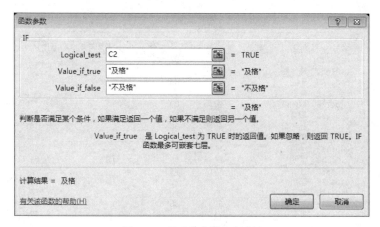

图 9-28 "函数参数"对话框

击"逻辑"按钮,在弹出的下拉列表中,选择 IF 函数,如图 9-29 所示。在弹出的"函数参数"对话框中,输入参数,如图 9-28 所示。单击"确定"按钮,完成对话框的设置。

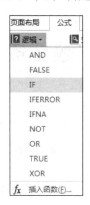

图 9-29 "逻辑"按钮下拉列表

2. 在公式中使用函数

在实际计算中,经常需要在公式中使用函数。例如,在单元格中输入"＝SUM(A1：A4)-B2",表示 A1：A4 区域的和再减去 B2 单元格的值。

9.7.3　函数的嵌套

Excel 中有时候需要将函数作为另一个函数的参数,嵌套在函数中进行计算。即函数中又调用函数。

例如,打开"原始文件\Excel 部分-第 9 章课堂练习.xlsx",选择"学生成绩"工作表,计算每个学生"英语"和"政治"的平均分,结果保留 1 位小数。

方法:单击 G2 单元格,在单元格中输入"＝ROUND(AVERAGE(C2：D2),1)"。将会计算出第一个学生的平均分,并且保留 1 位小数。拖动填充柄,计算出每个学生的平均分,如图 9-30 所示。

▲	A	B	C	D	E	F	G
1	学号	姓名	英语	政治	总分	英语是否及格	平均分
2	0404022	王硕	87	87			87
3	0404024	谭伶利	79	68			73.5
4	0404069	于龙	76	86			81
5	0404111	陈琳	85	85			85
6	0404128	谭依波	97	89			93
7	0404193	谭育	88	79			83.5
8	0404255	孙广青	63	90			76.5
9	0404336	黄胜霞	58	67			62.5
10	0404342	马迪龙	95	86			90.5
11	0404352	徐明	84	85			84.5
12	0404370	江云	73	74			73.5
13	0404373	李丽	90	72			81
14	0404415	云修珠	83	90			86.5
15	0406068	司一琪	82	85			83.5
16	0406109	邢亚	71	84			77.5
17	0406129	董文爽	70	69			69.5
18	0504047	杜利鸿	67	79			73
19	0504048	王海飞	66	60			63
20	0504049	王林	54	77			65.5

图 9-30　函数的嵌套实例

9.8　数据透视表

使用数据透视表,可以快速、方便地排列和汇总复杂数据,并可进一步查看详细信息。在数据透视表中,可以按报表筛选、行标签、列标签、数值分析统计数据。

例如,创建数据透视表,按籍贯筛选信息,行标签显示民族、列标签显示性别,统计各民族的男女生人数。

方法:在"插入"选项卡的"表格"组中单击"数据透视表"按钮,在弹出的下拉列表中选择"数据透视表",将会弹出创建"数据透视表"对话框,在对话框中选择分析的数据区域,并设置透视表的位置,如图 9-31 所示。单击"确定"按钮。在弹出的"数据透视表字段列表"窗口中,将"籍贯"拖动到报表筛选区,将"民族"拖动到行标签,"性别"拖动到列标签,"学号"进行计数运算,放在数值区。设计如图 9-32 所示。将会看到如图 9-33 所示数据透视表。

图 9-31　"创建数据透视表"对话框

图 9-32　数据透视表的设计

籍贯	(全部)	▼		
计数项:学号	列标签	▼		
行标签 ▼	男	女	(空白)	总计
朝鲜族	11	40		51
汉族	690	1628		2318
回族	31	98		129
满族	46	104		150
蒙古族	15	39		54
壮族	27	68		95
(空白)				
总计	820	1977		2797

图 9-33　数据透视表

在创建好的数据透视表中,选择不同的籍贯,将会看到不同民族的男女生人数。

9.9　数据透视图

使用数据透视图可以以图表的形式更加直观的展示数据。

例如,将上面的例子使用数据透视图展示。

方法:在"插入"选项卡的"表格"组中单击"数据透视表"按钮,在弹出的下拉列表中选择"数据透视图",将会弹出"创建数据透视表及数据透视图"对话框,在对话框中选择分析的数据区域,并设置透视表的位置,如图 9-31 所示。单击"确定"按钮。在弹出的"数据透视表字段列表"窗口中,进行如图 9-32 所示的设计。设计完成后,将会看到如图 9-33 所示的数据透视表和如图 9-34 所示的数据透视图。

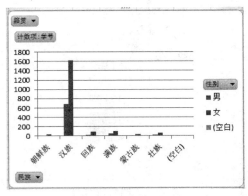

图 9-34　数据透视图

当在同时生成的数据透视表中筛选"籍贯"时,数据透视图也会相应地发生变化。同样,在数据透视图中筛选数据,数据透视表也会联动。

9.10 切 片 器

使用切片器可以更加快速轻松地筛选数据透视表和多维数据集。切片器可以与数据透视表链接,让数据展示更方便和美观。

在已经生成好的数据透视表中任何位置单击,在"插入"选项卡的"筛选器"组中单击"切片器"按钮,将会打开"插入切片器"对话框,选择字段,如图 9-35 所示。单击"确定"按钮,生成 3 个切片器,如图 9-36 所示。

图 9-35 "插入切片器"对话框

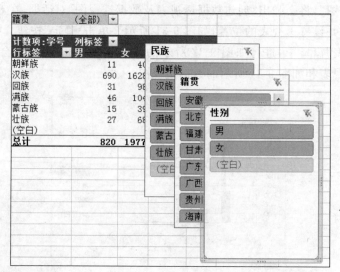

图 9-36 生成的切片器

在生成的切片器中,选择不同的"性别"、"籍贯"或"民族",数据透视表中的数据就会随之发生变化。

操作练习实例

【操作要求】 打开"9-练习.xlsx"工作簿,对工作表进行以下操作。

1. 排序

(1) 复制"基础数据"工作表,并重命名为"排序结果"。

(2) 在"排序结果"工作表中,按照"日期"升序,"销量(本)"降序排序,结果如图 9-37 所示。

2008年—2009年度Office 2007系列图书销售记录					
订单编号	日期	书店名称	图书名称	图书作者	销量(本)
08001	2008/01/02	鼎盛书店	Office高手——商务办公妙	孟天祥	12
08003	2008/01/04	博达书店	Word 2007在办公中的应用	王天宇	41
08002	2008/01/04	博达书店	Excel商务图表在办公中的	陈祥通	5
08004	2008/01/05	博达书店	Excel函数在办公中的应用	方文成	21
08005	2008/01/06	鼎盛书店	Excel数据统计与分析	钱顺卓	32
08006	2008/01/09	鼎盛书店	Excel 2007锦囊妙计	王崇江	3
08007	2008/01/09	博达书店	Office高手——商务办公妙	黎浩然	1
08009	2008/01/10	博达书店	Excel商务图表在办公中的	陈祥通	43
08008	2008/01/10	鼎盛书店	PowerPoint商务演讲	刘露露	3
08011	2008/01/11	鼎盛书店	Excel数据统计与分析	张哲宇	31
08010	2008/01/11	隆华书店	PowerPoint商务演讲	徐志晨	22
08013	2008/01/12	鼎盛书店	电子邮件使用技巧	王海德	43
08012	2008/01/12	隆华书店	Excel商务图表在办公中的	王炫皓	19
08014	2008/01/13	隆华书店	Office高手——商务办公妙	谢丽秋	39
08015	2008/01/16	鼎盛书店	Excel 2007锦囊妙计	王崇江	30
08016	2008/01/16	鼎盛书店	Excel函数在办公中的应用	关天胜	43
08017	2008/01/16	鼎盛书店	Excel函数在办公中的应用	唐小姐	40
08018	2008/01/17	鼎盛书店	Word 2007在办公中的应用	钱顺卓	44
08019	2008/01/18	博达书店	Office高手——商务办公妙	刘长辉	33
08020	2008/01/19	鼎盛书店	Excel数据统计与分析	李晓梅	35
08021	2008/01/22	博达书店	PowerPoint商务演讲	方文成	22
08022	2008/01/23	博达书店	PowerPoint商务演讲	王雅林	38

图 9-37 样表 1

2. 筛选

(1) 复制"基础数据"工作表,并重命名为"筛选结果"。

(2) 在"筛选结果"工作表中,筛选鼎盛书店销量大于 30 本的销售记录,并按销量从高到低排序,如图 9-38 所示。

3. 分类汇总

(1) 复制"基础数据"工作表,并重命名为"分类汇总"。

(2) 在"分类汇总"工作表中,统计各书店销量的总和,如图 9-39 所示。

4. 常用公式与函数

(1) 使用"培训成绩单"工作表中的数据,统计总分及平均成绩,并将结果放在相应的

图 9-38 样表 2

<table>
<tr><td colspan="6">2008年—2009年度Office 2007系列图书销售记录</td></tr>
<tr><td>订单编号</td><td>日期</td><td>书店名称</td><td>图书名称</td><td>图书作者</td><td>销量（本）</td></tr>
<tr><td>08078</td><td>2008/03/22</td><td>鼎盛书店</td><td>Word 2007在办公中的应用</td><td>关天胜</td><td>50</td></tr>
<tr><td>08101</td><td>2008/04/19</td><td>鼎盛书店</td><td>Excel函数在办公中的应用</td><td>王崇江</td><td>50</td></tr>
<tr><td>08161</td><td>2008/06/19</td><td>鼎盛书店</td><td>电子邮件使用技巧</td><td>李晓梅</td><td>50</td></tr>
<tr><td>09085</td><td>2009/03/29</td><td>鼎盛书店</td><td>Excel商务图表在办公中的</td><td>刘露露</td><td>50</td></tr>
<tr><td>09220</td><td>2009/08/17</td><td>鼎盛书店</td><td>电子邮件使用技巧</td><td>边金双</td><td>50</td></tr>
<tr><td>08093</td><td>2008/04/07</td><td>鼎盛书店</td><td>PowerPoint商务演讲</td><td>王崇江</td><td>49</td></tr>
<tr><td>08157</td><td>2008/06/15</td><td>鼎盛书店</td><td>PowerPoint商务演讲</td><td>王崇江</td><td>49</td></tr>
<tr><td>08240</td><td>2008/09/11</td><td>鼎盛书店</td><td>Word 2007在办公中的应用</td><td>刘露露</td><td>49</td></tr>
<tr><td>09063</td><td>2009/03/08</td><td>鼎盛书店</td><td>Excel数据统计与分析</td><td>唐小姐</td><td>49</td></tr>
<tr><td>09125</td><td>2009/05/12</td><td>鼎盛书店</td><td>Office高手——商务办公妙</td><td>钱顺卓</td><td>49</td></tr>
<tr><td>09193</td><td>2009/07/20</td><td>鼎盛书店</td><td>Excel商务图表在办公中的</td><td>唐小姐</td><td>49</td></tr>
<tr><td>09253</td><td>2009/09/24</td><td>鼎盛书店</td><td>Excel函数在办公中的应用</td><td>刘露露</td><td>49</td></tr>
<tr><td>08036</td><td>2008/02/06</td><td>鼎盛书店</td><td>Word 2007在办公中的应用</td><td>孟天祥</td><td>48</td></tr>
<tr><td>08055</td><td>2008/02/27</td><td>鼎盛书店</td><td>Excel商务图表在办公中的</td><td>张哲宇</td><td>48</td></tr>
<tr><td>08331</td><td>2008/12/14</td><td>鼎盛书店</td><td>Excel函数在办公中的应用</td><td>关天胜</td><td>48</td></tr>
<tr><td>09017</td><td>2009/01/16</td><td>鼎盛书店</td><td>Excel函数在办公中的应用</td><td>唐小姐</td><td>48</td></tr>
<tr><td>09111</td><td>2009/05/01</td><td>鼎盛书店</td><td>电子邮件使用技巧</td><td>边金双</td><td>48</td></tr>
<tr><td>08250</td><td>2008/09/20</td><td>鼎盛书店</td><td>Excel商务图表在办公中的</td><td>唐小姐</td><td>47</td></tr>
<tr><td>09005</td><td>2009/01/06</td><td>鼎盛书店</td><td>Excel数据统计与分析</td><td>钱顺卓</td><td>47</td></tr>
<tr><td>09046</td><td>2009/02/15</td><td>鼎盛书店</td><td>Excel数据统计与分析</td><td>唐小姐</td><td>47</td></tr>
<tr><td>08281</td><td>2008/10/24</td><td>鼎盛书店</td><td>Excel 2007锦囊妙计</td><td>唐小姐</td><td>46</td></tr>
<tr><td>09006</td><td>2009/01/09</td><td>鼎盛书店</td><td>Excel 2007锦囊妙计</td><td>王崇江</td><td>46</td></tr>
</table>

图 9-38 样表 2

	订单编号	日期	书店名称	图书名称	图书作者	销量（本）
183			博达书店 汇总			4733
457			鼎盛书店 汇总			7047
639			隆华书店 汇总			4984
640			总计			16764

图 9-39 样表 3

单元格中 。"平均成绩"一列保留一位小数。

（2）考核成绩＝平均成绩×90％＋平时成绩×10％，计算考核成绩。

（3）计算考核成绩最高分和最低分，并将结果放在相应单元格中。

（4）如果考核成绩大于等于 90 分，成绩评价为"优"；如果考核成绩大于等于 80 分，成绩评价为"良"；如果考核成绩大于等于 60 分，成绩评价为"及格"；如果考核成绩小于 60 分，成绩评价为"不及格"。统计"成绩评价"一列的数据。样表如图 9-40 所示。

编号	科目一	科目二	科目三	平时成绩	总分	平均成绩	考核成绩	成绩评价
				新员工培训成绩单				
NO.0001	89	95	96	85	365	91.3	90.6	优
NO.0002	98	96	92	96	382	95.5	95.6	优
NO.0003	89	95	82	78	344	86.0	85.2	良
NO.0004	86	95	75	67	323	80.8	79.4	及格
NO.0005	95	88	95	88	366	91.5	91.2	优
NO.0006	60	62	65	65	252	63.0	63.2	及格
NO.0007	96	97	94	94	381	95.3	95.1	优
NO.0008	77	67	73	86	303	75.8	76.8	及格
NO.0009	93	95	74	83	345	86.3	85.9	良
NO.0010	54	47	63	62	226	56.5	57.1	不及格
考核最高分	95.6							
考核最低分	57.1							

图 9-40 样表 4

5. 数据透视表

使用"员工资料表"工作表，创建如图 9-41 所示的数据透视表，并将结果保存在新的工作表"员工数据透视表"中。

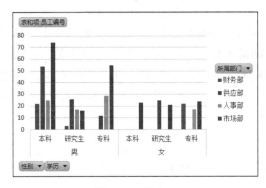

求和项:员工编号	列标签				
行标签	财务部	供应部	人事部	市场部	总计
男	25	92	71	145	333
本科	22	54	25	74	175
研究生	3	26	17	16	62
专科		12	29	55	96
女	22	25	17	68	132
本科				23	23
研究生		25		21	46
专科	22		17	24	63
总计	47	117	88	213	465

图 9-41　样表 5

6. 数据透视图

使用"员工资料表"工作表，创建如图 9-42 所示的数据透视图，并将结果保存在新的工作表"员工数据透视图"中。

图 9-42　样表 6

7. 切片器

在操作 5 数据透视表上制作所属部门和学历的切片器，并通过在切片器上选择"本科"、"市场部"筛选数据透视表。结果如图 9-43 所示。

求和项:员工编号	列标签			所属部门		学历	
行标签	市场部	总计		财务部		本科	
男	74	74		供应部		研究生	
本科	74	74		人事部		专科	
女	23	23		市场部			
本科	23	23					
总计	97	97					

图 9-43　样表 7

第**10**章

工作表打印

Excel 中的工作表制作好之后,经常需要打印。在打印工作表时,需要设置页面、页边距、页眉/页脚、工作表,设置好之后,还需要打印预览。如果符合打印的要求,就可以打印了。

10.1 设 置 页 面

通过设置页面可以设置打印的方向、缩放比例、纸张大小、打印质量和起始页码。

方法 1:打开要打印的工作表,在"页面布局"选项卡的"页面设置"组中单击右下角的按钮 ☐,打开"页面设置"对话框,默认打开"页面"选项卡。在"页面"选项卡中设置打印方向、设置打印区域的缩放比例、调整打印页面、选择纸张大小、打印质量以及起始页码,如图 10-1 所示。

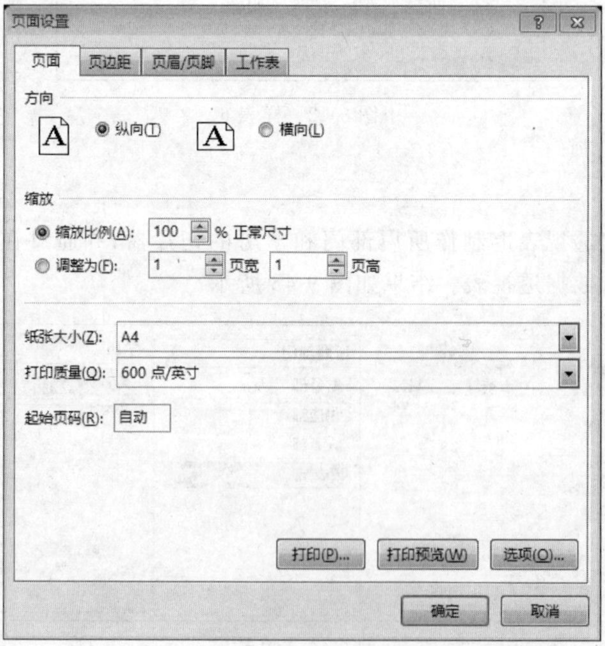

图 10-1 "页面"设置

方法 2：在"页面布局"选项卡的"调整为合适大小"组中单击右下角的按钮 🔽，也会打开"页面设置"对话框中的"页面"选项卡，如图 10-1 所示。进行设置即可。

方法 3：在"页面布局"选项卡上，有"纸张大小"、"纸张方向"、"缩放比例"、"宽度"、"高度"工具按钮，可以直接单击，进行各项的设置。

注意：起始页码可以设置为"自动"或者数字。当是"自动"时，默认从第 1 页开始打印，也可以输入要打印的起始页码。例如，输入"2"，表示从第 2 页开始打印。

10.2　设置页边距

页边距是指打印的工作表的数据和纸张的四周边界之间的距离。可以设置上、下、左、右，以及页眉、页脚的边距。可以选择系统给定的页边距，也可以自定义页边距。

方法 1：在"页面布局"选项卡的"页面设置"组中单击"页边距"下拉按钮，在弹出的下拉列表中进行选择，如图 10-2 所示。根据需要选择系统定义的"普通"、"宽"、"窄"，也可以选择"自定义页边距"。如果选择"自定义页边距"，会弹出"页面设置对话框"，并且自动切换到"页边距"选项卡，如图 10-3 所示。设置"上"、"下"、"左"、"右"、"页眉"、"页脚"以及居中方式。单击"确定"按钮，完成设置。

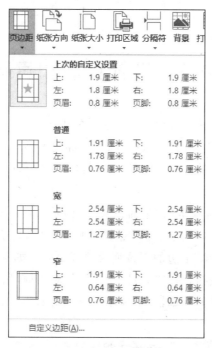

图 10-2　"页边距"菜单

方法 2：在"页面布局"选项卡的"页面设置"组中单击右下角的按钮 🔽，打开"页面设置"对话框，选择"页边距"选项卡，如图 10-3 所示。页边距的设置方式同方法 1。

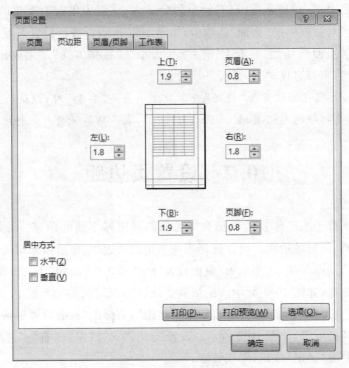

图 10-3 "页边距"设置

10.3 设置页眉和页脚

在打印工作表时,有一些在每页都重复显示的内容可以设置在页眉或页脚区域。例如单位名称、单位标志、工作表的名称、作者姓名、部门名称等设置在页眉区;也可以将打印的页码信息、完成工作表的时间等设置在页脚区。页眉和页脚可以每页都一样,也可以分奇偶页不同、首页不同等。

方法:在"页面布局"选项卡的"页面设置"组中单击右下角的按钮 ⌐,打开"页面设置"对话框,选择"页眉/页脚"选项卡,如图 10-4 所示。单击"页眉"下边的下拉列表选择系统预设的页眉,单击"页脚"下边的下拉列表选择页脚。如图 10-5 所示。单击"自定义页眉"或者"自定义页脚"按钮,弹出"页眉"或"页脚"对话框,用户自己定义页眉页脚。输入自己想设置的页眉或页脚,例如输入"清华大学出版社",如图 10-6 所示。单击"确定"按钮即可完成设置。

注意:当要删除页眉或页脚时,如果是预设的页眉、页脚,只需要在图 10-5 所示对话框中,两个下拉列表中选择"无"即可。如果是自定义的页眉、页脚,需要打开图 10-6 所示的对话框,将自己输入的页眉或页脚删除即可。

图 10-4　"页眉/页脚"选项卡

图 10-5　选择预设的页眉/页脚

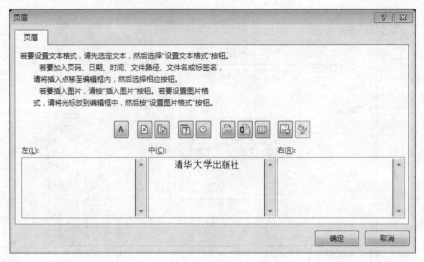

图 10-6　用户自定义页眉设置

10.4　设置工作表

如果选择打印的区域、打印标题、添加网格线、打印顺序等内容,可以通过设置工作表实现。

方法:在"页面布局"选项卡的"页面设置"组中单击右下角的按钮 ⌐,打开"页面设置"对话框,选择"工作表"选项卡,如图 10-7 所示。设置"打印区域"、"打印标题"、打印"网格线"、"单色打印"、"草稿品质"、"行号列标"等选项。单击"打印预览"按钮,预览打印效果;单击"确定"按钮,完成设置。

图 10-7　"工作表"设置

10.5 打 印 预 览

打印工作表之前,需要先预览打印的效果,如果效果不满意,还可以修改后再打印。使用打印预览功能,实现"所见即所得",避免打印后不符合要求而重新打印。

方法:在"文件"选项卡中选择"打印"命令,就可以看到工作表的打印预览效果和"打印"选项。如图 10-8 所示。在"打印"选项中设置"打印份数"、"打印机"、"打印范围"、"单/双面打印"、"横/纵向"、"纸张大小"、"页边距"等。单击"打印"按钮,连接打印机,就可以打印了。

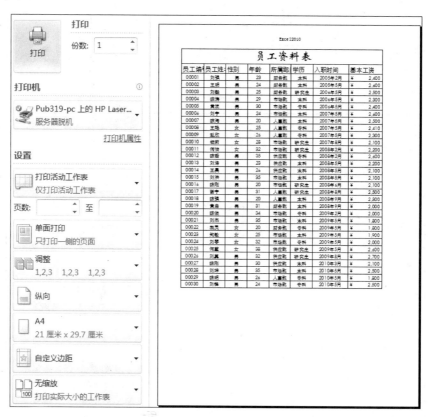

图 10-8　打印设置及预览界面

操作练习实例

【操作要求】　打开"10-练习.xlsx"工作簿,按照图 10-9 和图 10-10 所示样表,对"员工资料表"进行以下操作:

员工资料表

员工编号	员工姓名	性别	年龄	所属部门	学历	入职时间	职位	基本工资
00001	刘德	男	23	财务部	本科	2005年2月	职员	¥ 2,400
00002	王明	男	24	财务部	本科	2005年5月	职员	¥ 2,600
00003	刘毅	男	35	财务部	研究生	2006年5月	部门经理	¥ 2,500
00019	黄启	男	31	财务部	本科	2008年9月	职员	¥ 2,000
00022	燕灵	女	20	财务部	专科	2009年5月	职员	¥ 1,800
00012	陈哲	男	35	供应部	专科	2008年2月	职员	¥ 2,600
00013	刘浩	男	23	供应部	本科	2008年5月	职员	¥ 2,200
00014	王昊	男	26	供应部	本科	2008年5月	职员	¥ 2,100
00025	何馨	女	38	供应部	研究生	2009年5月	部门经理	¥ 2,600
00026	刘某	男	32	供应部	研究生	2009年8月	部门副经理	¥ 2,700
00027	陈刚	男	30	供应部	本科	2010年3月	职员	¥ 2,100
00007	陈海	男	20	人事部	本科	2007年5月	职员	¥ 2,500
00008	王艳	女	25	人事部	专科	2007年5月	职员	¥ 2,410
00009	赵欣	女	26	人事部	专科	2007年5月	职员	¥ 2,300
00017	游宇	男	31	人事部	研究生	2008年8月	部门副经理	¥ 2,500
00018	陈强	男	20	人事部	本科	2008年9月	职员	¥ 2,300
00029	陈明	男	26	人事部	专科	2010年5月	职员	¥ 1,800
00004	陈涛	男	29	市场部	本科	2006年5月	职员	¥ 2,300
00005	黄波	男	30	市场部	专科	2006年5月	职员	¥ 2,400
00006	刘宇	男	24	市场部	本科	2006年5月	职员	¥ 2,600
00010	杨莉	女	28	市场部	研究生	2007年8月	部门副经理	¥ 2,100
00011	何怡	女	32	市场部	研究生	2008年2月	部门经理	¥ 2,200
00015	刘洪	男	35	市场部	本科	2008年5月	职员	¥ 2,100
00016	陈刚	男	20	市场部	研究生	2008年6月	职员	¥ 2,100
00020	陈俊	男	34	市场部	专科	2009年2月	职员	¥ 2,000
00021	刘杰	男	35	市场部	本科	2009年5月	职员	¥ 1,800
00023	郑敏	女	25	市场部	本科	2009年5月	职员	¥ 1,900

第1页

图 10-9　样表 1

员工资料表

员工编号	员工姓名	性别	年龄	所属部门	学历	入职时间	职位	基本工资
00024	刘琴	女	32	市场部	专科	2009年5月	职员	¥ 2,000
00028	刘坤	男	35	市场部	本科	2010年5月	职员	¥ 2,500
00030	刘峰	男	24	市场部	专科	2010年5月	职员	¥ 2,500

第2页

图 10-10　样表 2

1. 设置页面

（1）设置打印方向为"横向"。

（2）设置缩放比例为 95%。

（3）设置纸张大小为 A4。

2. 设置页边距

设置页边距"上"、"下"均为 2.4 厘米，"左"、"右"均为 1.3 厘米。

3. 设置页眉/页脚

设置页脚为页码信息，如"第 1 页"。

4. 设置工作表

将第 1 行、第 2 行设为打印标题。

第11章

PowerPoint 2013 基础操作

PowerPoint 是微软 Office 办公套装软件中的一个重要组成部分,其作用是专门用于设计和制作信息展示领域的各种类型的电子演示文稿。PowerPoint 具有技术先进、功能强大和操作方便等特点,可以轻松地创建直观而专业的各类演示幻灯片。使用 PowerPoint 创建的幻灯片既可以使用计算机屏幕或投影仪播放,也可用于互联网上的网络会议或在 Web 上展示。正因为此,PowerPoint 被广泛应用在演讲、报告、各种会议、产品演示和多媒体课件制作等众多领域。

本章将对 PowerPoint 的最新版本 PowerPoint 2013 的新增功能、界面特点、视图功能及创建幻灯片的基础操作进行介绍。通过本章学习,读者可以制作具有基本文字内容展示功能的演示文稿,并为后续制作类型更为多样、内容更为丰富的演示文稿打下基础。

11.1　初识 PowerPoint 2013

11.1.1　演示文稿、幻灯片和 PPT 的概念

1. 演示文稿

演示文稿是一个由幻灯片、备注页和讲义 3 个部分组成的文档文件,默认文件格式的扩展名为"PPTX",早期版本的扩展名为"PPT"。

演示文稿可以由多页幻灯片组成一完整的内容演示过程,也可以将"一套幻灯片"称为演示文稿,如图 11-1 所示。

2. 幻灯片

幻灯片是演示文稿的核心部分,演示文稿中的每一页都叫幻灯片。每页幻灯片都是演示文稿中既相互独立又相互联系的内容,如图 11-2 所示。

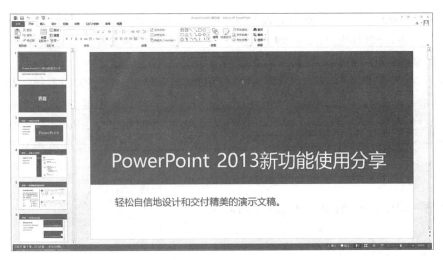

图 11-1　在 PowerPoint 2013 软件中打开演示文稿

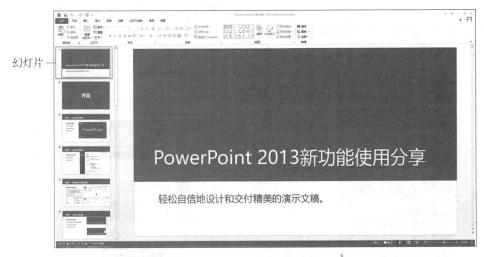

图 11-2　演示文稿中的幻灯片

3．PPT

早期版本 PowerPoint 软件所制作的演示文稿文件的默认扩展名为 PPT，随着 PPT文件的使用日益广泛，PPT 也成为 PowerPoint 软件及演示文稿的简称。人们一般也将PPT 当成 PowerPoint 文档的代名词。PPT 文档可以用来直接演示，制作起来也比较直观、简单。

11.1.2　关于 PowerPoint 2013

PowerPoint 2013 是 PowerPoint 软件的最新版本，是 PowerPoint 发展史上的又一次飞跃，在很好地继承了过往版本成功经验的基础上，功能再一次有了较大的改进和提高。

使用 PowerPoint 2013,能够更为方便地制作引人入胜的演示文稿。新的 Metro 化界面及扁平化风格,使软件更显时尚和人性化,也使用户能够更加方便快捷地实现各种操作,信息的共享能力比老版本有了更大的增强,使团队协作更为简单高效。同时,PowerPoint 2013 也在图表、图形、图片和文本等元素的使用、编辑和输出方式等方面也做了相当多的改进,甚至一些功能可以与专业的图形图像处理软件、动画软件相媲美,这使文稿的创建输出和信息的表达更加容易、高效。所有的这些改进,为使用 PowerPoint 创建极具专业性的演示文稿带来便利,使用户能够更为轻松地将想法变成具有专业风范和富有感染力的演示文稿。

11.1.3 PowerPoint 2013 的新功能

1. 更多的入门选项

PowerPoint 2013 提供了许多种方式来使用模板、主题、最近的演示文稿、较旧的演示文稿或空白演示文稿来启动下一个演示文稿,而不是直接打开空白演示文稿。在"开始屏幕界面"中用户既可以直接创建空白演示文稿,也可以通过搜索联机模版和主题创建具有专业水准的演示文稿,以及打开过往使用过的文档,如图 11-3 所示。

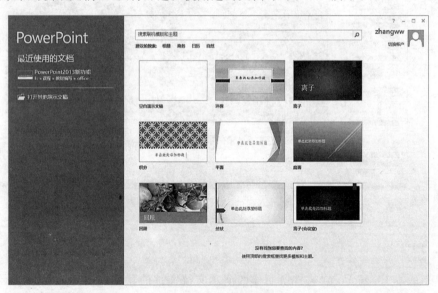

图 11-3　开始屏幕界面

2. 简易的演示者视图

演示者视图允许用户在自己的监视器上查看笔记,而观众只能查看幻灯片。在以前的版本中,很难弄清谁在哪个监视器上查看哪些内容。改进的演示者视图解决了这一难题,使用起来更加简单。

新的演示者视图不再需要多个监视器,演讲者可以在演示者视图中排练,不必挂接任何其他内容。在演示者视图下,可以利用新增的放大镜功能放大图表、图示或者想要对观众强调的任何内容。同时,还可以使用"查看所有幻灯片"来浏览演示文稿中的所有幻灯片以及任意指定想要播放的内容,如图 11-4 所示。

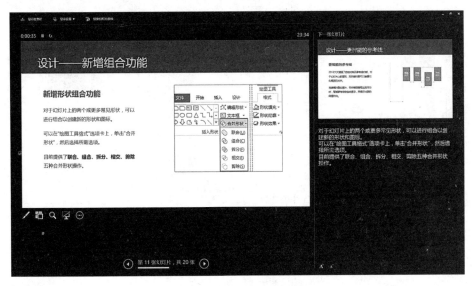

图 11-4　新的演示者视图

3. 友好的宽屏设计

世界上的许多电视和视频都采用了宽屏和高清格式。从 PowerPoint 2013 开始,新建的幻灯片默认的版式为 16:9 的宽屏模式,并且微软提供了大量的宽屏模版和主题可供用户使用,如图 11-5 所示。

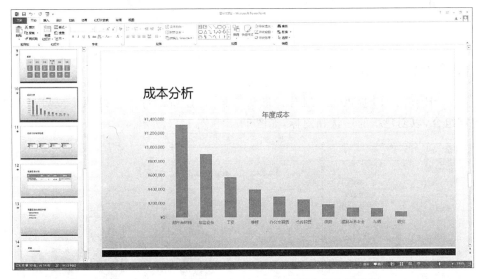

图 11-5　联机模版中的"业务项目计划"主题宽屏模版

4. 更多的主题变体

同一主题现在提供了一组变体,例如不同的调色板和字体系列,如图11-6所示。

图 11-6　同一主题不同变体

5. 均匀地排列和隔开对象

PowerPoint 2013 中无须目测幻灯片上的对象以查看它们是否已对齐。当对象(例如图片、形状等)距离较近且均匀时,智能参考线会自动显示,并提示对象的间隔均匀,如图 11-7 所示。

图 11-7　自动显示的智能参考线

6. 合并常见形状工具

PowerPoint 2013 提供了一组合并形状工具,可以将幻灯片上的两个或更多常见形状进行组合,以创建新的形状和图标,如图 11-8 和图 11-9 所示。

图 11-8　合并形状工具

图 11-9　常见形状合并后创建新的形状

7. 新增取色器功能，可实现颜色匹配

可以从屏幕上的对象中捕获精确的颜色，然后将其应用于任何形状，如图 11-10 所示。

8. 改进的动画动作路径

现在创建动作路径时，PowerPoint 会显示对象的结束位置。而原始对象始终存在，"虚影"图像会随着路径一起移动到终点，如图 11-11 所示。

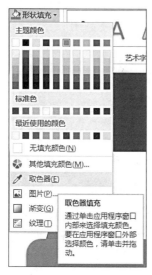

图 11-10　新增取色器功能

图 11-11　动作路径中起始位置可同时显示

9. 改进的视频和音频支持

PowerPoint 现在支持更多的多媒体格式（例如 MP4、MOV 与 H.264 视频，高级音频编码（AAC）音频）和更多高清晰度内容。PowerPoint 2013 包括更多内置编解码器，因此，省去了对特定文件格式的转换操作。

图 11-12　新的批注窗格

10. 新的批注形式

PowerPoint 可以使用新的"批注"窗格在 PowerPoint 中提供反馈，并可以显示或隐藏批注和修订，如图 11-12 所示。

11. 共享演示文稿并保存到云

云就相当于天上的文件存储，每当联机时，就可以访问云。利用 PowerPoint 2013 可以轻松地将演示文稿文件保存到自己的 OneDrive 或公司的网站。在这些位置，可以访问和共享演示文稿和其他 Office 文件，甚至还可以与同

事同时共同处理同一个文件,如图 11-13 所示。

图 11-13　保存到云存储端

11.2　PowerPoint 2013 工作界面

启动 PowerPoint 2013 首先打开"开始屏幕界面",如图 11-14 所示。在此界面既可以直接创建空白演示文稿,也可以通过搜索联机模版和主题创建具有专业水准的演示文稿,以及打开最近使用过的文档,或者浏览打开其他演示文稿。

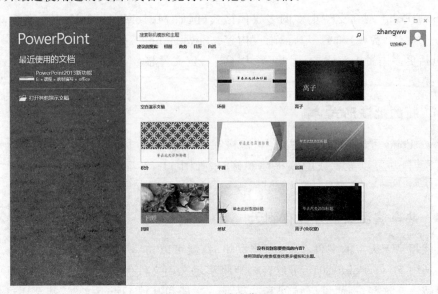

图 11-14　开始屏幕界面

选择"创建空白演示文稿",可进入 PowerPoint 2013 的工作界面,如图 11-15 所示。

图 11-15　PowerPoint2013 的工作界面

11.2.1　快速访问工具栏

快速访问工具栏位于 PowerPoint 工作界面左上角,用于放置用户经常使用的命令按钮,默认情况下,快速访问工具栏中只有"保存"、"撤销"、"恢复"和"从头开始放映"4 个命令。用户可以单击快速访问工具栏右侧的下拉箭头,在弹出的菜单中勾选经常使用的命令即可将其添加到快速访问工具栏中,如图 11-16 所示。

图 11-16　自定义快速访问工具栏

11.2.2　标题栏

标题栏位于快速访问工具栏右侧,用于显示正在操作的文档的名称信息,在其右侧还有 3 个窗口控制按钮,分别是"最小化"按钮、"向下还原"按钮和"关闭"按钮。

11.2.3　功能区及选项卡

功能区替代了 PowerPoint 2013 的菜单栏和工具栏,旨在帮助使用者快速找到完成某任务所需的命令。功能区由选项卡、组和命令 3 部分组成,如图 11-17 所示。

图 11-17　功能区及选项卡组成

11.2.4　幻灯片缩略图窗格

在此窗格中可以看到所有幻灯片的缩略图,能够直观形象地浏览幻灯片的内容和页面的布局,并能方便地实现诸如幻灯片位置的改变、幻灯片的添加和幻灯片的删除等操作。

11.2.5　幻灯片窗格

幻灯片窗格是工作界面中最大也是最重要的部分。在此窗格中可以对当前所选幻灯片页进行诸如元素添加、编辑,样式美化等工作。

11.2.6　状态栏

状态栏位于工作界面的左下方,用于显示演示文稿的总页数以及当前所选幻灯片的页码。

11.2.7　备注窗格

可以在备注窗格中为幻灯片窗格中所显示的当前幻灯片添加注释信息。该注释信息不会在幻灯片放映时显示出来,但可以显示在演示者视图里,为演讲者提供提示信息。

11.2.8 视图栏

视图栏位于工作界面的右下方,可以快速切换演示文稿的视图模式,设置幻灯片的显示比例。

11.3 演示文稿视图

PowerPoint 2013 提供了多种视图模式,以便用户在编辑、打印和放映演示文稿时根据不同的任务要求选择使用。

在工作界面中用于设置和选择演示文稿视图的方法有以下两种。

(1) 在"视图"选项卡的"演示文稿视图"组或"母版视图"组中进行选择或切换。"演示文稿视图"组包括普通视图、大纲视图、幻灯片浏览视图、备注页视图和阅读视图。"母版视图"组包括幻灯片母版视图、讲义母版视图和备注母版视图,如图 11-18 所示。

图 11-18 "视图"选项卡的"演示文稿视图"组

(2) 在"视图栏"区域进行选择或切换,包括普通视图、幻灯片浏览视图、阅读视图和幻灯片放映视图,如图 11-19 所示。

图 11-19 "视图栏"区域的视图切换按钮

11.3.1 用于编辑演示文稿的视图

1. 普通视图

普通视图是 PowerPoint 2013 启动后的默认视图。在该视图模式下,可以方便地编辑和查看幻灯片的内容,调整幻灯片的结构以及添加备注内容,如图 11-20 所示。

进入普通视图模式时,可以看到演示文稿中的每张幻灯片都是以预览形式呈现的。在该视图下,可以对幻灯片的内容和位置进行编辑。

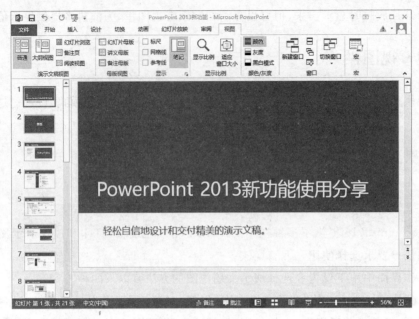

图 11-20　普通视图

2. 大纲视图

大纲视图主要用于设置演示文稿的属性和显示标题的层次结构。在该视图中可以方便地折叠和展开各种层次的文档，如图 11-21 所示。大纲视图广泛用于内容较长的演示文稿的快速浏览和设置中。

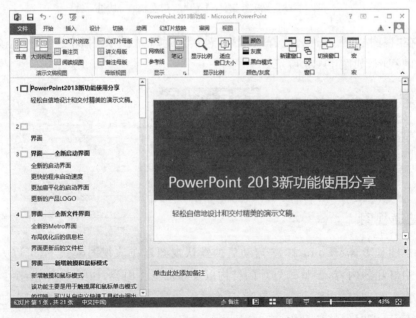

图 11-21　大纲视图

3. 幻灯片浏览视图

利用幻灯片浏览视图,可以浏览演示文稿中的幻灯片。在这种模式下,能够方便地对演示文稿的整体结构进行编辑,如选择幻灯片、创建新幻灯片以及删除幻灯片等,如图 11-22 所示。但在这种模式下,不能对幻灯片的内容进行修改。

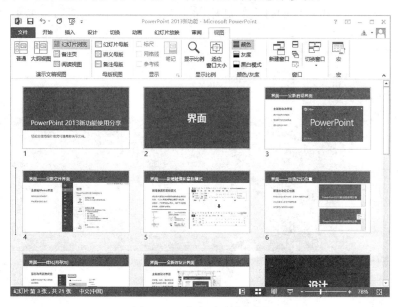

图 11-22　幻灯片浏览视图

4. 备注页视图

备注页视图主要用于为演示文稿中的幻灯片添加备注内容或对备注内容进行编辑修改,如图 11-23 所示。在该视图模式下,无法对幻灯片的内容进行编辑。

图 11-23　备注页视图

5. 母版视图

母版视图包括幻灯片母版视图、讲义母版视图和备注母版视图，如图 11-24～图 11-26 所示。它们是存储有关演示文稿信息的主要幻灯片，其中包括背景、颜色、字体、效果、占位符大小和位置。使用母版视图的一个主要优点在于，在幻灯片母版、备注母版或讲义母版上，可以对与演示文稿关联的每个幻灯片、备注页或讲义的样式进行全局更改。

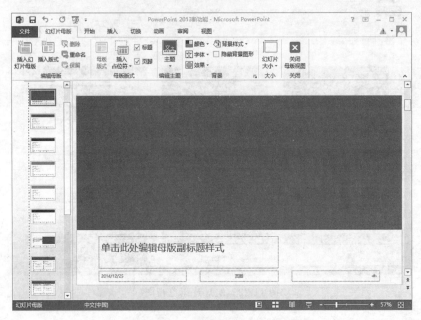

图 11-24　幻灯片母版视图

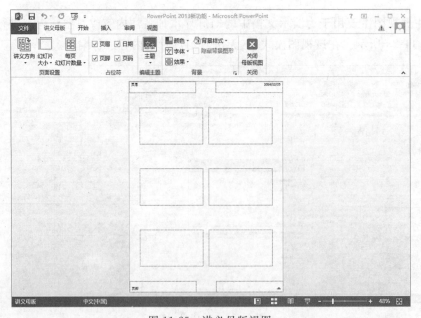

图 11-25　讲义母版视图

图 11-26　备注母版视图

11.3.2　用于放映演示文稿的视图

1. 幻灯片放映视图

幻灯片放映视图可用于向受众放映演示文稿,如图 11-27 所示。幻灯片放映视图会占据整个计算机屏幕,这与受众观看演示文稿时在大屏幕上显示的演示文稿完全一样。制作者可以看到图形、计时、电影、动画效果和切换效果在实际演示中的具体效果。

图 11-27　幻灯片放映视图

2. 阅读视图

阅读视图用于演示者查看自己的演示文稿,而非给受众(例如通过大屏幕)放映演示文稿,如图 11-28 所示。如果希望在一个设有简单控件以方便审阅的窗口中查看演示文稿,而不想使用全屏的幻灯片放映视图,则可以在自己的计算机上使用阅读视图。

图 11-28　阅读视图

3. 演示者视图

演示者视图是一种可在演示期间使用的基于幻灯片放映的关键视图,如图 11-29 所示。借助两台监视器,可以运行其他程序并查看演示者备注,而这些是受众所无法看到的。

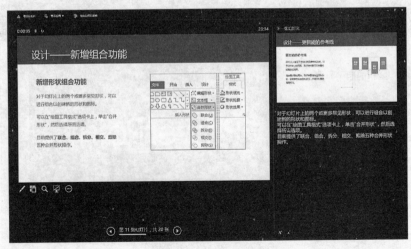

图 11-29　演示者视图

11.3.3　用于准备和打印演示文稿的视图

1．幻灯片浏览视图

幻灯片浏览视图可以查看缩略图形式的幻灯片，如图 11-30 所示。通过此视图，可以在准备打印幻灯片时方便地对幻灯片的顺序进行排列和组织。

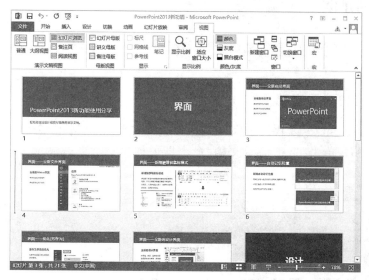

图 11-30　幻灯片浏览视图

2．打印预览

打印预览可以指定要打印内容(讲义、备注页、大纲或幻灯片)的设置，如图 11-31 所示。

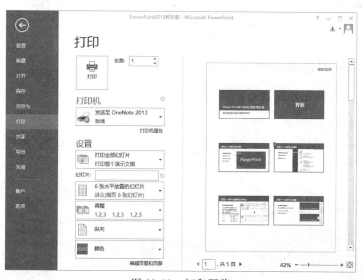

图 11-31　打印预览

11.4　演示文稿基本操作

演示文稿的基本操作包括新建、打开、保存和关闭演示文稿等。

11.4.1　创建演示文稿

制作演示文稿的第一步就是创建新演示文稿,在 PowerPoint 2013 中可以通过两种方法来实现。

1. 新建空白演示文稿

启动 PowerPoint 2013 软件之后,在"文件"选项卡中选择"新建"命令,会提示创建什么样的演示文稿。单击"空白演示文稿"命令即可创建一个空白演示文稿,如图 11-32 所示。

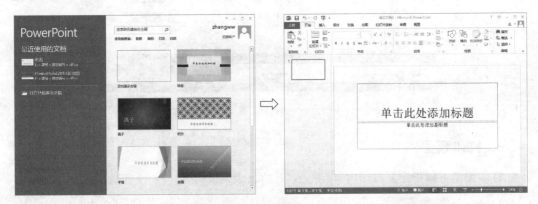

图 11-32　新建空白演示文稿

2. 使用模板创建演示文稿

PowerPoint 2013 中内置有大量联机模板,可在设计不同类别演示文稿的时候选择使用,既快捷,又美观,如图 11-33 所示。

可在"搜索"文本框中输入联机模板或主题名称,然后单击"搜索"按钮 🔍,即可快速找到需要的模板或主题。

11.4.2　幻灯片大小设置

PowerPoint 2013 中可以对幻灯片的页面比例及大小进行调整。在"设计"选项卡的"自定义"组中单击"幻灯片大小"按钮。用户可根据演示内容、自我喜好及放映设备兼容性等情况进行幻灯片大小设置。当前宽屏(16∶9)幻灯片已越来越成为主流大小,如

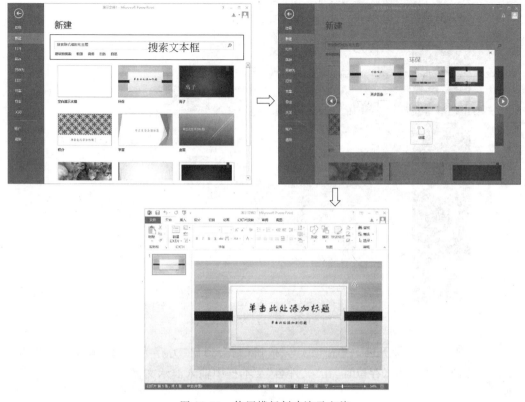

图 11-33　使用模板创建演示文稿

图 11-34 所示。

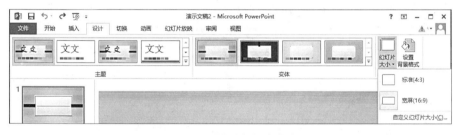

图 11-34　设置幻灯片大小

11.4.3　保存演示文稿

编辑完演示文稿后,需要将演示文稿保存起来,以便以后使用。具体步骤如下。

（1）单击"快速访问工具栏"上的"保存"按钮,或在"文件"选项卡中打开的列表中选择"保存"选项,即可保存演示文稿。

（2）如果保存的是新建的演示文稿,选择"保存"选项后,将弹出"另存为"设置界面。在该界面中可以选择将演示文稿保存至 Microsoft SkyDrive,以便在云中更轻松地访问、存储和共享您的文件,也可以将文稿保存在本地磁盘文件夹中,如图 11-35 所示。

图 11-35　"另存为"设置界面

（3）如果选择"计算机"，单击"浏览"按钮，则会弹出"另存为"对话框，如图 11-36 所示。选择演示文稿的保存位置，在"文件名"文本框中输入演示文稿名称，单击"保存"按钮即可。

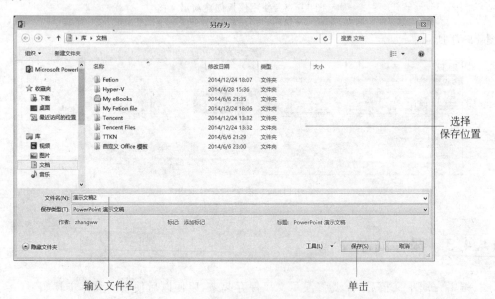

图 11-36　"另存为"对话框

（4）如果用户需要为当前演示文稿重命名、更换保存位置或改变演示文稿类型，则可以在"文件"选项卡中选择"另存为"选项，在"另存为"设置界面中单击"浏览"按钮，将弹出"另存为"对话框，如图 11-36 所示，并重复步骤（3）操作即可。

11.4.4　打开演示文稿

对已经保存过的演示文稿,可以利用 PowerPoint 重复打开进行编辑或放映。具体步骤如下。

(1) 在"文件"选项卡中选择"打开"选项,可以从"最近使用的演示文稿"、SkyDrive 和"计算机"中打开演示文稿,如图 11-37 所示。

图 11-37　"打开"设置界面

(2) 如果要打开本地磁盘文件夹中的演示文稿,在"计算机"中单击"浏览"按钮,将弹出"打开"对话框,如图 11-38 所示。选择要打开的演示文稿,并单击"打开"按钮即可。

选择要打开的文件　　　　　　　　　　单击

图 11-38　"打开"对话框

（3）也可以直接从磁盘文件夹中找到要打开的演示文稿，左键双击图标，系统会自动调用 PowerPoint 软件将文件打开。

11.4.5　关闭演示文稿

常用的关闭演示文稿的方法有：
（1）在"文件"选项卡中选择"关闭"命令。
（2）单击标题栏右侧的"关闭"按钮。
（3）按 Alt＋F4 键将演示文稿关闭。

11.5　幻灯片的基本操作

在 PowerPoint 中，可对演示文稿中的幻灯片进行各种操作，主要包括增加新幻灯片、复制幻灯片、移动幻灯片和删除幻灯片等。

11.5.1　新建幻灯片

在 PowerPoint 中添加新幻灯片的方法很多，下面介绍常用的几种方法，请打开示例文件 11.5-1.pptx。

1. 使用"新建幻灯片"按钮

打开需要编辑处理的演示文稿，在"幻灯片缩略图"窗格中选择幻灯片。在"开始"选项卡的"幻灯片"组中单击"新建幻灯片"按钮右下角的箭头，从列表中选择一种幻灯片版式，即可在选择的幻灯片下创建一个新的幻灯片，如图 11-39 所示。

幻灯片版式是 PowerPoint 软件中一种常规排版的格式，通过幻灯片版式的应用可以对文字、图片等更加合理简洁完成布局。每种版式中都排有不同内容的占位符，可以通过占位符很容易地为幻灯片添加各种元素。

2. 使用右键快捷菜单

打开需要编辑处理的演示文稿，在左侧的"幻灯片缩略图"窗格中选择幻灯片并右击，从弹出的快捷菜单中选择"新建幻灯片"命令，可在当前选择的幻灯片下方添加一个与被选中幻灯片版式相同的新空白幻灯片，如图 11-40 所示。

另外，在"幻灯片缩略"窗格中选择幻灯片，按 Enter 键，可直接在该幻灯片下创建一个新的幻灯片。

图 11-39　使用"新建幻灯片"按钮添加幻灯片

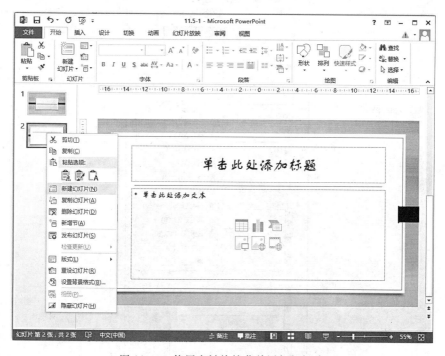

图 11-40　使用右键快捷菜单添加幻灯片

11.5.2　幻灯片的复制

1．使用"复制"和"粘贴"按钮

在"幻灯片缩略"窗格中选择幻灯片,在"开始"选项卡的"剪贴板"组中单击"复制"按钮,然后选择目标位置处的幻灯片后单击"粘贴"按钮,将幻灯片粘贴到指定位置,如图 11-41 所示。

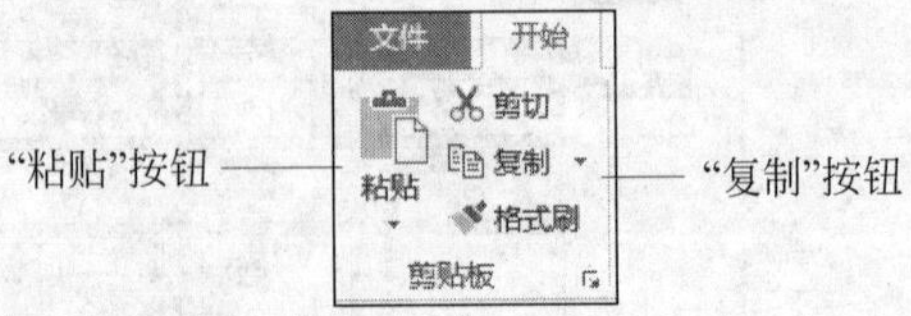

2．使用上下文菜单

在"幻灯片缩略"窗格中选择幻灯片后右击,从弹出的快捷菜单中选择"复制"命令,然后右击目标位置处的幻灯片,从弹出的快捷菜单中选择"粘贴选项"|"使用目标主题"命令,将幻灯片粘贴到被选中幻灯片的下方,如图 11-42 所示。

图 11-41　"剪贴板"组中的"复制"、"粘贴"按钮

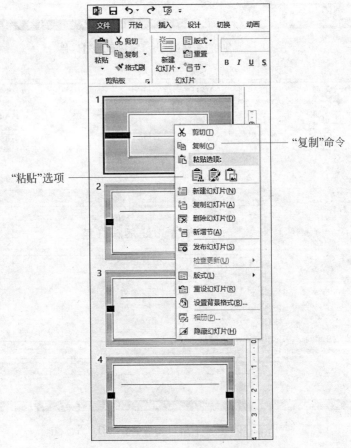

图 11-42　使用"上下文菜单"复制幻灯片

另外,也可在选择幻灯片后,按 Ctrl+C 键复制幻灯片,按 Ctrl+V 键可实现幻灯片的粘贴。

11.5.3　幻灯片的移动

1. 直接拖动幻灯片

在"幻灯片缩略"窗格中选择需要移动的幻灯片,按住鼠标左键拖动幻灯片,在新的位置处松开鼠标左键,幻灯片即被移动到该位置,如图 11-43 所示。

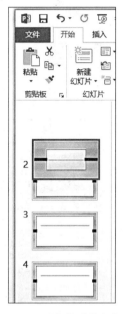

图 11-43　正在拖动的幻灯片

2. 使用"剪切"和"粘贴"按钮

在"幻灯片缩略"窗格中选择幻灯片。在"开始"选项卡的"剪贴板"组中单击"剪切"按钮,然后选择目标位置处的幻灯片并单击"粘贴"按钮即可将幻灯片移动到指定位置,如图 11-44 所示。

图 11-44　"剪贴板"组中的"剪切"、"粘贴"按钮

与幻灯片复制操作类似,也可以使用右键快捷菜单完成"剪切"和"粘贴"操作。另外,也可在选择幻灯片后,按 Ctrl+X 键剪切幻灯片,按 Ctrl+V 键可实现幻灯片的粘贴。

11.5.4 幻灯片的删除

删除不需要的幻灯片,选中要删除的幻灯片并按 Delete 键即可。也可右击,从弹出的快捷菜单中选择"删除幻灯片"命令完成删除操作,如图 11-45 所示。

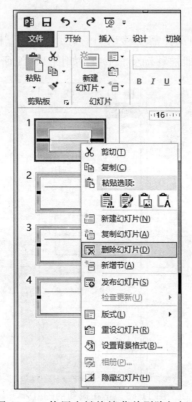

图 11-45　使用右键快捷菜单删除幻灯片

11.6　文本基本操作

演示文稿的主要功能是向观众传递信息,信息的基本表现形式是文字。直观明了的文字是演示文稿的重要组成部分,一段简洁而富有感染力的文字是制作一张优秀幻灯片的前提。本节将详细介绍幻灯片中输入文本的方法,幻灯片中文本的基本操作以及文本格式和段落格式的设置技巧。

11.6.1　插入文本

在 PowerPoint 中常用 3 种方法向幻灯片中添加文字。

1. 使用占位符输入文本

当使用模板创建新幻灯片后,在普通视图下,幻灯片中会出现一些带有虚线边框的方框,内有"单击此处添加标题"、"单击此处添加副标题"或"单击此处添加文本"等提示信息的文本框,这种文本框统称为"文本占位符",如图 11-46 所示。

图 11-46　具有文本占位符的幻灯片

在文本占位符中输入文本是最基本、最方便的一种输入方式。在占位符上单击即可输入文本。同时,输入的文本会自动替换占位符中的提示性文字,如图 11-47 所示。

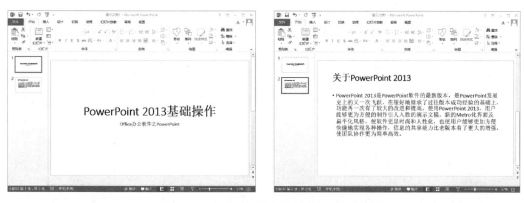

图 11-47　在文本占位符中输入文字后的幻灯片

在占位符中输入的文字字体和大小与占位符默认设置格式相同。输入文本时,如果占位符无法容纳所有文本,用户可以通过调整字体大小来增加输入文本的量。在占位符中输入文本时,文字会根据占位符的大小自动换行,也可以使用 Enter 键实现文本的手动换行。

2. 使用大纲视图输入文本

一些演示文稿中展示的文字具有不同的层次结构,有时还需要带有项目符号。使用

PowerPoint 2013 的大纲视图,能够在幻灯片中很方便地创建这种文字结构的幻灯片。下面介绍在大纲视图中输入文字的方法。

(1) 在"视图"选项卡的"视图"组中单击"大纲视图"按钮,进入大纲视图。

(2) 在大纲窗格中,单击每张幻灯片图标可直接为幻灯片输入文字,或对已输入文字进行编辑。按 Enter 键可进行换行。

(3) 在"大纲"窗格中输入的文字通常具有高低级别,下级文字作为上级文字的从属内容。按 Tab 键可将文字降级,按 Shift+Tab 键可将文字升级。

(4) 在"大纲"窗格中所输入的文字是显示在幻灯片中的文本占位符里的,如图 11-48 所示。

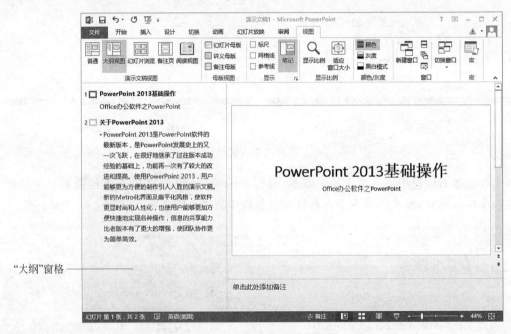

图 11-48　大纲视图下的幻灯片

3. 使用文本框输入文本

文本框是一种可以调整大小并且能够任意移动的文本容器。通过使用文本框,可以在幻灯片中放置多个文字块,并分别设置不同的文字样式。根据文字输入的方向不同,文本框可分为横排文本框和垂直文本框。在插入和设置文本框后,就可以在文本框中进行文本的输入了。具体操作方法如下。

(1) 在演示文稿中,新建一空白幻灯片,如图 11-49 所示。

(2) 在"插入"选项卡"文本"组中单击"文本框"按钮,在弹出的下拉菜单中选择"横排文本框"选项。将光标移动到幻灯片中,当光标变为向下的箭头时,按住鼠标左键并拖曳即可创建一个文本框,如图 11-50 所示。

(3) 单击文本框即可直接输入文本,这里输入"静夜思",如图 11-51 所示。

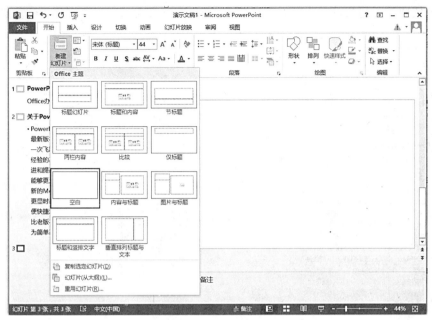

图 11-49　新建空白幻灯片

图 11-50　新建横排文本框

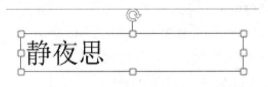

图 11-51　在文本框中输入文字

（4）依照同样的方法，创建一个"垂直文本框"，并在文本框中输入文字，如图 11-52 所示。

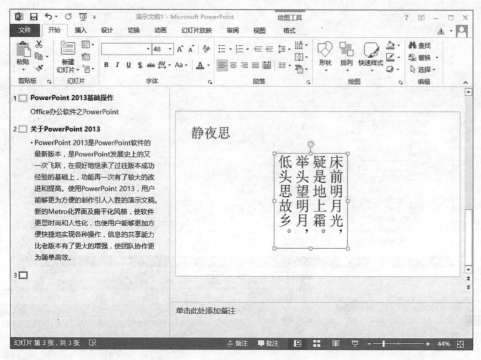

图 11-52　新建垂直文本框并输入文字

（5）在 PowerPoint 中创建文本框后需要立即输入文字。若没有文字输入，则当用户在文本框外单击，文本框会消失。

11.6.2　设置文本格式

为了使演示文稿更美观，信息传递更清晰，通常需要设置文本的格式。文本格式的设置包括设置文本的字体、字号和文字颜色等。下面以一张幻灯片文本格式的设置为例来介绍具体的设置方法。首先打开示例文件 11.6-1.pptx，选择第 2 张幻灯片，如图 11-53 所示。

在"开始"选项卡的"字体"组中，通过相应的按钮和设置框能够实现大部分文字格式的设置工作，如图 11-54 所示。

其中常用命令的功能如下。

字体和字号：设置文本的字体及字体大小。

加粗：将文本加粗。

倾斜：将文字变为斜体。

下划线：为文字添加下划线。

图 11-53　文本格式设置幻灯片文字内容

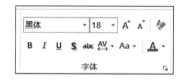

图 11-54　"开始"选项卡的"字体"组

![S] 文字阴影：在所选文字后面添加阴影，使之在幻灯片上更醒目。

![abc] 删除线：在文本中间画一条线。

![AV] 字符间距：调整字符间距。

![A] 字体颜色：更改文字颜色。

具体设置方法如下：

(1) 选中演示文稿中的文本框（例如，选中内容为"演示文稿基本操作"的文本框）。

(2) 在"开始"选项卡的"字体"组的"字体"下拉列表中选择"黑体"，并从"字号"下拉列表中选择 28。

(3) 单击"加粗"、"下划线"和"文字阴影"命令按钮；从"字符间距"下拉列表中选择"稀疏"；从"字体颜色"列表中选择红色，如图 11-55 所示。

(4) 将另一文本框设置为"华文彩云"，24 号字，字符间距稀疏。设置效果如图 11-56 所示。

更多文本格式设置还可以通过"字体"对话框来完成，如图 11-57 所示。

图 11-55　设置"字符间距"和"字体颜色"

图 11-56　文本格式设置后的效果

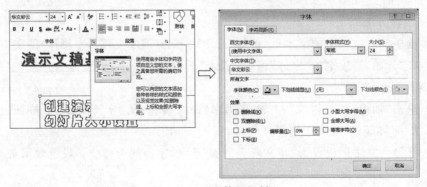

图 11-57　"字体"对话框

11.6.3 设置段落格式

幻灯片中文本段落格式的设置，主要包括段落行间距的设置、段落缩进的设置以及添加项目符号和编号等方面的问题。

在"开始"选项卡的"段落"组中单击相应的按钮和设置框能够实现大部分段落格式的设置工作，如图 11-58 所示。

图 11-58　"开始"选项卡的"段落"组

1. 设置段落对齐方式

段落对齐方式包括左对齐、右对齐、居中对齐、两端对齐和分散对齐等。不同的对齐方式可以达到不同的效果。

继续使用示例文件 11.6-1.pptx，选择第 2 张幻灯片。选中需要设置对齐方式的段落，选择"居中对齐"命令按钮，即可完成设置，如图 11-59 所示。

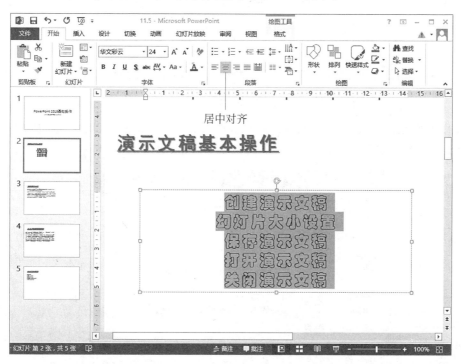

图 11-59　设置"居中对齐"段落格式后的文字

2. 设置段间距和行距

段落行距包括段前距、段后距和行距等。段前距和段后距指的是当前段与上一段或下一段之间的间距，行距指的是段内各行之间的距离。

继续使用示例文件 11.6-1.pptx，选择第 3 张幻灯片。完成如下段落间距和行距设置：

(1) 选中如下段落，单击"段落"组右下角的 按钮，如图 11-60 所示。

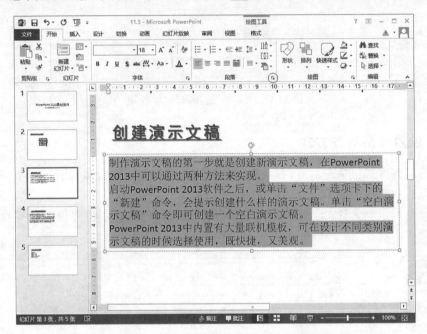

图 11-60　选中要设置段落间距格式的段落

(2) 在弹出的"段落"对话框的"缩进和间距"选项卡的"间距"区域中，在"段前"和"段后"微调框中输入具体的数值即可，并单击"确定"按钮，如图 11-61 所示。

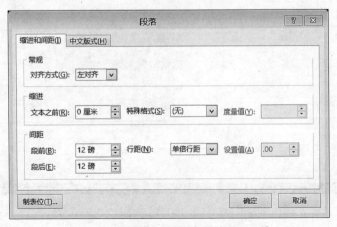

图 11-61　"段落"对话框中的"间距"区域

设置后的效果如图 11-62 所示。

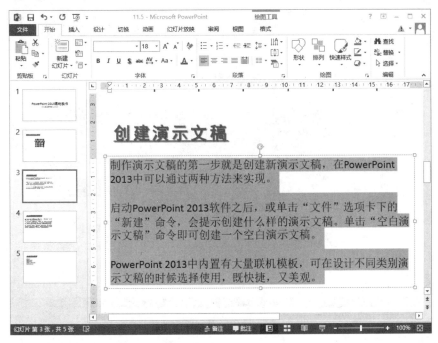

图 11-62　设置段落间距后的效果

（3）在"段落"对话框中将"行距"设置为"固定值"30 磅。适当的加大行与行之间的距离，以及统一不同段落之间的行距，会使内容以文字为主的幻灯片看起来更加整齐、清晰，如图 11-63 所示。

图 11-63　"段落"对话框中的"行距"设置

设置后的效果如图 11-64 所示。

人们在 Word 排版中会很重视对于段落间距及行距的设置，而在幻灯片制作中往往被忽视。其实适当的拉开段落之间的距离，可以更好地提示观看者幻灯片所要表现的各

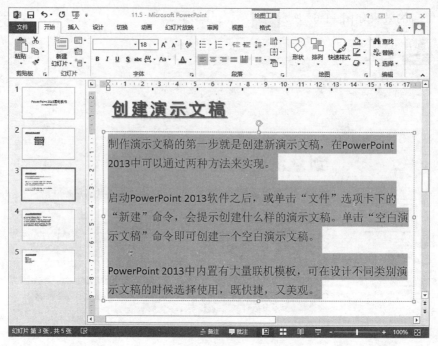

图 11-64 设置段落行距后的效果

项信息；而适当的加大行与行之间的距离，以及统一不同段落之间的行距，会使内容以文字为主的幻灯片看起来更加整齐、清晰，不至于给人以文字过于拥挤的感觉。

3. 设置段落缩进

段落缩进分为文本之前、首行缩进和悬挂缩进。"文本之前"是指段落整体向右缩进；"首行缩进"是指一段文本的第一行缩进；"悬挂缩进"是相对于首行缩进而言的，是指一段文本非首行之外文本的缩进。继续使用示例文件 11.6-1.pptx，选择第 3 张幻灯片。下列操作会将 3 段文字设置为不同的缩进形式。

（1）选中第 1 段文字，将"文本缩进"设置为 0.5 厘米，如图 11-65 所示。

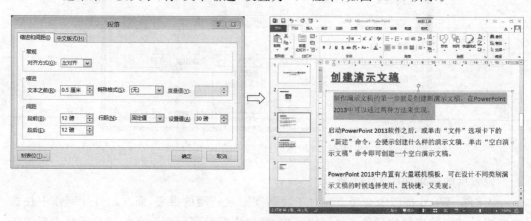

图 11-65 设置段落文本之前缩进

（2）选中第 2 段文字，在"特殊格式"下拉框中选择"首行缩进"，在"度量值"中输入 1.5 厘米，如图 11-66 所示。

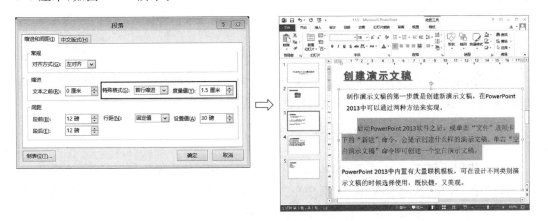

图 11-66　设置段落首行缩进

（3）选中第 3 段文字，将"文本缩进"设置为 0.5 厘米，并在"特殊格式"下拉框中选择"悬挂缩进"，在"度量值"中输入 1.5 厘米，如图 11-67 所示。

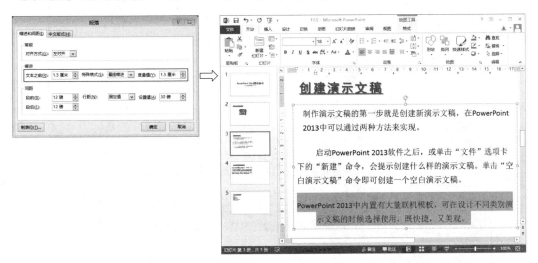

图 11-67　设置段落悬挂缩进

PowerPoint 中段落的悬挂缩进设定方法与 Word 软件中的有所不同，并具有特定的设定规律。

① 当"文本之前"设置数值为"零值"时，"悬挂缩进"无论设置为多少，段落文本都不会发生变化。

② 当"文本之前"设置数值为"非零值"时，段落文本首先按照"文本之前"的数值整体右移，然后从段落文本所处的位置开始，段落文本的首行按照"悬挂缩进"设置的数值向左移动。

③ 当"文本之前"数值与"悬挂缩进"数值相等时，就得到了段落文本的首行与文本

框对齐,段落文本的其他行向右缩进的效果。缩进的数值与"文本之前"设置的数值相等。

11.6.4　设置项目符号或编号

在段落中加入项目符号和编号,能够使幻灯片中的文本更有条理,同时能使文本富有层次感,利于观众理解。项目符号和编号都是以段落为单位的。

1.设置项目符号的具体方法

(1)使用示例文件 11.6-1.pptx,选择第 4 张幻灯片。选中要添加项目符号的段落。

(2)在"开始"选项卡的"段落"组中单击"项目符号"按钮右侧的下三角按钮,从弹出的下拉列表中选择需要的项目符号,如图 11-68 所示。

图 11-68　为段落添加项目符号

(3)再次选择其他项目符号样式即可更改。

(4)如果"项目符号"下拉列表中显示的没有需要的项目符号的外观,可以单击下拉列表中的"项目符号和编号"选项,弹出"项目符号和编号"对话框,如图 11-69 所示。

(5)在"项目符号和编号"对话框中可以更改项目符号的大小和颜色等。单击"图片"按钮,弹出"插入"窗口,从中可以选择来自本地的图片、Office.com 网站上的剪贴画以及在网络中搜索到的图片作为项目符号的外观,如图 11-70 所示。

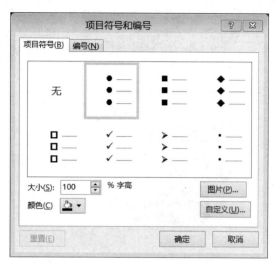

图 11-69 "项目符号和编号"对话框

图 11-70 "插入图片"窗口

2. 设置项目编号的方法

使用示例文件 11.6-1.pptx,选择第 5 张幻灯片。添加项目编号的方法与添加项目符号的方法类似,如图 11-71 所示。

11.6.5　查找与替换文本

在演示文稿的制作过程中,有时需要更改文稿中的某些文字,而要在演示文稿中一个一个地查找到这些特定文字,然后再逐个替换,将是相当麻烦的工作。为了提高工作效率

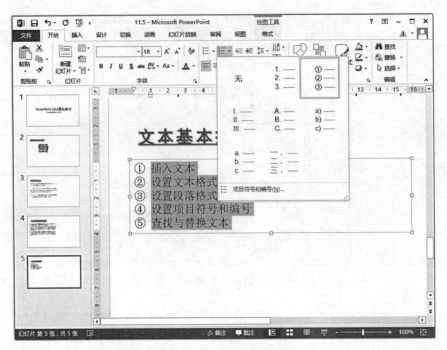

图 11-71　为段落添加项目编号

和更改的准确度，PowerPoint 提供了文本的查找和替换功能。打开示例文件 11.6-2.
pptx，进行如下查找和替换操作。

1. 文本的查找

（1）在"开始"选项卡的"编辑"组中单击"查找"按钮，打开"查找"对话框。在对话框
的"查找内容"文本框中输入需要查找的文字，如图 11-72 所示。

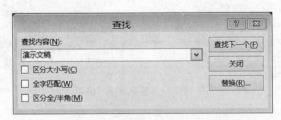

图 11-72　"查找"对话框

（2）单击"查找下一个"按钮，在演示文稿中向下查找，找到的相匹配的文字将会被标
示出来，如图 11-73 所示。

2. 文本的替换

（1）在"开始"选项卡的"编辑"组中单击"替换"按钮，打开"替换"对话框。在"查找内
容"文本框中输入需要查找的文字，在"替换为"文本框中输入替换后的文字，如图 11-74
所示。

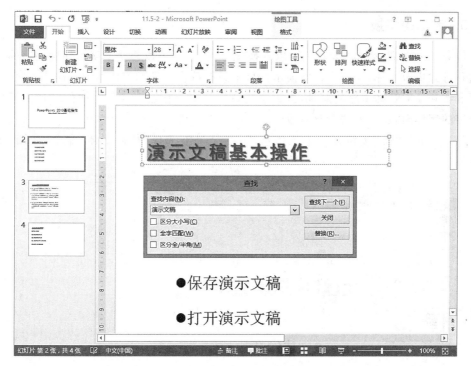

图 11-73　查找到的文字

图 11-74　"替换"对话框

（2）单击"查找下一个"按钮，在找到需要的文字后将首先标示出该文字，如果单击"替换"按钮将以"替换为"文本框中的文字替换查找到的文字。单击"全部替换"按钮，会自动替换掉演示文稿中所有找到的内容，替换完成后给出提示信息，如图 11-75 所示。

图 11-75　替换完成后的提示信息

3．字体的替换

　　PowerPoint 的替换功能不仅可以替换文字内容，还可以替换文字所使用的字体。使用这种方式更改字体，能够直接将演示文稿中所有符合条件的字体替换为需要的字体，避免了寻找和反复选择文字的麻烦，极大地提高了效率。在需要大量更改幻灯片中某些特定文字的字体时，这种方法十分有效。

　　（1）单击"替换"按钮旁的下三角按钮，在菜单中选择"替换字体"命令，如图 11-76 所示。

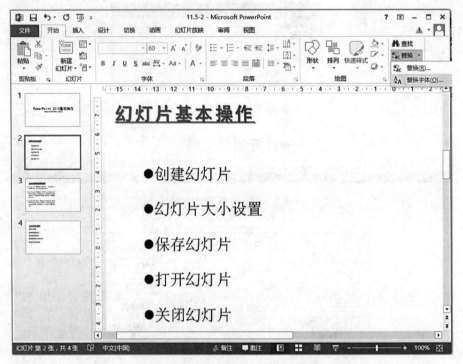

图 11-76　"替换字体"命令

　　（2）打开"替换字体"对话框。在对话框中的"替换"下拉列表框中选择需要替换的字体，在"替换为"下拉列表框中选择替换后的字体。如图 11-77 所示，单击"替换"按钮，演示文稿中的"黑体"字体将被替换为"隶书"字体。

图 11-77　"替换字体"对话框

（3）重复步骤（2），将文稿中所有"宋体"字体替换为"楷书"字体，如图 11-78 所示。

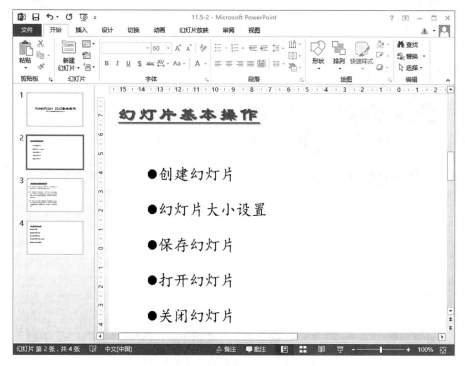

图 11-78　替换字体后的幻灯片

11.7　设置演示文稿的主题和背景

为了使当前演示文稿整体搭配比较合理，除了需要对演示文稿的整体框架进行搭配外，还需要对演示文稿进行背景、字体和效果等主题的设置。

11.7.1　使用内置主题

PowerPoint 2013 提供了丰富的内置主题样式，可以根据需要使用不同的主题来设计自己的演示文稿。这些主题具有设置好的背景样式、文字字体和对象效果，可直接应用于幻灯片中，使演示文稿获得某种特定风格的视觉效果。

（1）打开示例文件 11.7-1.pptx，单击"设计"选项卡"主题"组右侧的下拉按钮，在弹出的列表主题样式中任选一种样式，如图 11-79 所示。

（2）此时，主题即可应用到演示文稿中，设置后的效果如图 11-80 所示。

图 11-79　为幻灯片选择内置主题

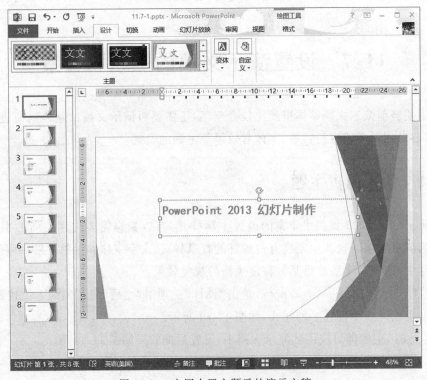

图 11-80　应用内置主题后的演示文稿

11.7.2 设置内置主题的变体

PowerPoint 2013 中,对每一个内置主题都附加了 4 种变体样式。在变体样式中,除了可以对主题的背景进行改变外,还可以对配色方案、字体和对象效果等加以调整。

（1）在"设计"选项卡的"变体"组中选择一种变体应用于当前演示文稿,如图 11-81 所示。

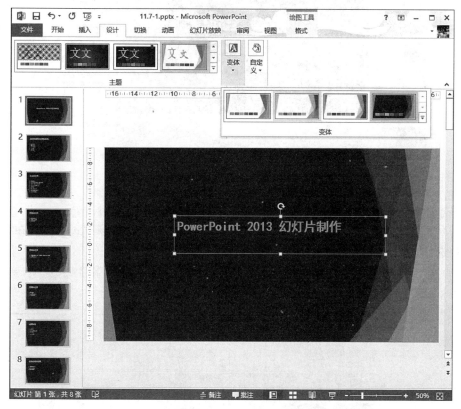

图 11-81　使用内置主题的变体

（2）单击"设计"选项卡"变体"组的右下角按钮,选择"颜色"选项,从列表中选择"黄色"配色方案,即可改变演示文稿中现有的背景、图形和文字等所使用的颜色,如图 11-82 所示。

（3）此外还可以改变内置主题中所使用的文字字体、图形效果以及背景样式等。读者可自行操作查看效果。

11.7.3 设置幻灯片的背景

除了使用主题所自带的背景样式外,PowerPoint 还可以自定义每张幻灯片的背景样式。

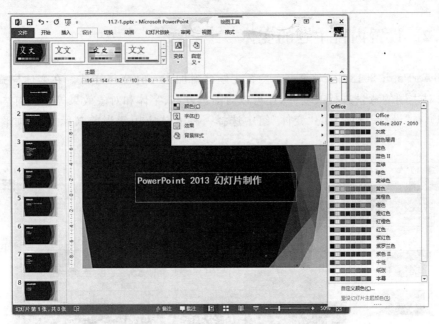

图 11-82　改变内置主题的配色方案

（1）打开示例文件 11.7-1.pptx，选择需要设置背景样式的幻灯片。

（2）在"设计"选项卡的"变体"组中单击右下角按钮，选择"背景样式"选项，在弹出的列表中选择一种样式并单击，如图 11-83 所示。

（3）如果当前列表中没有合适的背景样式，可以选择"设置背景格式"选项，弹出"设置背景格式"窗格以自定义背景样式，如图 11-84 所示。

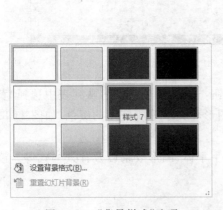

图 11-83　"背景样式"选项

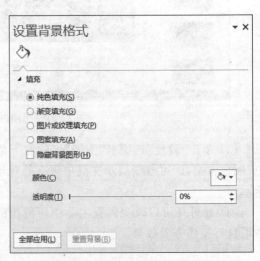

图 11-84　"设置背景格式"窗格

（4）如果将自定义背景样式应用于所有幻灯片，可单击上图的"全部应用"按钮。

操作练习实例

【操作要求】 打开"第11章素材"文件夹下的"企业文化礼仪培训.docx"文件,针对这篇讲稿内容制作一演示文稿,最终效果如图11-85所示。

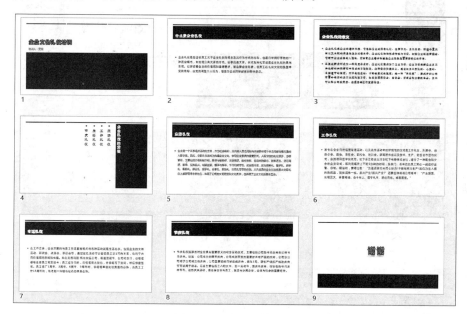

图 11-85　演示文稿效果

【操作步骤】

（1）启动 PowerPoint 2013,在新建幻灯片页面中选择"分割"主题模板,单击"创建"按钮,如图 11-86 所示。

（2）在创建的标题幻灯片中输入标题"企业文化礼仪培训",输入副标题"培训人:吴斌"。

（3）在第一张幻灯片中选择"标题"文本框,在"开始"选项卡"字体"组中设置字体:"华文琥珀",字号:40;在"绘图工具"选项卡的"艺术字样式"组中设置艺术字样式为"图案填充-梅红,着色 1,50％,清晰阴影-着色 1",如图 11-87 所示。

（4）选择"副标题"文本框,设置字体:"微软雅黑",字号:18。

（5）在"开始"选项卡"幻灯片"组中单击"新建幻灯片"按钮,新建"标题与内容"版式幻灯片,如图 11-88 所示。

（6）在"标题"文本框中输入"什么是企业礼仪",在"内容"文本框中输入企业礼仪的定义文字。选中"标题"文本框,设置字体:"华文琥珀",字号:28;选中"内容"文本框,设置字体:"微软雅黑",字号:18;在"开始"选项卡"字体"组中单击"字符间距"按钮,选择"稀疏"选项;在"段落"组中单击"两端对齐"按钮,单击"行距"按钮,选择 1.5 倍行距,效果如图 11-89 所示。

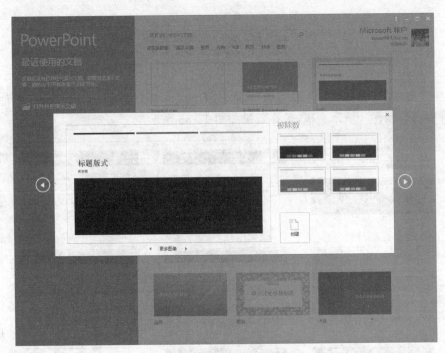

图 11-86 "分割"主题模板

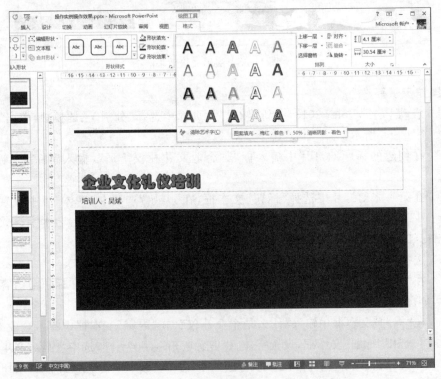

图 11-87 制作标题幻灯片

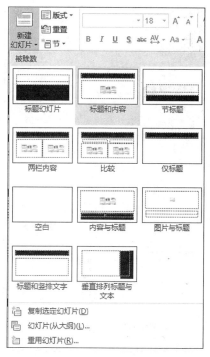

图 11-88　选择"标题与内容"版式

图 11-89　制作"什么是企业礼仪"幻灯片

（7）新建"标题与内容"版式幻灯片。制作"企业礼仪的意义"幻灯片。"标题"文本框和"内容"文本框设置内容同步骤（6）。

（8）新建"垂直排列标题与文本"版式幻灯片，如图 11-90 所示。

（9）在"标题"文本框中输入"企业礼仪的分类"，在"内容"文本框中输入"交际礼仪、工作礼仪、生活礼仪、节庆礼仪"。选中"标题"文本框，设置字体："华文琥珀"，字号：28；

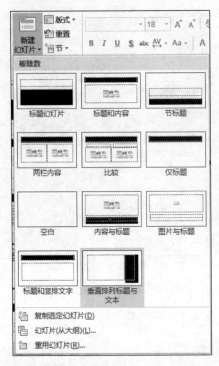

图 11-90 选择"垂直排列标题与文本"版式

选中"内容"文本框,设置字体:"微软雅黑",字号:24,字符间距:很松,效果如图 11-91所示。

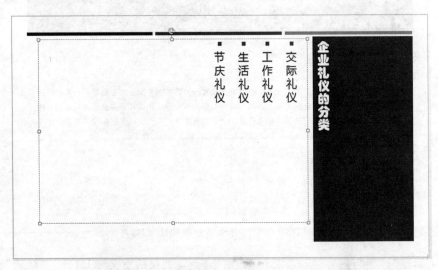

图 11-91 制作"企业礼仪的分类"幻灯片

(10) 分别新建"交际礼仪"、"工作礼仪"、"生活礼仪"、"节庆礼仪"幻灯片,幻灯片版式均为"标题与内容"。"标题"文本框和"内容"文本框设置内容同步骤(6)。

(11) 新建"节标题"版式幻灯片,效果如图 11-92 所示。

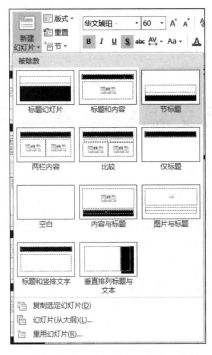

图 11-92　选择"节标题"版式

（12）在"标题"文本框中输入"谢谢"。选中"标题"文本框，设置字体："华文琥珀"，字号：60，字符间距：很松，段落对齐方式：居中对齐。并设置艺术字样式为"图案填充-梅红，着色 1，50％，清晰阴影-着色 1"。选择"文本效果"|"映像"|"半映像，接触"式。并将文本框放置到合适位置，效果如图 11-93 所示。

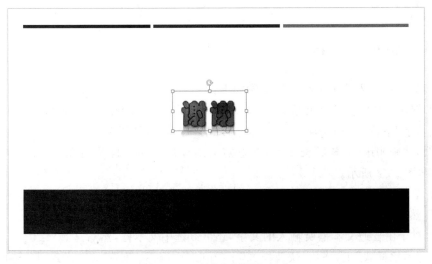

图 11-93　制作"致谢"幻灯片

（13）按 F5 键从头开始放映幻灯片，观看放映效果。

第12章

演示文稿的丰富与美化

在 PowerPoint 2013 中可以使用艺术字、图片、图形、表格和图表等多种元素来丰富幻灯片主题的展现形式。而且 PowerPoint 为这些元素提供了多种多样的风格样式，以及可以根据演讲者个人喜好自定义样式，从而使演示文稿更加美观漂亮、丰富多彩。通过本章学习，读者可以自行完成图文并茂，并具视听感受的演示文稿的制作。多种展示元素的加入，能使演示文稿更加美观、生动、且更具感染力。

12.1　使用艺术字

艺术字与普通文字相比，有更多的颜色和形状可以选择，变现形式多样化，在幻灯片中插入艺术字可以达到锦上添花的目的。利用 PowerPoint 2013 中的艺术字功能插入装饰文字，可以创建带阴影的、映像的和三维格式等艺术字，也可以按预定义的形状创建文字。

12.1.1　插入艺术字

在幻灯片中插入艺术字的操作步骤如下：

(1) 创建一个空白演示文稿，在"插入"选项卡的"文本"组中单击"艺术字"按钮，在弹出的"艺术字"下拉列表中选择一种艺术字样式。这里选择"图案填充-蓝-灰，文本 2，深色上对角线，清晰阴影-文本 2"样式后，在选定的幻灯片中即可自动插入一个艺术字框，如图 12-1 和图 12-2 所示。

(2) 单击该框，将框内的提示文字删除，并输入需要的文字内容，如输入"演示文稿美化操作"，然后单击幻灯片其他空白处，即可完成艺术字的添加，如图 12-3 所示。

(3) 对于由普通文本框所输入的文字，还可以选中文本框，然后选择"绘图工具"选项卡中的"艺术字样式"组，并从"快速样式"下拉列表中选择一种艺术字样式，将普通文本转换为艺术字形式，如图 12-4 所示。

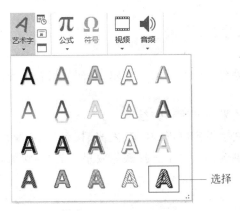

图 12-1 "文本"组中的插入"艺术字"按钮

请在此放置您的文字

图 12-2 插入的艺术字框

演示文稿美化操作

图 12-3 输入内容后的艺术字效果

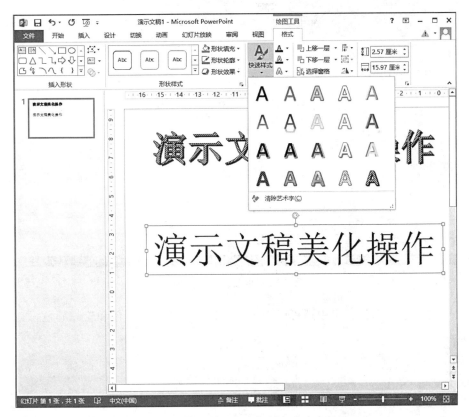

图 12-4 直接为普通文本框添加艺术字效果

12.1.2 更改艺术字的效果

插入的艺术字仅仅具有一些基本的美化效果,如果要设置为更有特色的艺术字,则需要更改艺术字的效果。

选中要更改艺术字效果的文字,在"绘图工具"选项卡的"艺术字样式"组中单击"文字效果"按钮,可以从中为文字设定阴影、映像、发光、棱台、三维旋转和转换等效果,每类效果都有一组预设样式可供选择。这里选择映像效果中的"半映像,接触"样式,可以看到为文字加入了倒影效果,如图 12-5 所示。

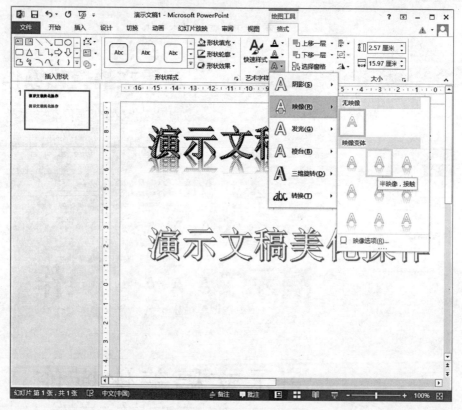

图 12-5　更改艺术字效果

此外,在"艺术字样式"组中还可以为艺术字设置文本填充颜色和轮廓颜色,如图 12-6 所示。

图 12-6　艺术字的颜色设置

12.1.3　自定义样式

除了插入快速样式的艺术字和为艺术字添加特殊文字效果以外,还可以利用文字的填充效果、文字的边框效果、文字的阴影效果、三维效果和三维旋转效果在内的一系列设置,创建出各种精美的文字特效。下面将以制作"木刻字"效果为例来介绍自定义文字样式的设置技巧。

(1) 创建一页新的空白幻灯片。利用普通文本框在幻灯片中输入文本内容"木刻字"。设置文字字体为"微软雅黑",加粗,72 号大小。

(2) 选中文本框,选择"绘图工具"选项卡,单击"艺术字样式"组右下角箭头 ,将弹出"设置形状格式"窗格,如图 12-7 所示。

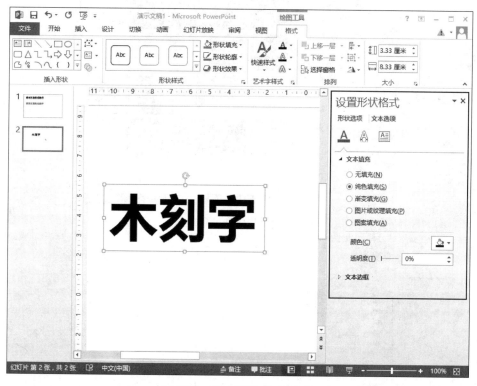

图 12-7 　"设置形状格式"窗格

(3) 选择"图片或纹理填充"中的"栎木"纹理进行填充,如图 12-8 所示。

(4) 设置三维格式的"深度"属性为 30 磅,并设置"材料"属性为"暖色粗糙",如图 12-9 所示。

(5) 设置三维旋转中的"X 旋转"、"Y 旋转"和"Z 旋转"属性,如图 12-10 所示。

(6) 木刻字最终效果可参加示例文件"12.1-1 操作效果.pptx",如图 12-11 所示。

在"设置形状格式"窗格中通过各种属性的设置组合,可以创建出丰富多彩的自定义艺术字样式。读者可以体会自由设置。

文本填充轮廓 —

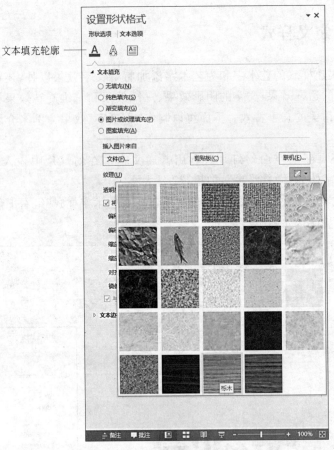

图 12-8 用纹理填充文本

文本效果 —

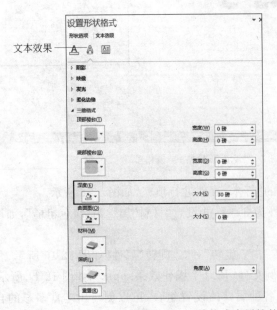

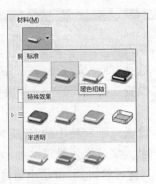

图 12-9 三维格式中属性的设置

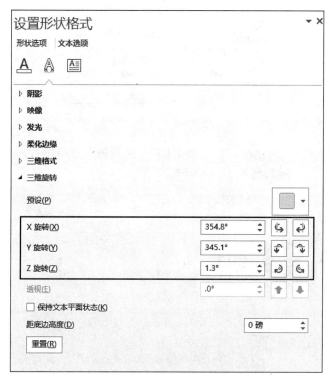

图 12-10 三维旋转中属性的设置

图 12-11 木刻字效果

12.2 使 用 图 片

图片是演示文稿的一个重要组成元素,适当插入一些图片,可以使幻灯片完美地体现制作者的目的,达到图文并茂的效果。

12.2.1 插入图片

1. 插入来自文件的图片

(1) 启动 PowerPoint 2013,新建一个空白幻灯片。

(2) 在"插入"选项卡的"图像"组中单击"图片"按钮,如图 12-12 所示。

图 12-12 "图像"选项组中的"图片"按钮

(3) 弹出"插入图片"对话框,在"查找范围"下拉列表中选择图片所在的位置,选中需要的图片,单击"插入"按钮,如图 12-13 所示。

选择图片   单击

图 12-13 "插入图片"对话框

(4) 将图片插入幻灯片中,如图 12-14 所示。

图 12-14 插入图片后的幻灯片

2. 插入剪贴画

PowerPoint 2013 可以插入来自网络中的联机图片，其中最有趣的是来自 Office.com 的免版税的剪贴画素材。

（1）新建一页空白幻灯片，在"插入"选项卡的"图像"组中单击"联机图片"按钮，弹出 "插入图片"窗口，如图 12-15 所示。

图 12-15　插入联机图片

（2）在"Office.com 剪贴画"后的文本框中输入搜索内容，如"人物"，按 Enter 键，如图 12-16 所示。

图 12-16　搜索到的人物剪贴画

（3）在搜索到的结果列表中单击选择需要的剪贴画，然后单击"插入"按钮即可在幻灯片中插入剪贴画，如图 12-17 所示。

3. 插入屏幕截图

（1）新建一页空白幻灯片，在"插入"选项卡的"图像"组中单击"屏幕截图"按钮的下拉箭头,从下拉列表中可选择插入"可用窗口"和"屏幕剪辑",如图 12-18 所示。

图 12-17　插入后的剪贴画

图 12-18　插入屏幕截图

(2) 选择"可用窗口"中的截图可以将系统桌面中正常打开的某个窗口以图片的形式插入到幻灯片。这里只能捕获没有最小化到任务栏的窗口。

(3) 选择"屏幕剪辑"则可添加窗口的一部分。当指针变成十字时,按住鼠标左键以选择要捕获的屏幕区域。图 12-19 中清晰部分即为捕获的屏幕截图部分。

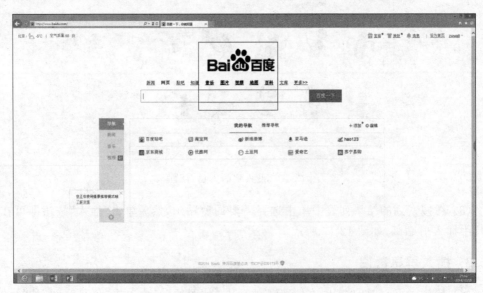

图 12-19　插入屏幕剪辑

12.2.2　调整图片

1. 调整图片位置

（1）选中插入的图片，将鼠标指针移入图片内。

（2）按住鼠标左键拖动，即可更改图片的位置。

（3）松开鼠标左键即可完成调整操作。

2. 调整图片大小

（1）选中插入的图片，将鼠标指针移至图片四周的尺寸控制点上。

（2）按住鼠标左键拖曳，即可更改图片的大小。

（3）松开鼠标左键即可完成调整操作，如图 12-20 所示。

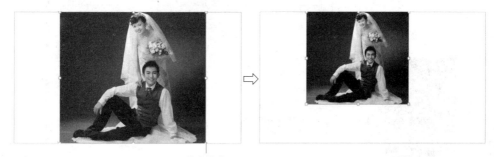

单击拖曳

图 12-20　调整图片大小

3. 旋转图片

（1）选中插入的图片，将鼠标指针移至图片上方的旋转控制点上。

（2）按住鼠标左键旋转，即可调整图片旋转角度。

（3）松开鼠标左键即可完成调整操作，如图 12-21 所示。

旋转控制

图 12-21　旋转图片

4. 精确调整图片

（1）选中插入的图片，在"图片工具|格式"选项卡的"大小"组中单击右下角箭头，打开"设置图片格式"窗格。

（2）在"大小"区域中可以设置图片的高度、宽度和旋转角度。在"位置"区域中可以设置图片在幻灯片中的水平位置和垂直位置，如图 12-22 所示。

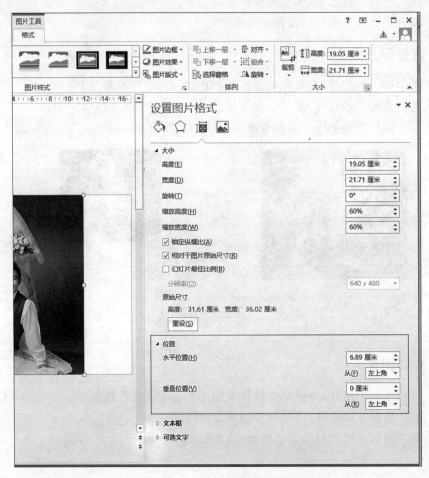

图 12-22　对图片进行精确调整

12.2.3　编辑图片

1. 图片的剪裁

（1）新建一页空白幻灯片，插入图片素材"12.2-2.jpg"，并选中该图片，如图 12-23 所示。

（2）单击"图片工具|格式"选项卡的"大小"组中单击"裁剪"按钮，图片被裁剪框包围，如图 12-24 所示。

图 12-23　插入图片"12.2-2.jpg"

裁剪框

图 12-24　图片的裁剪框

（3）拖动裁剪框上的控制柄改变裁剪框的大小，裁剪框外的图像将被剪去，如图 12-25 所示。

（4）完成图片的裁剪后，再次单击"裁剪"按钮取消裁剪框完成图片的裁剪操作，如图 12-26 所示。

被剪掉的区域　　　　保留的区域

图 12-25　裁剪图片

图 12-26　裁剪后的图片

2. 删除背景

当制作幻灯片、插入的图片的背景与幻灯片的主题颜色不匹配时,利用删除背景工具可以抠出图片的任意部分,并移除其后的背景内容,使图片和幻灯片更好地融为一体。

(1)新建一页空白幻灯片,插入图片素材"12.2-1.jpg",并选中该图片。

(2)在"图片工具|格式"选项卡的"调整"组中单击"删除背景"按钮,图片背景将会自动被选中,并出现"背景消除"选项卡,如图 12-27～图 12-29 所示。

删除背景按钮——

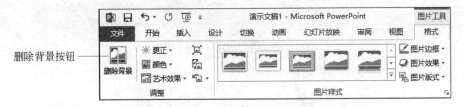

图 12-27 "删除背景"按钮

图 12-28 "背景消除"选项卡

被选中的背景区域——

图 12-29 处于背景消除状态的图片

(3)用鼠标拖动图形中的矩形范围选择框,可任意指定所要保留的内容。图片中的深色背景区域为被删除的区域,如图 12-30所示。

(4)还可以在"背景消除"选项卡的"优化"组中单击相应的按钮,对图片背景删除位置进行细致调整。通过"标记要保留的区域"按钮可以标记图片中不作为背景被删除的部

图 12-30 调整矩形选择框后的图片

位;通过"标记要删除的区域"按钮可以标记图片中要作为背景被删除的部位,如图 12-31
所示。

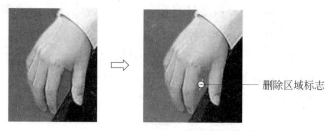

图 12-31　添加要删除区域标记前后的图片

(5) 单击"保留更改"按钮,完成图片背景的删除,如图 12-32 所示。

图 12-32　删除背景后的图片

12.2.4　美化图片

1. 应用快速样式

PowerPoint 2013 为图片提供了一组定义好的快速样式,可以直接使用,为图片添加
效果。在"图片工具|格式"选项卡的"图片样式"组中单击"快速样式"按钮,选择所需图片
如图 12-33 所示。

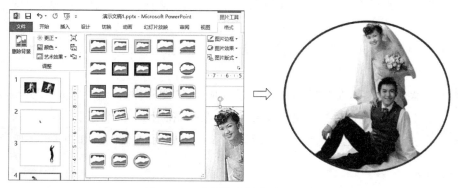

图 12-33　应用快速样式后的图片

2. 自定义样式

除了使用快速样式以外，还可以通过自定义的方式为图片添加边框、阴影、映像、发光、柔化边缘、棱台和三维旋转等美化样式。

下面通过一个实例介绍为图片添加自定义样式的方法：

（1）选中上一节中删除背景后的图片，在"图片工具|格式"选项卡的"图片样式"组中单击"图片边框"下拉箭头，从中为图片选取边框颜色、粗细及线形，如图12-34所示。

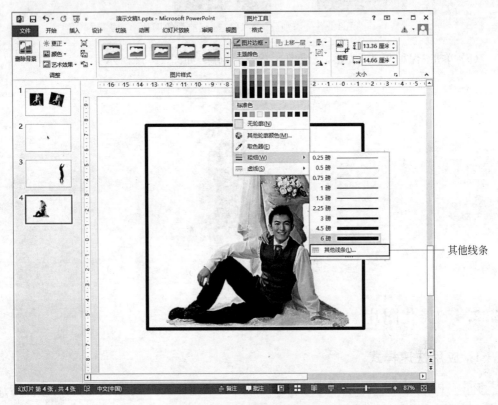

图12-34　为图片添加边框

（2）更多边框选项可以选择其他线条，将弹出"设置图片格式"窗格，如图12-35所示。

（3）按照图12-36和图12-37设置为图片加入自定义线条样式，效果如图12-38所示。

（4）继续选中图片，在"图片工具|格式"选项卡的"图片样式"组中单击"图片效果"下拉箭头，为图片加入棱台效果和映像效果，如图12-39和图12-40所示。

（5）通过上述设置已经为图片添加了具有金属质感的立体相框，如图12-41所示。

图 12-35　"设置图片格式"窗格

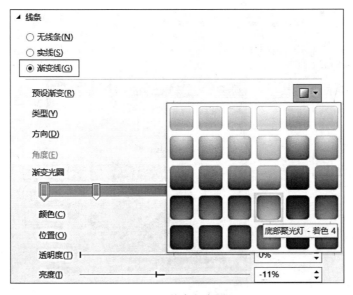

图 12-36　线条颜色设置

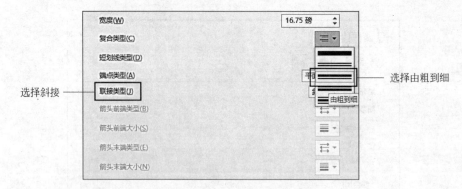

图 12-37　线形设置

图 12-38　加入边框后的图片

图 12-39　为图片加入棱台效果

图 12-40　为图片加入映像效果

图 12-41　具有金属质感立体边框的图片

3. 添加艺术效果

PowerPoint 2013 中可以对图片的亮度、对比度、锐化、柔化、颜色饱和度和色调等进行改变,也可以为图片添加素描、胶片和玻璃等艺术效果。这些设置都可以从"图片工具|

格式"选项卡的"调整"组中获得,如图 12-42～图 12-44 所示。

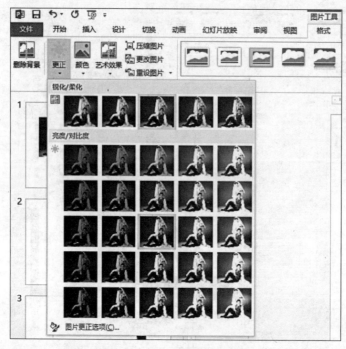

图 12-42　"更正"命令下拉列表

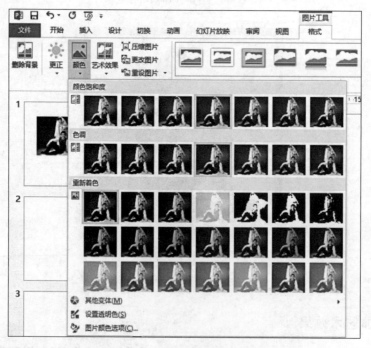

图 12-43　"颜色"命令下拉列表

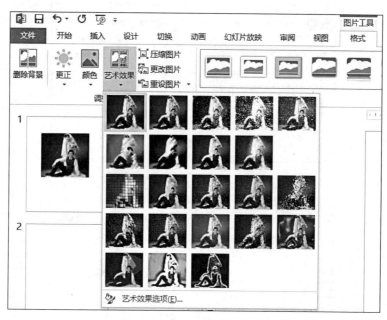

图 12-44　"艺术效果"命令下拉列表

12.3　使　用　图　形

对图形的操作是演示文稿制作的一项重要的操作，PowerPoint 2013 提供了丰富的图形工具来帮助用户绘制各种图形。使用 PowerPoint 2013，用户可以在幻灯片中添加一个形状，或者合并多个形状生成更为复杂的图形。添加图形后，还可以在其中添加文字、项目符号、编号和快速样式等。

12.3.1　绘制图形

在 PowerPoint 2013 中，在"插入"选项卡的"插入"组中单击"形状"按钮，弹出"形状"下拉菜单。通过该下拉菜单中的选项可以在幻灯片中绘制包括线条、矩形、基本形状、箭头总汇、公式形状、流程图、星与旗帜、标注和动作按钮等形状。

下面介绍绘制形状的具体操作方法。

（1）新建一页空白幻灯片。

（2）在"插入"选项卡的"插入"组中单击"形状"按钮，在弹出的下拉菜单中选择"基本形状"区域的"椭圆"形状，如图 12-45 所示。

（3）此时鼠标指针在幻灯片中的形状显示为"＋"，在幻灯片空白位置处单击，按住鼠标左键不放并拖曳到适当位置处释放鼠标左键，即可完成椭圆形状绘制，如图 12-46 所示。

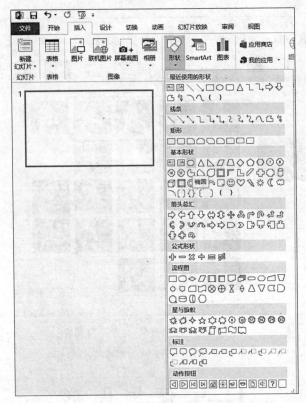

图 12-45　"形状"按钮下拉列表

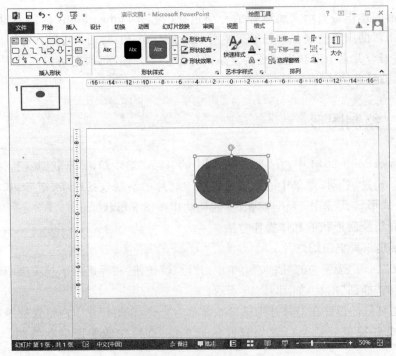

图 12-46　椭圆形状绘制

大学计算机应用

（4）重复步骤（2）、（3）的操作，在幻灯片中依次绘制"五角星"形状和"圆角矩形"形状，如图 12-47 所示。

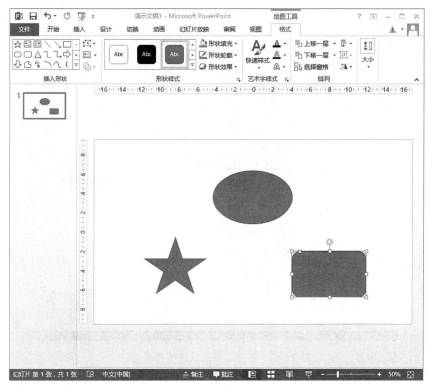

图 12-47　绘制多个形状

在绘制椭圆和矩形时，按住 Shift 键拖动鼠标将能够绘制一个圆形或正方形。按住 Ctrl 键拖动鼠标将能够绘制一个以单击点为中心的椭圆或矩形。如果是按住 Shift＋Ctrl 键拖动鼠标将能够绘制一个以单击点为中心的圆形或正方形。

12.3.2　编辑图形

1. 更改形状

当基本形状绘制好后，有的形状四周会出现黄颜色的形状智能控制点，可以鼠标拖动该点来改变图形的弧度、半径等形状属性，如图 12-48 所示。

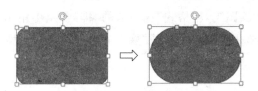

图 12-48　形状智能控制点改变图形形状

对于绘制好的基本形状，也可以在"绘图工具|格式"选项卡的"插入形状"组中单击"编辑形状"按钮将其改变为其他形状，如图 12-49 所示。

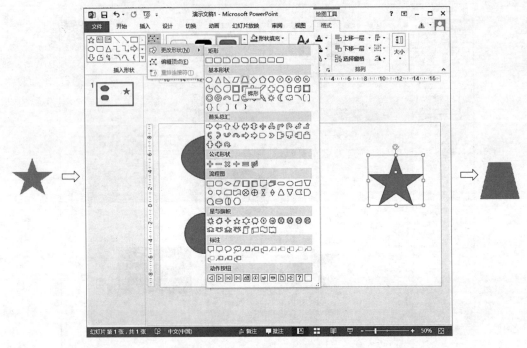

图 12-49　将五角星形状改为梯形形状

2. 排列形状

对于绘制好的形状当叠放在一起时，是有上下层次之分的，先绘制的形状放在下层，后绘制的形状放在上层。如图 12-50 所示，将此前所绘制的梯形和圆角矩形叠放在一起。

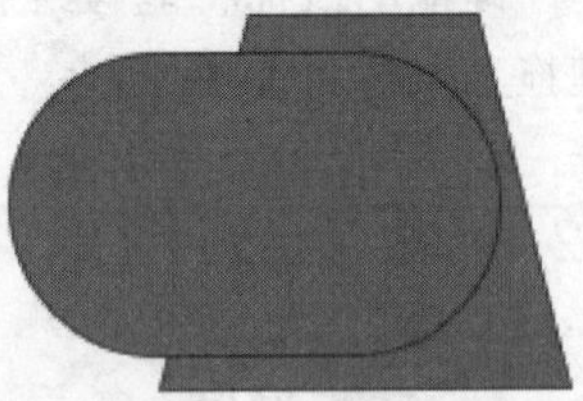

这种层次顺序可以根据实际需要而改变，操作步骤如下。

（1）选择要改变层次顺序的形状，这里选择梯形。

（2）选择"绘图工具|格式"选项卡下的"排列"组中的"上移一层"按钮，或单击右侧下拉箭头，从中选取"上移一层"或"置于顶层"，便可将梯形移至圆角矩形的上方，如图 12-51 所示。

图 12-50　形状的叠加

（3）与此类似，在"绘图工具|格式"选项卡的"排列"组中单击"下移一层"按钮，或单击右侧下拉箭头，从中选取"下移一层"或"置于底层"，可将图形移至其他图形之下。

3. 组合形状

为便于多个形状整体移动，而保持形状间相对位置保持不变，PowerPoint 可以将选中的多个形状组合为一个图形。

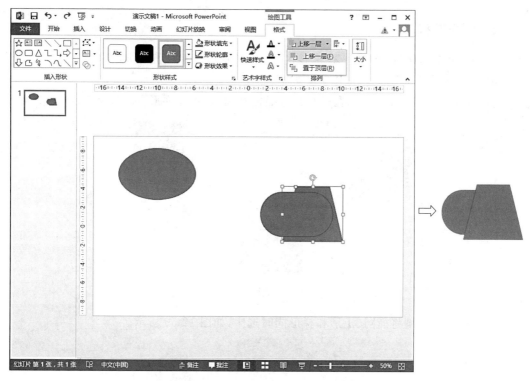

图 12-51　改变形状的叠放次序

（1）按住 Ctrl 键的同时单击上节中绘制的梯形和圆角矩形，将它们全部选中，如图 12-52 所示。

（2）在"绘图工具|格式"选项卡下的"排列"组中单击"组合对象"按钮，在弹出的下拉菜单中选择"组合"选项，如图 12-53 所示。

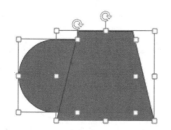

图 12-52　组合前的梯形和圆角矩形

图 12-53　"组合"按钮下拉菜单

（3）梯形和圆角矩形被组合为一个图形。组合后图形的选中效果如图 12-54 所示。

（4）再次选择"组合对象"按钮下拉菜单中的"取消组合"选项，即可取消它们之间的组合而显示为两个单独的形状。

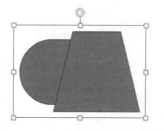

图 12-54　组合后图形的选中效果

4. 对齐形状

在插入多个形状后,常要将不同形状对齐,以使幻灯片版面更加整齐。PowerPoint
中提供了多种对齐方式,具体操作步骤如下。

(1) 新建一页空白幻灯片,在任意位置插入椭圆、矩形和梯形,如图 12-55 所示。

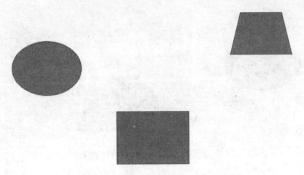

图 12-55   绘制椭圆、矩形和梯形

(2) 按住 Ctrl 键将椭圆、矩形和梯形同时选中,如图 12-56 所示。

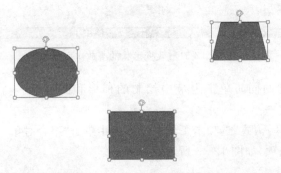

图 12-56   同时选中后的图形

(3) 在"绘图工具|格式"选项卡的"排列"组中单击"对齐对象"按钮,在弹出的下拉菜
单中选择"上下居中",如图 12-57 所示。

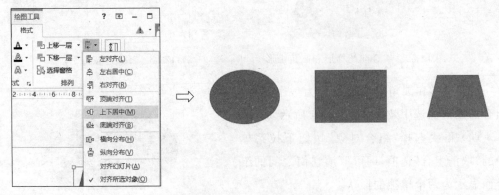

图 12-57   上下居中后的形状

（4）还可以选择"对齐对象"按钮下拉菜单中的其他选项，完成不同形式的对齐，以及形状间间距的均匀分布。

12.3.3 合并图形

PowerPoint 2013 提供了一组合并形状工具，可以将幻灯片上的两个或更多常见形状组合，创建新的形状和图标，如图 12-58 所示。

图 12-58　合并形状工具

下面通过在矩形和圆形两个形状上施加不同的合并形状命令，来展示不同合并效果。

（1）联合：将两个形状合并为一个形状，合并后的图形将不能再拆分，如图 12-59 所示。

（2）组合：将两个形状合并为一个形状，合并后的图形会去掉两个形状叠加的公共部分，如图 12-60 所示。

图 12-59　形状联合效果　　　　　　　图 12-60　形状组合效果

（3）拆分：将两个形状从交汇处相互切割，切割后拆分成多个形状，如图 12-61 所示。

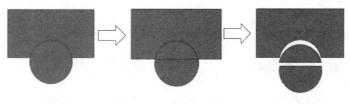

图 12-61　形状拆分效果

（4）相交：将两个形状合并为一个形状，合并后的图形只保留两个形状叠加的公共部分，如图 12-62 所示。

图 12-62　形状相交效果

（5）剪除：将两个形状合并为一个形状，合并后的图形将会从先选中的形状中剪除后选中形状中与之叠加的部分，如图 12-63 所示。

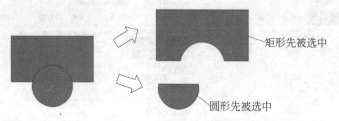

矩形先被选中

圆形先被选中

图 12-63　形状剪除效果

下面通过绘制一个实际图形来演示"合并形状"功能的效果。

（1）新建一页空白幻灯片，在其中插入一个圆形和一个矩形，如图 12-64 所示。

（2）将圆形与矩形叠加，并应用"剪除"命令，使圆形被矩形剪裁为半圆形，如图 12-65 所示。

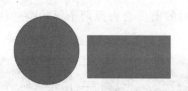

图 12-64　绘制圆形和矩形

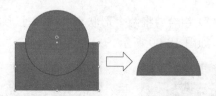

图 12-65　将圆形裁切为半圆形

（3）添加两个圆形，使圆形的直径等于半圆形的半径，并按图 12-66 的方式叠加在一起。

（4）对半圆形与其中的一个圆形应用"联合"命令，如图 12-67 所示。

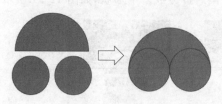

图 12-66　添加两个圆形

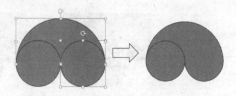

图 12-67　为形状应用"联合"命令

（5）对步骤（4）所建立的新的形状与另外一个圆形应用"剪除"命令，如图 12-68 所示。

（6）将步骤（5）所建立的形状复制一份，并单击"绘图工具|格式"选项卡的"排列"组

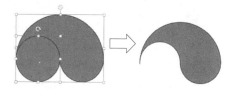

图 12-68　为形状应用"剪除"命令

中单击"旋转对象"按钮,在下拉菜单中分别选择"垂直翻转"和"垂直翻转"命令,如图 12-69
所示。

图 12-69　旋转图形

　　(7) 在"绘图工具|格式"选项卡的"形状样式"组中单击"形状填充"按钮,在下拉菜单
中为两个形状设置填充颜色,一个为黑色,另一个为白色;并在"形状轮廓"下拉菜单中为
两个形状设置轮廓颜色为黑色。并将两个形状拼合在一起,如图 12-70 所示。

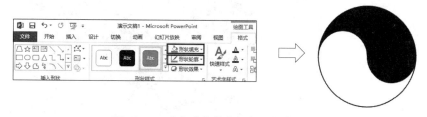

图 12-70　改变形状填充颜色和轮廓颜色

　　(8) 添加一黑色圆形和一白色圆形,放置在适当位置。至此太极图形绘制完毕,如
图 12-71 所示。

图 12-71　利用"合并形状"工具绘制的太极图形

12.3.4 美化图形

1. 使用取色器

PowerPoint 2013 新增了取色器功能,可以从屏幕上的对象中捕获精确的颜色,然后将其应用为任何形状的填充颜色或轮廓颜色。取色器的使用方法为:

(1) 新建一页空白幻灯片,插入 4 个矩形和一幅图片。

(2) 选择第一个矩形,并单击"绘图工具|格式"选项卡"形状样式"组中的"形状填充"按钮,从下拉列表中选择"取色器",此时鼠标图标变为滴管样式 ,如图 12-72 所示。

图 12-72 "形状填充"下拉列表中的"取色器"

(3) 将鼠标在图片的不同位置单击,即可获得该位置的颜色值,并用此颜色填充矩形,如图 12-73 所示。

2. 应用快速样式

PowerPoint 2013 为图形提供了一组定义好的快速样式,可以直接使用,为图形添加效果。在"绘图工具|格式"选项卡的"形状样式"组中单击"快速样式"下拉按钮选择即可,如图 12-74 所示。

图 12-73　使用"取色器"得到图片中的 4 种不同颜色

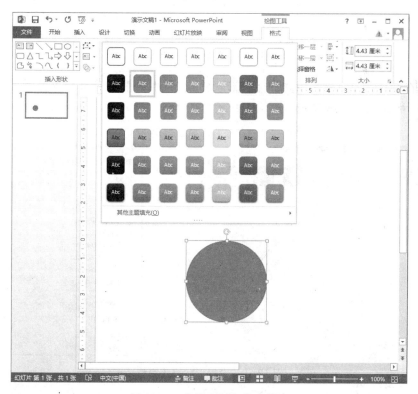

图 12-74　为图形添加快速样式

3. 自定义样式

除了使用快速样式以外,还可以通过自定义的方式为图形添加边框、渐变色、阴影、映像、发光、柔化边缘、棱台和三维旋转等美化样式。

下面通过一个实例介绍为图片添加自定义样式的方法:

(1) 新建一页空白幻灯片,在其中插入一圆形。

(2) 在"绘图工具|格式"选项卡的"形状样式"组中单击"形状轮廓"按钮,从下拉列表中选择无轮廓,如图 12-75 所示。

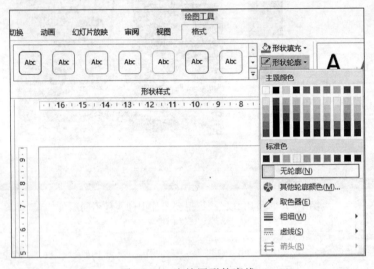

图 12-75　去掉图形轮廓线

(3) 在"绘图工具|格式"选项卡的"形状样式"组中单击右下角的箭头,弹出"设置形状格式"窗格,如图 12-76 所示。

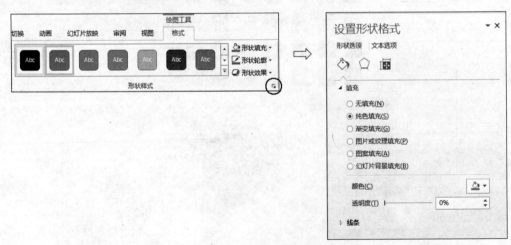

图 12-76　设置形状格式窗格

（4）在"填充"设置中选择渐变填充，"类型"选择"射线"，"方向"选择"从左上角"。将"停止点 1"的颜色设置为红色，"停止点 2"的颜色设置为黑色，如图 12-77 所示。

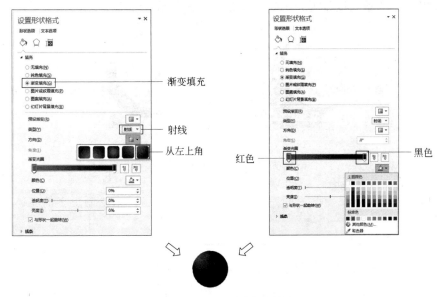

图 12-77　设置图形渐变填充

（5）再添加一个圆形，去掉形状轮廓线，在"填充"设置中选择渐变填充，"类型"选择"路径"。将"停止点 1"的颜色设置为白色；"停止点 2"的颜色也设置为白色，将"停止点 2"颜色的透明度设置为 100％，如图 12-78 所示。

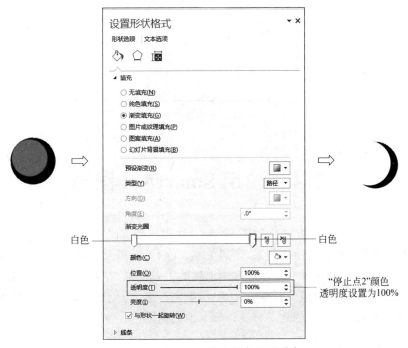

图 12-78　设置渐变填充颜色的透明度

（6）添加一个椭圆形，并置于底层，去掉形状轮廓线，在"填充"设置中选择渐变填充，"类型"选择"路径"。将"停止点 1"的颜色设置为黑色；"停止点 2"的颜色设置为白色，将"停止点 2"颜色的透明度设置为 100％，如图 12-79 所示。

图 12-79　带有阴影效果的立体球

此外，还可以通过设置图形的"三维格式"和"三维旋转"来绘制更多的立体图形，如图 12-80 所示。

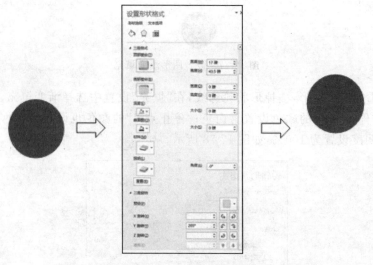

图 12-80　自定义三维格式

12.4　使用 SmartArt 图形

SmartArt 图形是一种智能化的图形，是一种用户信息的视觉表达。使用 SmartArt 图形，能够快捷直观地表现层级关系、附属关系、并列关系以及循环关系等常见关系结构，同时能获得漂亮精美并且具有立体感和画面感的关系图形，在获得很好的视觉效果同时，有效地传达个人信息和观点。SmartArt 图形类别很多，但创建和编辑的方法基本相同，只需单击几下鼠标，就可以创建具有设计师水准的插图。

12.4.1 创建 SmartArt 图形

下面以创建组织结构图来讲解使用 SmartArt 图的具体操作方法。

（1）新建一页空白幻灯片。

（2）在"插入"选项卡的"插图"组中单击"插入 SmartArt 图形"按钮。

（3）在弹出的对话框中选择"层次结构"区域的"组织结构图"图样，然后单击"确定"按钮，如图 12-81 所示。

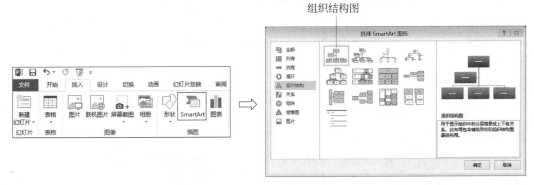

图 12-81　创建 SmartArt 图形

（4）即可在幻灯片中创建一个组织结构图，如图 12-82 所示。

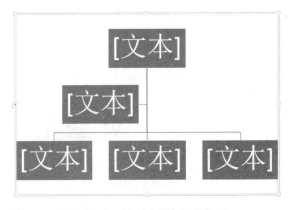

图 12-82　插入后的组织结构图

（5）创建组织结构图后，可以直接单击图 12-82 中的"文本"，输入文字内容，如图 12-83 所示。

12.4.2 添加和删除形状

在创建 SmartArt 图形后，可以在现有的图形中添加或删除形状。

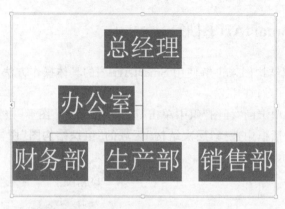

图 12-83　输入文字后的组织结构图

1. 添加形状

（1）单击幻灯片中的 SmartArt 图形，并单击距离要添加新形状位置最近的现有形状，如这里选择"办公室"文本框。

（2）在"SmartArt 工具|设计"选项卡的"创建图形"组中单击"添加形状"按钮，在弹出的下拉菜单中选择"在后面添加形状"选项，如图 12-84 所示。

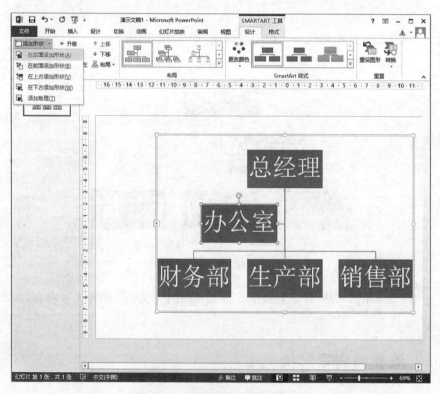

图 12-84　为组织结构图添加形状

（3）在新添加的形状中输入文本，如图 12-85 所示。

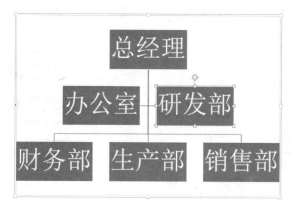

图 12-85　添加形状后的组织结构图

（4）选择"销售部"文本框，在"SmartArt 工具|设计"选项卡的"创建图形"组中单击"降级"按钮，在结构层次中为"销售部"降级，如图 12-86 所示。

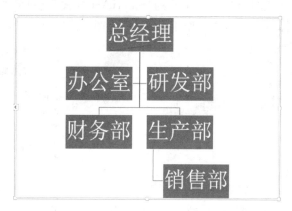

图 12-86　为组织结构图中的文本框降级

从这个例子中可以看出，在组织结构图中要改变层级之间的关系，可以通过为文本框"降级"或"升级"的方式来实现。

2．删除形状

要从 SmartArt 图形中删除形状，单击要删除的形状，然后按 Delete 键即可。若要删除整个 SmartArt 图形，单击 SmartArt 图形的边框，然后按 Delete 键即可。

12.4.3　更改 SmartArt 图形的样式

在创建 SmartArt 图形后，可以更改图形的颜色、轮廓和三维格式等样式。具体操作方法如下：

（1）选择上一节所创建的组织结构图。

（2）在"SmartArt 工具|设计"选项卡的"SmartArt 样式"组中单击"更改颜色"按钮，从下拉列表中选择一种配色方案，如图 12-87 所示。

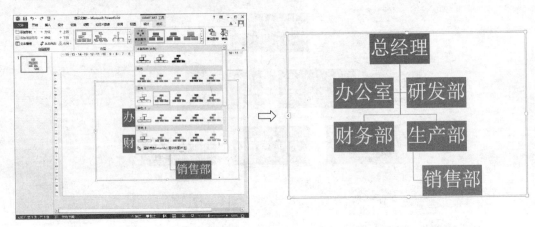

图 12-87　更改 SmartArt 图的颜色

（3）在"SmartArt 工具|设计"选项卡的"SmartArt 样式"组中单击"快速样式"下拉按钮，从下拉列表中选择"卡通"样式应用于 SmartArt 图，如图 12-88 所示。

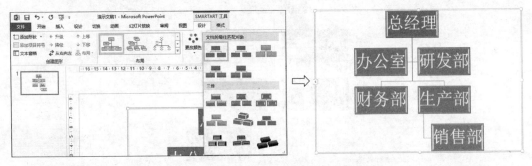

图 12-88　为 SmartArt 图应用快速样式

12.4.4　更改 SmartArt 图形的布局

创建 SmartArt 图形后，可以在"SmartArt 工具|设计"选项卡的"布局"组中提供的布局样式来更改 SmartArt 图形的布局。操作步骤如下。

（1）选中要更改布局的 SmartArt 图。

（2）在"SmartArt 工具|设计"选项卡的"布局"组中单击"其他"按钮，在弹出的下拉列表中选择"半圆组织结构图"选项来更改布局，如图 12-89 所示。

（3）也可单击"其他布局"选项，在弹出的"选择 SmartArt 图形"对话框中选择其他图形布局形式。

（4）单击"确定"按钮，如图 12-90 所示。

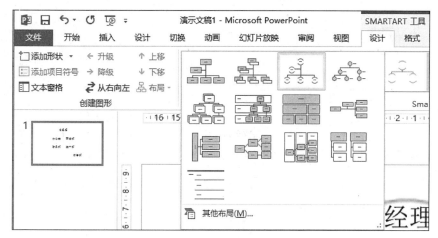

图 12-89 "SmartArt 工具|设计"选项卡中的"布局"组

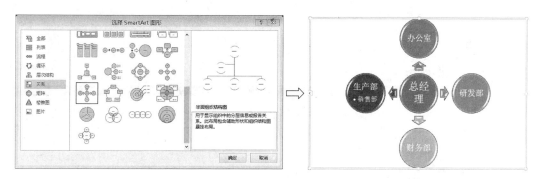

图 12-90 更改 SmartArt 图的布局形式

12.4.5 文字转换为 SmartArt 图

在 PowerPoint 中,可以将在大纲窗格中输入的具有层级之分的文字直接转换为 SmartArt 图形。

(1)打开示例文件"12.4-1.pptx",切换到大纲视图。可以看到大纲窗格中已经输入了具有层级之分的文字,如图 12-91 所示。

(2)选择要转换为 SmartArt 图形的文字部分,在"开始"选项卡的"段落"组中单击"转换为 SmartArt 图形"按钮,从下拉列表中选择一种 SmartArt 图形。或单击"其他 SmartArt 图形",打开"选择 SmartArt 图形"对话框,从中选择一种 SmartArt 图形,如图 12-92 和图 12-93 所示。

(3)单击"确定"按钮,文字即被转换为 SmartArt 图形,如图 12-94 所示。

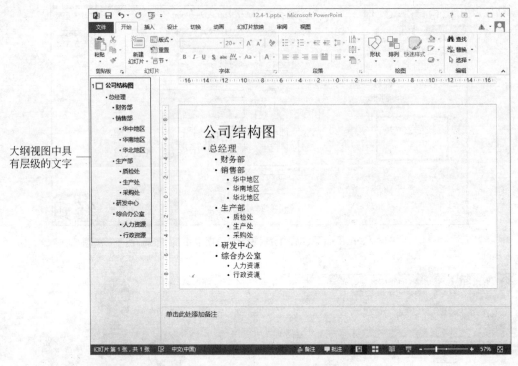

大纲视图中具有层级的文字

图 12-91　大纲窗格中具有层级之分的文字

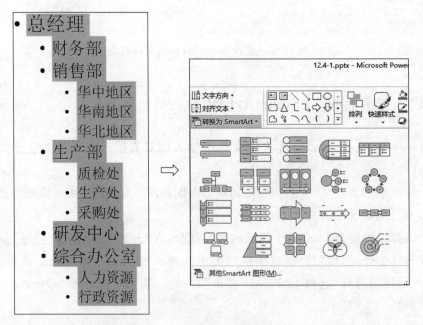

图 12-92　"转换为 SmartArt"命令

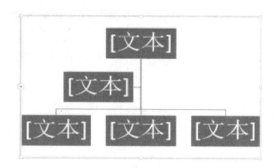

图 12-93　"选择 SmartArt 图形"对话框

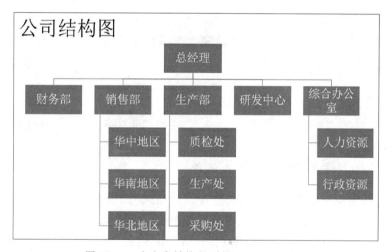

图 12-94　由文字转换得到的 SmartArt 图形

12.5　使 用 表 格

　　表格是幻灯片中很常用的一类模板，一般可以通过在 PowerPoint 2013 中直接创建表格并设置表格格式、从 Word 中复制和粘贴表格、从 Excel 中复制和粘贴一组单元格等多种方法来完成表格的创建。

12.5.1　插入表格

　　在 PowerPoint 2013 中插入表格的方法有利用选项卡下命令插入表格、利用对话框插入表格和绘制表格 3 种。

1. 利用选项卡命令插入表格

（1）新建一页空白幻灯片。

（2）在"插入"选项卡的"表格"组中单击"表格"按钮，在插入表格区域中选择要插入表格的行数和列数，如图 12-95 所示。

（3）释放鼠标左键即可在幻灯片中创建 5 行 5 列的表格，如图 12-96 所示。

图 12-95 "表格"命令按钮

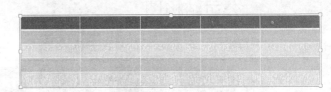

图 12-96 插入 5 行 5 列的表格

2. 利用"插入表格"对话框插入表格

（1）将光标定位至需要插入表格的位置，在"插入"选项卡的"表格"组中单击"表格"按钮，在弹出的下拉列表中选择"插入表格"，如图 12-97 所示。

（2）弹出"插入表格"对话框，分别在"行数"和"列数"微调框中输入行数和列数，如图 12-98 所示。

图 12-97 "插入表格"命令

图 12-98 "插入表格"对话框

（3）单击"确定"按钮，即可在幻灯片中插入一个表格。

3. 绘制表格

当需要创建不规则的表格时,可以使用表格绘制工具绘制表格。

(1)单击"插入"选项卡"表格"组中的"表格"按钮,在弹出的下拉列表中选择"绘制表格",如图 12-99 所示。

(2)此时鼠标指针变为铅笔形状,在需要绘制表格的地方单击并拖曳鼠标绘制出表格的外边界,如图 12-100 所示。

图 12-99 "绘制表格"命令

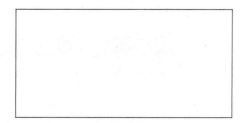

图 12-100 绘制表格外边界

(3)在"设计"选项卡的"绘图边框"组中单击"绘制表格"按钮,在表格中从上向下拖动鼠标绘制出表格的列,从左向右拖动鼠标绘制表格的行。获得需要的表格后,右击,完成表格的绘制,如图 12-101 所示。

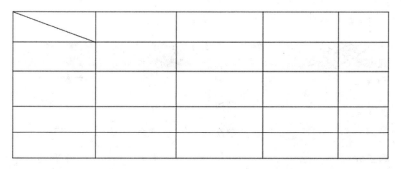

图 12-101 绘制的带有斜线表头的表格

12.5.2 在表格中输入文字

要向表格单元格中添加文字,可以单击该单元格,然后输入文字,最后单击该表格外的任意位置即可。

（1）单击插入的表格第 1 行中的第 1 个单元格，输入"姓名"，在右侧单元格中输入"性别"，依次输入第 1 行各单元格中内容，如图 12-102 所示。

姓名	性别	职称	学历	专业

图 12-102　在第一行中输入单元格中的内容

（2）单击表格第 2 行中的第 1 个单元格，输入"刘兵"，在"性别"单元格下方输入"男"，依次输入第 2 行各单元格中的内容。

（3）重复步骤（2），在表格其他行中各输入一条教师的信息，如图 12-103 所示。

姓名	性别	职称	学历	专业
刘兵	男	讲师	硕士	计算机
王丽	女	副教授	博士	中药制药
张海	男	教授	博士	生物制药
韩立军	男	助教	硕士	工商管理

图 12-103　所有单元格内容输入后的表格

（4）选中表格中所有单元格，在"开始"选项卡的"字体"组中单击"字号"按钮，在下拉列表中选择 28 磅字体大小，如图 12-104 所示。

姓名	性别	职称	学历	专业
刘兵	男	讲师	硕士	计算机
王丽	女	副教授	博士	中药制药
张海	男	教授	博士	生物制药
韩立军	男	助教	硕士	工商管理

图 12-104　调整字体大小后的表格

（5）选中表格中所有单元格，在"表格工具|布局"选项卡的"对齐方式"组中单击"居中"按钮 ≡ 和"垂直居中"按钮 ⊟，将选中的文字相对于单元格水平和垂直居中放置，如图 12-105 所示。

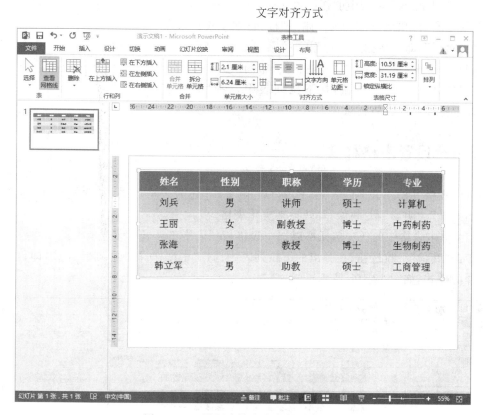

图 12-105　设置表格中文字的对齐方式

12.5.3　表格中行和列的操作

表格中行和列的操作主要是指添加行、添加列及删除行或列的操纵。

（1）在表格中需要出现新行的位置上方或下方的行中的一个单元格内单击，如在第1列第2个单元格，在"表格工具|布局"选项卡的"行和列"组中单击"在上方插入"按钮。即可在第2行上方插入新行，如图 12-106 所示。

图 12-106　在表格中插入行

（2）选中需要删除行中的任一单元格，在"表格工具|布局"选项卡的"行和列"组中单击"删除"按钮，在下拉列表中选择"删除行"，即可将插入的行删除，如图 12-107 所示。

（3）选中插入的表格，在"表格工具|布局"选项卡的"行和列"组中单击"删除"按钮，在下拉列表中选择"删除表格"，即可将插入的表格删除。

图 12-107　表格的删除操作命令

12.5.4　设置表格样式

创建表格并输入文字内容后，PowerPoint 2013 还为表格提供了"快速样式"、"单元格凹凸效果"、"阴影"和"映像"等效果来美化表格。

（1）单击表格中的任一单元格以选中表格，在"表格工具|设计"选项卡的"表格样式"组中单击"其他"下拉按钮，在弹出的下拉列表中选择"中度样式 3-强调 2"样式，即可显示所选择的样式，如图 12-108 所示。

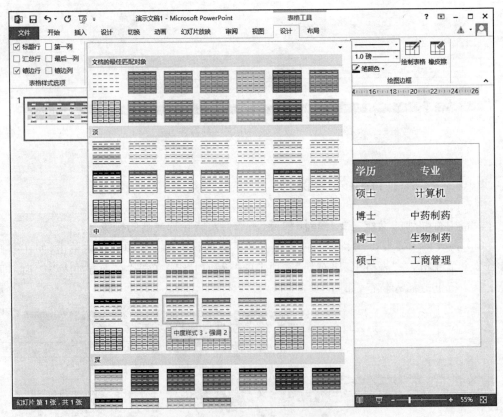

图 12-108　为表格应用快速样式

（2）单击"效果"按钮，在弹出的下拉列表中还可以为表格选择"单元格凹凸效果"、"阴影"和"映像"等效果。

12.6 使 用 图 表

图表是利用图形的形式表现数据的表格。利用图形化的形式来表达信息更加直观清晰,便于理解,比起单纯的数据表格,能够更好地展现数据变化趋势,获得更好的演示效果,使演示文稿更具说服力。

12.6.1 图表的分类

在 PowerPoint 2013 中,可以插入到幻灯片中的图表包括柱形图、折线图、饼图、条形图、面积图、XY(散点图)、股价图、曲面图、雷达图和组合等。从"插入图表"对话框中可以体现出图表的分类,如图 12-109 所示。

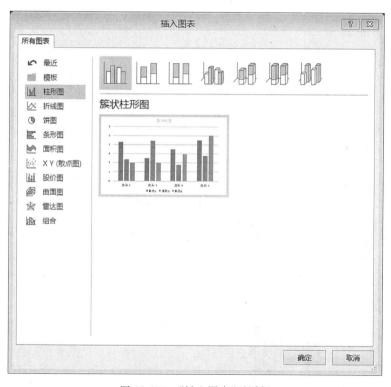

图 12-109 "插入图表"对话框

12.6.2 创建图表

在完成幻灯片的创建后,即可在幻灯片中创建需要的图表。在创建图表的过程中,PowerPoint 会自动打开 Excel 工作表,用户需要在工作表中输入和编辑数据,这些输入的数据将直接在幻灯片的图表中显示。创建图表的具体步骤如下。

(1) 新建一页空白幻灯片,在"插入"选项卡的"插入"组中单击"图表"按钮,打开"插入图表"对话框。在对话框左侧列表中选择图表类型,在右侧列表中选择需要插入的图表样式。这里选择"柱形图"类型中的"堆积柱形图",如图 12-110 所示。

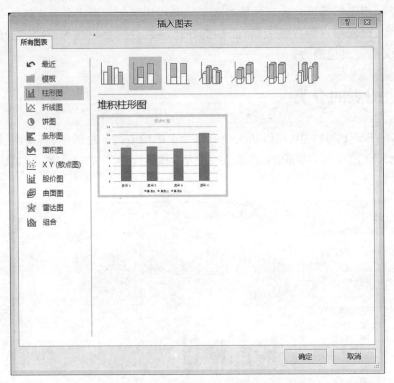

图 12-110 "柱形图"类型中的"堆积柱形图"

(2) 单击"确定"按钮,关闭"插入图表"对话框,所选中的图表将会插入到幻灯片中,并打开图表数据表格,在单元格中输入所需要显示的数据,如图 12-111 所示。

	A	B	C	D	E	F	G	H	I
1		2013年	2014年						
2	轿车	12.3	13.09						
3	客车	11.5	14.23						
4	电动车	9.2	10.69						
5	载货车	15.2	13.89						
6									
7									
8									

图 12-111 在表格中输入图表数据

(3) 输入完毕,关闭数据表格即可在幻灯片中插入一个堆积柱形图,如图 12-112 所示。

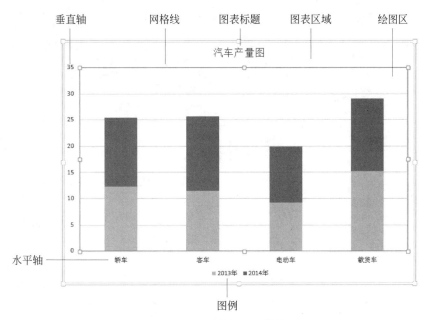

垂直轴　　　网格线　　　图表标题　　　图表区域　　　绘图区

水平轴

图例

图 12-112　图表的基本结构

12.6.3　图表的设计

完成图表创建后,可对图表进行再设计,如设置图表的样式和更改图表的类型等。

1. 更改图表类型

(1) 在幻灯片中单击图表区域选择整个图表。在"图表工具|设计"选项卡的"类型"组中单击"更改图表类型"按钮,如图 12-113 所示。

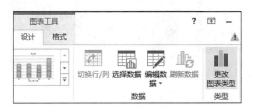

图 12-113　"更改图表类型"按钮

(2) 弹出"更改图表类型"对话框,选择需要的图表类型。这里选择"三维簇状柱形图",如图 12-114 所示。

(3) 单击"确定"按钮,即可看到类型更改后的图表,如图 12-115 所示。

2. 更改图表样式

选择整个图表,在"图表工具|设计"选项卡的"图表样式"组中单击"其他"按钮,在快速样式列表中选择一种图表样式,将其应用到图表,如图 12-116 所示。

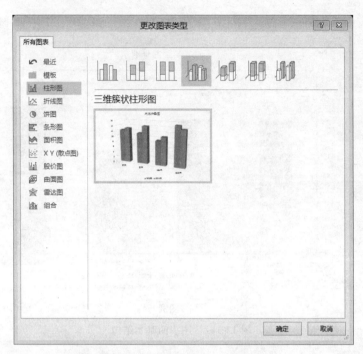

图 12-114　"更改图表类型"对话框

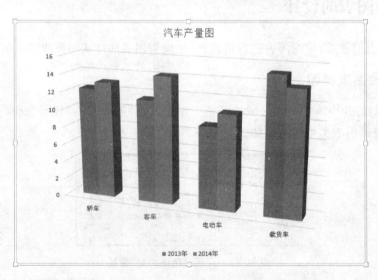

图 12-115　三维簇状柱形图

3. 更改图表布局

选择整个图表,在"图表工具|设计"选项卡的"图表布局"组中单击"快速布局"按钮,在下拉列表中选择一种图表布局,将其应用到图表,如图 12-117 所示。

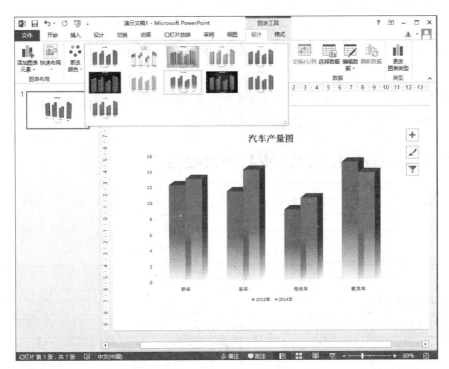

图 12-116　更改图表的快速样式

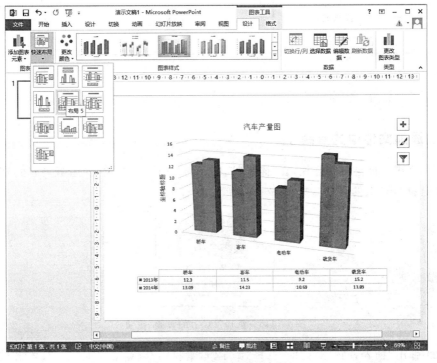

图 12-117　更改图表的布局

12.7 使用音频

在 PowerPoint 2013 中,既可以添加来自文件、剪贴画中的音频或使用 CD 中的音乐,也可以自己录制音频并将其添加到演示文稿中。

12.7.1 PowerPoint 2013 支持的音频格式

PowerPoint 2013 支持的音频格式比较多,表 12-1 所示的这些音频格式都可以添加到幻灯片中。

表 12-1 PowerPoint 2013 中支持的音频格式

音 频 文 件	音 频 格 式
AIFF 音频文件	＊.aif、＊.aifc、＊.aiff
AU 音频文件	＊.au、＊.snd
MIDI 文件	＊.mid、＊.midi、＊.rmi
MP3 音频文件	＊.mp3、＊.m3u
Windows 音频文件	＊.wav
Windows Media 音频文件	＊.wma、＊.wax
Quick Time 音频文件	＊.3g2、＊.3gp、＊.aac、＊.m4a、＊.m4b、＊.mp4

12.7.2 添加音频

1. 添加文件中的音频

(1) 新建一页空白幻灯片,在"插入"选项卡的"媒体"组中单击"音频"按钮,在弹出的列表中选择"PC 上的音频",如图 12-118 所示。

图 12-118 选择"PC 上的音频"按钮

(2) 弹出"插入音频"对话框,选择"第 12 章素材\音频\ 12.7-1.mp3",单击"插入"按钮,如图 12-119 所示。

图 12-119 "插入音频"对话框

(3) 此时幻灯片中会显示"小喇叭"图标, 即为所插入的音频。可拖动该图标放置在幻灯片合适的位置处, 如图 12-120 所示。

2. 添加联机音频

(1) 新建一页空白幻灯片, 在"插入"选项卡的"媒体"组中单击"音频"按钮, 在弹出的列表中选择"联机音频"。

(2) 此时"幻灯片"窗格右侧弹出"剪贴画"窗格。在"剪贴画"窗格中"搜索文字"文本框中输入要搜索的音频名称, 单击"搜索"按钮。

(3) 搜索出所需的音频剪辑后, 单击该剪辑即可将其添加到幻灯片中。

3. 录制音频

(1) 新建一页空白幻灯片, 在"插入"选项卡的"媒体"组中单击"音频"按钮, 在弹出的列表中选择"录制音频"选项。

(2) 此时打开"录制声音"对话框, 在"名称"文本框中输入录制声音的名称, 单击"录音"按钮即可开始录音。录音时, 对话框不会显示波形, 但会显示声音的长度, 完成录制后, 单击"停止"按钮即停止录音, 如图 12-121 所示。

图 12-120 音频插入后显示的图标

图 12-121 "录制声音"对话框

(3) 单击"确定"按钮关闭"录制声音"对话框, 录制的声音即被插入幻灯片中。

12.7.3 音频的播放与设置

添加音频后,可以播放音频,并可以设置音频效果、剪裁音频及在音频中插入书签等。

1. 播放音频

选择插入的音频文件后,单击音频文件图标下的"播放"按钮,即可播放音频。可以单击"向前移动"和"向后移动"按钮调整播放的速度。也可以使用"静音/取消静音"按钮来调整声音的大小,如图 12-122 所示。

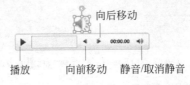

图 12-122 对插入的音频进行播放控制

另外,在"音频工具|播放"选项卡的"预览"组中单击"播放"按钮,也可以播放插入的音频文件,如图 12-123 所示。

图 12-123 "播放"选项卡下的"播放"按钮

2. 设置播放选项

(1) 选中幻灯片中添加的音频文件,可以查看"音频工具|播放"选项卡的"音频选项"组中的各选项,如图 12-124 所示。

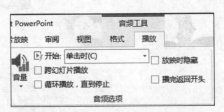

图 12-124 "音频选项"组中的各选项

(2) 单击"音量"按钮,在弹出的下拉列表中可以设置音量的大小。

(3) 单击"开始"后的下三角按钮,在弹出的下拉列表中包括"自动"和"单击时"两个选项。可以将音频剪辑设置为在显示幻灯片时自动开始播放或在单击鼠标时开始播放。

(4) 选中"放映时隐藏"复选框,可以在放映幻灯片时将音频剪辑图标隐藏而直接根据设置播放。

（5）同时选中"循环播放，直到停止"和"播完返回开头"复选框可以设置该音频文件循环播放。

（6）选中"跨幻灯片播放"复选框，该音频文件所在幻灯片及以后的幻灯片会随之一直播放声音直到停止。

12.7.4　编辑音频

1. 音频的剪裁

PowerPoint 2013 中可以对插入的音频文件进行剪辑。剪辑后，音频文件可以从任意位置开始播放，或播放到任意位置停止。

（1）选中幻灯片中添加的音频文件，在"音频工具|播放"选项卡的"编辑"组中单击"剪裁音频"按钮，弹出"剪裁音频"对话框，如图 12-125 所示。

图 12-125　"编辑"组中的"剪裁音频"按钮

（2）在"剪裁音频"对话框中，可以拖动绿色的开始位置标签和红色的结束位置标签来剪辑音频，设置音频需要播放的部分，如图 12-126 所示。

图 12-126　剪裁音频

（3）也可以直接输入"开始时间"和"结束时间"完成精确剪辑。之后单击"确定"按钮即可。

2. 音频的淡化处理

为了不让剪裁的音频播放开始时过于生硬，可以对其进行淡化处理。选中需要处理的音频文件，在"音频工具|播放"选项卡的"编辑"组中对"淡化持续时间"的"淡入"和"淡出"进行设置，如图 12-127 所示。

淡化持续时间设置

图 12-127　音频的淡化处理

12.7.5　删除音频

选中要删除的音频文件图标,按 Delete 键即可将该音频文件删除。

12.8　使　用　视　频

12.8.1　PowerPoint 2013 支持的视频格式

PowerPoint 2013 支持的视频格式比较多,表 12-2 所示的这些视频格式都可以添加到幻灯片中。

表 12-2　PowerPoint 2013 中支持的视频格式

视 频 文 件	视 频 格 式
Windows Media 文件	＊.asf、＊.asx、＊.wpl、＊.wm、＊.wmx、＊.wmd、＊.wmz、＊.dvr-ms
Windows 视频文件	＊.avi
电影文件	＊.mpeg、＊.mpg、＊.mpe、＊.mlv、＊.m2v、＊.mod、＊.mp2、＊.mpv2、＊.mp2v、＊.mpa
Windows Media 视频文件	＊.wmv、＊.wvx
Quick Time 视频文件	＊.qt、＊.mov、＊.3g2、＊.3gp、＊.dv、＊.m4v、＊.mp4
Adobe Flash Media	＊.swf

12.8.2　添加视频

1. 添加文件中的视频

(1) 新建一页空白幻灯片,在“插入”选项卡的“媒体”组中单击“视频”按钮,在弹出的下拉列表中选择“PC 上的视频”,如图 12-128 所示。

图 12-128　添加"PC上的视频"

（2）弹出"插入视频文件"对话框，选择"第12章素材\视频\ 12.8-1. avi"，单击"插入"按钮，如图12-129所示。

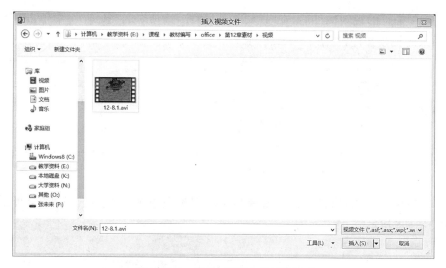

图 12-129　"插入视频文件对话框"

（3）所选择的视频文件将直接应用于当前幻灯片中，如图12-130所示。

图 12-130　插入的视频文件

2. 添加联机视频

（1）新建一页空白幻灯片，在"插入"选项卡的"媒体"组中单击"视频"按钮，在弹出的列表中选择"联机视频"。

（2）此时"幻灯片"窗格右侧弹出"插入视频"窗格。在"插入视频"窗格中"搜索YouTube"文本框中输入要搜索的视频名称，单击"搜索"按钮。

（3）搜索出所需的视频剪辑后，选择该剪辑并单击"插入"按钮即可将其添加到幻灯片中。

12.8.3 视频的预览与设置

1. 预览视频

（1）选中插入的视频文件后，在"视频工具|播放"选项卡的"预览"组中单击"播放"按钮预览插入的视频文件，如图 12-131 所示。

图 12-131 "播放"选项卡"预览"组中的"播放"按钮

（2）选中插入的视频文件后，单击视频文件图标左下方的"播放"按钮，也可预览视频，如图 12-132 所示。

图 12-132 播放视频文件

2. 设置播放选项

（1）选中添加到幻灯片中的视频文件，在"视频工具|播放"选项卡的"视频选项"组中单击"音量"按钮，在弹出的下拉列表中可以设置音量的大小，如图 12-133 所示。

（2）单击"开始"后的下三角按钮，在弹出的下拉列表中包括"自动"和"单击时"两个选项。可以将视频文件设置为在将包含视频文件的幻灯片切换至幻灯片放映视图时播放视图，或通过单击鼠标来控制启动视频的时间。

图 12-133 "视频选项"组中的各选项

（3）选中"全屏播放"复选框，在放映幻灯片时可以全屏播放幻灯片中的视频文件。

（4）选中"未播放时隐藏"复选框，可以将视频文件未播放时设置为隐藏状态。同时选中"循环播放，直至停止"复选框和"播完返回开头"复选框可以设置该视频文件循环播放。

12.8.4　编辑视频

1. 在视频中插入书签

在视频文件中插入书签可以指定视频剪辑中的关注时间点，也可以在放映幻灯片时利用书签跳至视频的特定位置。

（1）选择在幻灯片中添件的视频文件，并单击视频文件下的"播放"按钮播放视频。

（2）在"视频工具|播放"选项卡的"书签"组中单击"添加书签"按钮，如图 12-134 所示。

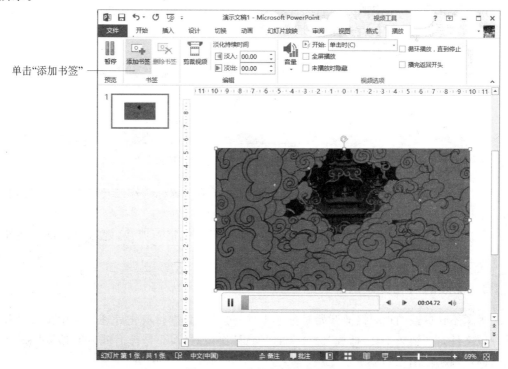

图 12-134　为视频添加书签

（3）此时即可为当前时间点的视频剪辑添加书签，书签显示为黄色圆球状。一个视频文件中可以添加多个书签，如图 12-135 所示。

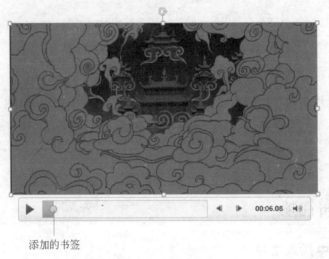

添加的书签

图 12-135　视频中添加的书签

2. 视频的剪裁

PowerPoint 2013 中类似于对音频文件的处理，也提供了对视频文件的剪辑功能。剪辑后，视频文件可以从任意位置开始播放，或播放到任意位置停止。

（1）选中幻灯片中添加的视频文件，在"视频工具|播放"选项卡的"编辑"组中单击"剪裁视频"按钮，弹出"剪裁视频"对话框，如图 12-136 所示。

图 12-136　"编辑"组中的"剪裁视频"按钮

（2）在"剪裁视频"对话框中，可以拖动绿色的开始位置标签和红色的结束位置标签来剪裁视频，设置视频需要播放的部分，如图 12-137 所示。

（3）也可以直接输入"开始时间"和"结束时间"完成精确剪裁，之后单击确定按钮即可。

3. 视频的淡化处理

为了不让剪裁的视频播放开始时过于生硬，可以对其进行淡化处理。选中需要处理的视频文件，在"视频工具|播放"选项卡的"编辑"组中对"淡化持续时间"的"淡入"和"淡出"进行设置，如图 12-138 所示。

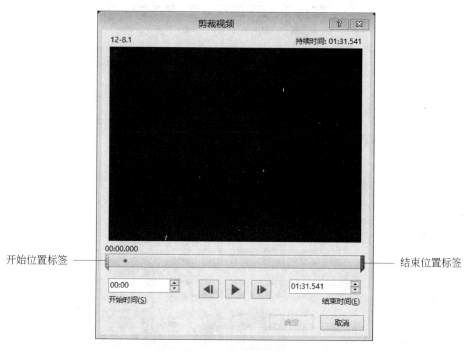

图 12-137　剪裁视频

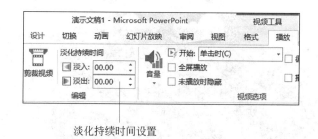

淡化持续时间设置

图 12-138　视频的淡化处理

12.8.5　设置视频样式

PowerPoint 2013 为视频定义了多种快速样式,可以直接使用来改变视频的外观。

(1) 选中添加的视频。在"视频工具|格式"选项卡的"视频样式"组中单击"快速样式"按钮,如图 12-139 所示。

(2) 从下拉列表中选择一种快速样式单击,即可将其应用于所选视频,如图 12-140 所示。

12.8.6　删除视频

选中需要删除的视频,按 Delete 键即可将该视频文件删除。

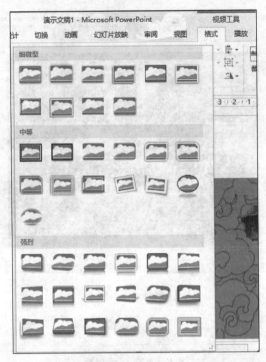

图 12-139　视频的快速样式

图 12-140　应用快速样式后的视频

操作练习实例

【操作要求】　打开"第 12 章素材"文件夹，制作图 12-141 所示"某企业 2014 年出口销售统计分析报告"演示文稿。

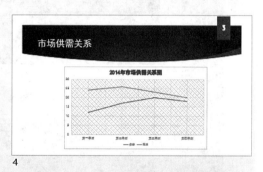

图 12-141　操作实例效果

【操作步骤】

（1）启动 PowerPoint 2013，在新建幻灯片页面中选择"离子会议室"主题模板，单击"创建"按钮，如图 12-142 所示。

（2）在创建的标题幻灯片中输入标题"2014 年出口销售统计分析报告"，输入副标题"天利科技发展有限公司：市场销售部"。选中标题文本框，设置字体：黑体，字号：48，颜色：黄色，加文字阴影 Ｓ，居中对齐；选中副标题文本框，设置字体：微软雅黑，字号：20，颜色：白色，字符间距：稀疏，居中对齐。将文本框放置在幻灯片的合适位置，如图 12-143 所示。

（3）新建一张"标题与内容"版式幻灯片。在标题文本框中输入"2014 年全球销售情况"，设置字体：黑体，字号：36。插入"图片"文件夹中的"12.2-3.png"图片，如图 12-144 所示。

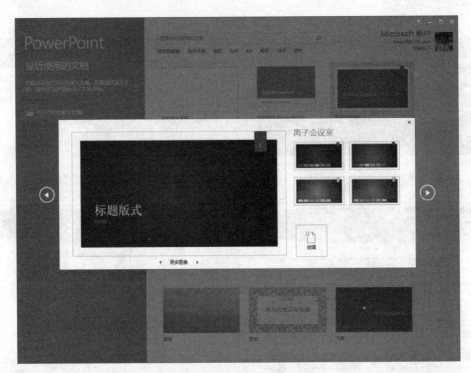

图 12-142　"离子会议室"主题模板

图 12-143　标题幻灯片

（4）选中"地图"图片，添加图 12-145 所示的"三维旋转"效果。

（5）在"地图"图片上绘制圆形，半径为 0.8 厘米。并设置圆形的"三维格式"和"三维旋转"效果，如图 12-146 所示。

（6）在圆柱形上方添加文本框，输入文字"南美：1800 万美元"，设置字体：华文琥珀，字号：18，并添加图 12-147 所示艺术字效果。

图 12-144　幻灯片中插入"地图"图片

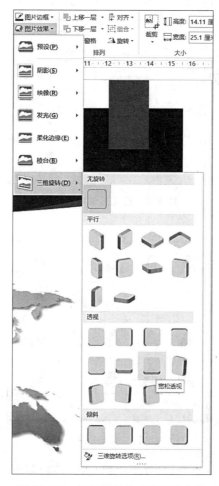

图 12-145　设置图片的三维旋转效果

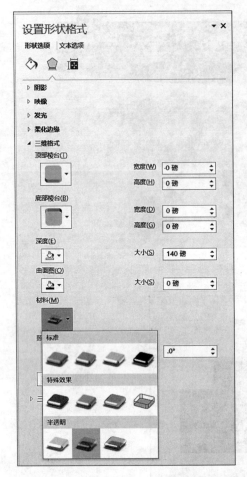

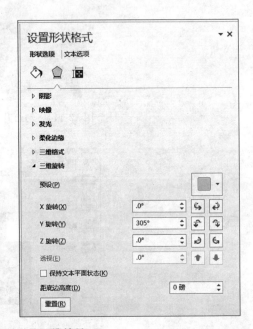

图 12-146　设置图形的三维效果

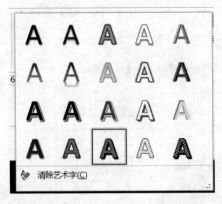

图 12-147　设置艺术字效果

（7）将圆柱形和文本框组合，另外复制两份，并修改复制的文本框中的内容，以及适当调整圆柱形的高度，如图 12-148 所示。

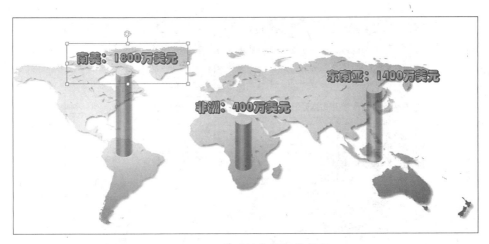

图 12-148   全球销售情况分布图

(8) 新建一张"仅标题"版式幻灯片。在"标题"文本框中输入"财务机构分析",设置字体:黑体,字号:36。插入 6 行 5 列表格,制作如图 12-149 所示表格。设置第一行表头文字为黑体,18 磅。选中所有单元格,将文字居中对齐。在"表格工具|布局"选项卡的"单元格大小"组中单击"高度"按钮,在增量框中输入表格行高为 1.5 厘米,如图 12-149所示。

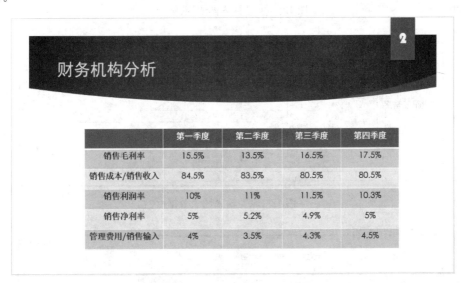

财务机构分析

	第一季度	第二季度	第三季度	第四季度
销售毛利率	15.5%	13.5%	16.5%	17.5%
销售成本/销售收入	84.5%	83.5%	80.5%	80.5%
销售利润率	10%	11%	11.5%	10.3%
销售净利率	5%	5.2%	4.9%	5%
管理费用/销售输入	4%	3.5%	4.3%	4.5%

图 12-149   "财务机构分析"幻灯片页

(9) 新建一张"仅标题"版式幻灯片。在"标题"文本框中输入"市场供需关系",设置字体:黑体,字号:36。插入图 12-150 所示图表类型。

(10) 为图表输入数据如图 12-151 所示。

(11) 在"图表工具|设计"选项卡的"图表样式"组中为图表添加快速样式,如图 12-152所示。

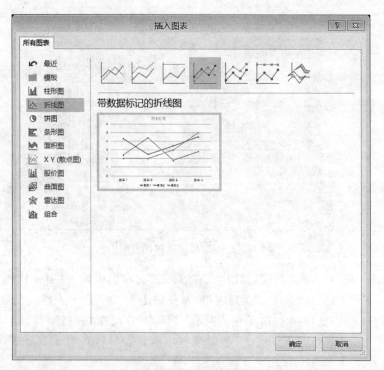

图 12-150 "插入图表"对话框

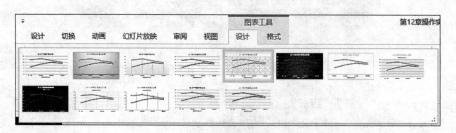

图 12-151 输入图表数据

图 12-152 选择图表样式

（12）输入图表标题"2014 年市场供需关系图"，如图 12-153 所示。

（13）新建一张"标题与内容"版式幻灯片，按照图 12-154 所示输入文字内容。"标

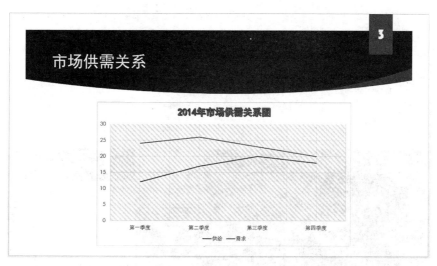

图 12-153 "市场供需关系"幻灯片页

题"文本框字体设置为黑体,字号:36。"内容"文本框字体设置为微软雅黑,字号:20,字符间距:稀疏,段落行距:1.5 倍。插入图片"12.2-2.jpg",并为图片加入柔化边缘效果。

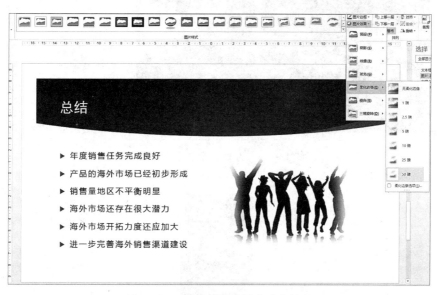

图 12-154 为图片添加柔化边缘效果

(14)新建一张"标题"版式幻灯片,输入图 12-155 所示文字内容,设置字体:华文琥珀,字号:66。并为文字添加"转换"文字效果。

(15)为第 2、3、4、5 页幻灯片添加编号,编号字体:华文琥珀,字号:32,如图 12-156所示。

(16)操作效果请查看"第 12 章操作实例效果.pptx"文件。

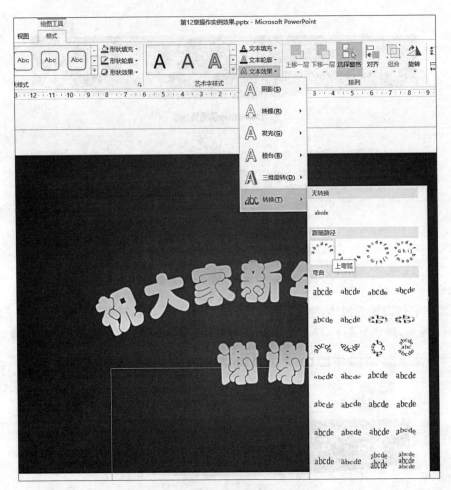

图 12-155 为文字添加"转换"效果

图 12-156 页编号效果

第13章

演示文稿中的动画效果

动画是各类演示不可缺少的元素,动画的使用能够为幻灯片带来很好的视觉效果,使某些信息的表达更加具体和直观,是避免观众产生枯燥乏味情绪的一种有效手段。在PowerPoint 2013中,用户可以为演示文稿中的各种对象添加动画效果,也可为每张幻灯片的翻页添加切换效果,并且可以对动画效果进行定义。

PowerPoint 2013的动画能够创建对象的进入、退出、强调和动作路径动画,还可以创建幻灯片的切换动画。本章介绍各种类型动画的创建方法以及动画效果的设置技巧。通过本章的学习,读者将了解各类动画的作用和创建方法。掌握控制动画播放时间的技巧,并具有制作较复杂动画的能力。但动画制作是一项综合的制作过程,除了具有操作技巧,还需要制作者发挥灵感想象,这就需要读者在不断的制作过程中去归纳总结。

13.1　常用的对象动画效果

动画的关键要素是效果、开始、方向、速度及效果选项,这些是常用的动画效果。

1. 效果

PowerPoint 2013中可供选择的效果有进入、强调、退出和动作路径共4种,如图13-1所示。应尽量选择那些看上去比较温和的效果,避免夸张。

图 13-1　动画效果

（1）进入效果是指对象从无到有的变化过程，常选用擦除、淡出和飞入等效果。

（2）退出效果是指对象从有到无的变化过程，常选用擦除和淡出效果。

（3）强调效果是指对象通过改变外观形态，包括大小、颜色、位置等来引起观众注意的变化过程。常选用放大/缩小和陀螺旋效果。

（4）动作路径效果是指按照某种定义好的运动轨迹而进行运动的变化过程。常用于物理效果的演示等比较特殊的场合。

2. 开始

"开始"选项决定了动画播放的时机，设有单击时、与上一动画同时和上一动画之后三个选项，如图 13-2 所示。

（1）单击时：表示单击时动作开始。

（2）与上一动画同时：表示设置的动画与上一个动画同时开始。

（3）上一动画之后：表示前一个动画完成后开始。

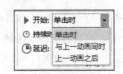

图 13-2　动画"开始"选项

3. 方向

在设置动画效果后可以根据需要设置动画方向。如选择飞入效果后，可以根据需要选择飞入的方向。如图 13-3 所示。

4. 速度

可以根据需要在"动画"选项卡的"计时"组中"持续时间"微调框中自由调节动画的速度，也可以在"延迟"微调框中设置动画延迟时间，如图 13-4 所示。

图 13-3　飞入效果的"方向"选项

图 13-4　动画的"速度"选项

5. 效果选项

在"效果"选项卡下用户可以有多个参数选择。在"动画"选项卡的"动画"组中将效果选项下拉列表中进行选择,或在"动画窗格"中单击设置动画(如设置"飞入"效果)后的下拉按钮,在弹出的下拉列表中选择"效果选项",即可打开"飞入"对话框,在其中包含多个参数可供用户设置,如图 13-5 所示。

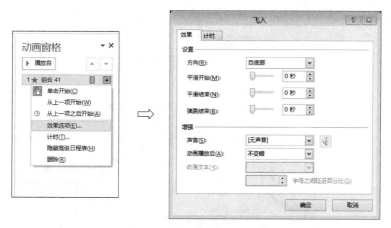

图 13-5　动画的"效果选项"

13.2　创建对象基本动画

下面通过一个完整实例的制作来讲解基本动画效果的创建和设置过程。请读者打开示例文件 13.2-1.pptx,如图 13-6 所示。

图 13-6　示例文件"13.2-1.pptx"

13.2.1 创建进入动画

为对象创建进入动画可以使对象在幻灯片显示时以动画的形式从无到有地显示出来。

（1）选中图 13-7 所示对象。

图 13-7　选中要添加进入动画的对象

（2）在"动画"选项卡的"动画"组中单击"其他"按钮，弹出图 13-8 所示的下拉列表。

图 13-8　创建"飞入"动画效果

（3）在下拉列表的"进入"区域中选择"飞入"选项，创建进入动画效果。

（4）在"动画"选项卡的"动画"组中单击"效果选项"按钮，从下拉列表中选择"自左上部"，如图13-9所示。

图13-9　设置"飞入"动画的效果选项

13.2.2　创建退出动画

为对象创建退出动画可以使对象在幻灯片显示时以动画的形式从有到无地退出幻灯片。

（1）选中图13-10所示文本框。

图13-10　选中要添加退出动画的文本框

（2）在"动画"选项卡的"动画"组中单击"其他"按钮，弹出图13-11所示的下拉列表。在"退出"区域中选择"淡出"，创建退出动画效果。

图 13-11　创建"淡出"动画效果

13.2.3　创建强调动画

创建强调动画效果可以在幻灯片内容显示完整后执行该动画效果,从而起到强调的作用。

(1) 选择图 13-12 所示图形对象。

图 13-12　选中要添加强调动画的对象

（2）在"动画"选项卡的"动画"组中单击"其他"按钮，弹出图 13-13 所示的下拉列表。在"强调"区域中选择"脉冲"，创建强调动画效果。

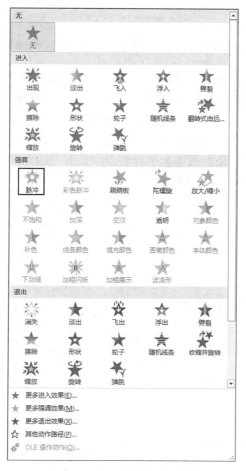

图 13-13　创建"强调"动画效果

13.2.4　复制动画效果

在 PowerPoint 2013 中，可以使用动画刷复制一个对象的动画，并将其应用到另一个对象上。具体操作步骤如下。

（1）单击选中幻灯片中创建过动画的对象，如图 13-14 所示。

（2）在"动画"选项卡的"高级动画"组中单击"动画刷"按钮，此时幻灯片的鼠标指针变为刷子形状，并已将被选中对象上的动画进行了复制，即飞入动画，方向：从左上部，如图 13-15 所示。

（3）在幻灯片中，用动画刷单击图 13-16 所示对象，即可将所复制的动画效果应用到此对象上。单击后，鼠标恢复为原有图标，复制过程结束。

图 13-14　已创建过动画的对象

图 13-15 "动画刷"命令按钮

图 13-16 复制的动画所应用的对象

（4）如果需要将复制的动画应用于多个对象上，可以在复制动画时双击"动画刷"按钮，在鼠标指针变为刷子形状后，依次在图 13-17 所示对象上单击。此处同样将飞入动画（方向：从左上部）的动画效果应用于图 13-17 对象中。

（5）再次单击"动画刷"按钮，退出动画复制操作。

（6）动画复制完成后，依次选中上述对象，在"动画"选项卡的"动画"组中单击"效果选项"按钮，从下拉列表中选择不同的飞入方向。具体设置如图 13-18 所示。

图 13-17 动画效果的批量复制应用　　　　图 13-18 调整对象的飞入动画方向

13.2.5 查看动画效果

在"动画"选项卡的"高级动画"组中单击"动画窗格"按钮，可以在"动画窗格"中查看幻灯片上所有动画的列表，如图 13-19 和图 13-20 所示。

"动画窗格"显示了有关动画效果的重要信息，如效果的类型、多个动画效果之间的相对顺序、受影响对象的名称及效果的持续时间等。通过前几节动画的创建及复制，当前幻灯片中已有 8 条动画效果。

下面介绍一下动画窗格中主要标识的含义。

图 13-19 "高级动画"组→
"动画窗格"按钮

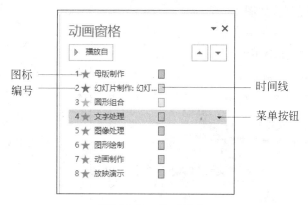

图 13-20　动画窗格

（1）编号：表示动画效果的播放顺序，此编号与幻灯片上显示的不可打印的编号标记是相对应的，如图 13-21 所示。

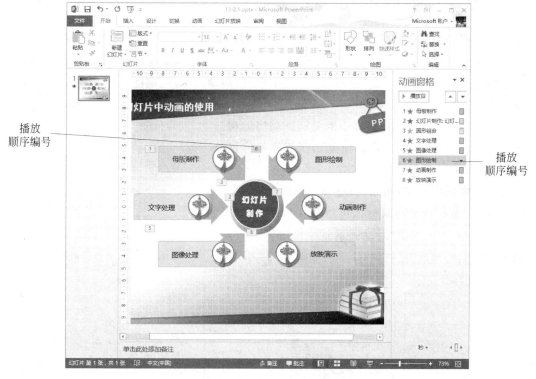

图 13-21　动画的播放顺序编号

（2）时间线：代表效果的持续时间。

（3）图标：代表动画效果的类型。绿色图标代表进入动画，红色图标代表退出动画，黄色图标代表强调动画。

（4）菜单按钮：单击该按钮，可打开动画效果的快捷菜单。

鼠标停留在动画窗格中代表某一动画的项目列表时，可以看到动画效果名称、播放时机以及对象名称等信息,如图 13-22 所示。

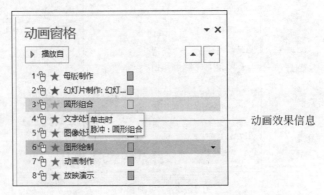

图 13-22　动画窗格中显示的动画效果信息

13.2.6　调整动画顺序

当一张幻灯片中创建有多个动画效果时,动画播放的前后顺序可以根据需要进行调整。

(1) 在"动画"选项卡的"高级动画"组中单击"动画窗格"按钮,弹出"动画窗格"窗口,如图 13-23 所示。

(2) 选择"动画窗格"窗口中需要调整顺序的动画,如选择动画 2,按住左键将其拖曳到新的排列位置处,如图 13-24 所示。

(3) 按照图 13-25 所示,调整各动画播放顺序。

此外,动画顺序的调整也可以在"动画"选项卡的"计时"组中进行,单击"对动画重新排序"区域的"向前移动"和"向后移动"按钮便可完成,如图 13-26 所示。

图 13-23　动画窗格窗口

图 13-24　调整动画播放顺序

图 13-25　调整后的动画播放顺序

图 13-26　"对动画重新排序"区域

13.2.7　设置动画时间

创建动画之后,可以在"动画"选项卡上为动画指定开始、持续时间或者延迟计时。

1. 设置动画开始时间

"开始"选项决定了动画播放的时机。

若为动画设置开始时间,可以在"动画窗格"中选中该动画项,然后在"动画"选项卡的"计时"组中单击"开始"菜单右侧的下拉箭头,再从弹出的下拉列表中选择所需的选项。该下拉列表包括"单击时"、"与上一动画同时"和"上一动画之后"3 个选项,如图 13-27 所示。

针对之前所创建的幻灯片中的各动画效果,按图 13-28 所示设置开始时间。

图 13-27　动画开始时间选项

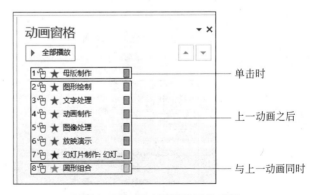

图 13-28　各动画效果开始时间

2. 设置持续时间

"持续时间"表示动画执行的时间长度,反映了动画效果运行的快慢速度。

设置动画将要运行的持续时间,可以在"动画窗格"中选中该动画项,然后在"计时"组中的"持续时间"文本框中输入所需的秒数,或者单击"持续时间"文本框后的微调按钮来调整动画要运行的持续时间,如图 13-29 所示。

针对创建的幻灯片中的各动画效果,这里将所有的"飞入"效果的持续时间由默认的 0.5 秒调整为 0.6 秒,如图 13-30 所示。

图 13-29　动画效果持续
　　　　　时间设置

将所有的"飞入"
效果的"持续时间"
调整为0.6秒

图 13-30　调整"飞入"效果的持续时间

3. 设置延迟时间

当某一动画效果的开始时间设置为"与上一动画同时"时,还可以设置动画的"延迟时间",表示该动画将在前面动画开始以后延迟一段时间自动开始。

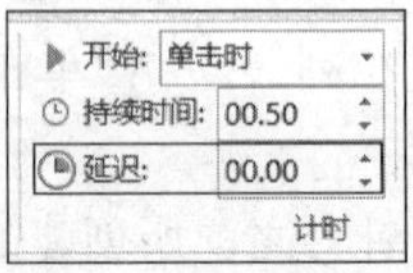

若要设置动画的延迟时间,可以在"计时"组中的"延迟"文本框中输入所需的秒数,或者使用微调按钮来调整,如图 13-31 所示。

这里将第 8 个动画的延迟时间设置为 0.2 秒,如图 13-32 所示。

图 13-31　动画效果延迟
　　　　　时间设置

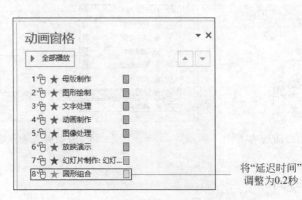

将"延迟时间"
调整为0.2秒

图 13-32　调整动画效果的延迟时间

13.2.8　测试动画

动画效果添加完成后,可以通过"预览"的方式来查看设置的动画是否满足制作者的需求。

在"动画"选项卡的"预览"组中单击"预览"按钮,在弹出的下拉列表中选择相应的选项来预览动画效果,如图 13-33 所示。

图 13-33　预览动画效果

至此本节所创建的动画实例制作完成。当放映幻灯片时,单击鼠标,所有动画效果将会依次执行。最终效果可以打开文件"13-2.1 操作效果.pptx"查看。

13.2.9　移除动画效果

为对象创建动画效果后,也可以根据需要移除动画。

打开"动画窗格",选择要删除的动画项,单击右侧的下拉箭头,在弹出的下拉列表中选择"删除"即可。也可以直接按 Delete 键删除动画效果,如图 13-34 所示。

图 13-34　移除动画效果

13.3　创建动作路径动画

动作路径动画指的是使对象沿着某个路径进行移动的动画效果。PowerPoint 2013 提供了大量预设的路径，同时也允许用户自己绘制对象移动的路径。

13.3.1　预设动作路径的应用

（1）打开示例文件 13.3-1.pptx。选中幻灯片中的"汽车"图片对象，如图 13-35 所示。

（2）在"动画"选项卡的"动画"组中单击"其他"按钮，弹出图 13-36 所示的下拉列表。在下拉列表的"动作路径"区域中选择一种预定义路径。

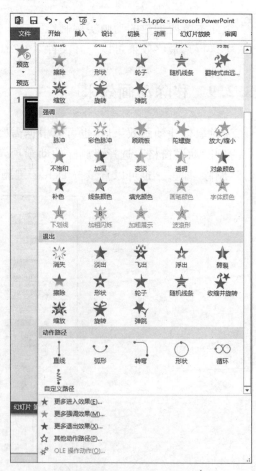

选中"汽车"

图 13-35　选中"汽车"图片对象

图 13-36　为对象添加动作路径动画效果

（3）也可以选择下拉列表中的"其他动作路径"选项，打开"更改动作路径"对话框。从中选择更多的预设动作路径，如图 13-37 所示。

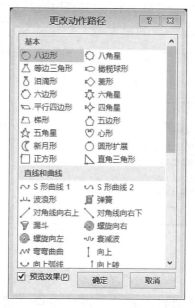

图 13-37　"更改动作路径"对话框

（4）选择其中的直角三角形动作路径。单击"确定"按钮后，可以看到运动轨迹会显示在幻灯片中，如图 13-38 所示。

直角三角形动作路径

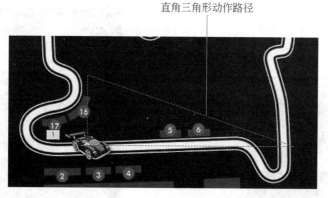

图 13-38　直角三角形动作路径

（5）与其他动画效果类似，可以对动作路径动画的"开始时间"、"持续时间"和"延迟时间"进行调整，并可以预览动画效果。

13.3.2　自定义动作路径

如果预设动作路径不能和对象实际运动轨迹吻合，还可以通过自定义动作路径的方法任意绘制运动轨迹。

（1）打开示例文件 13.3-1.pptx。选中幻灯片中的"汽车"图片对象。

（2）在"动画"选项卡的"动画"组中单击"其他"按钮，在弹出的下拉列表"动作路径"区域中选择自定义路径，如图 13-39 所示。

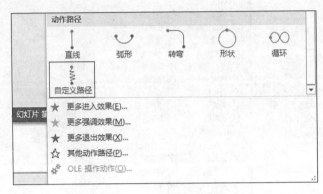

图 13-39　自定义动作路径

（3）此时鼠标图标变为十字形"＋"，在幻灯片中可以任意绘制运动轨迹。这里可以沿赛道的走向顺时针绘制动作路径。在路径终点处需双击以结束路径绘制，如图 13-40 所示。

（4）如果绘制的路径有偏差，还可以选中该路径，右击，从弹出的快捷菜单中选择"编辑顶点"命令，来对路径做局部调整，如图 13-41 所示。

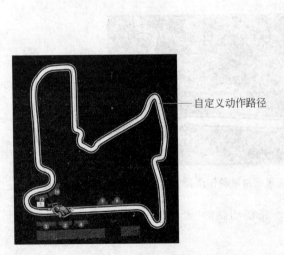

图 13-40　绘制动作路径

图 13-41　"编辑顶点"命令

（5）将动画的持续时间设置为 5 秒。在"动画"选项卡的"预览"组中单击"预览"按钮预览动画效果。最终效果可以打开文件"13-3.1 操作效果.pptx"查看，如图 13-42 所示。

图 13-42　调整动画持续时间

13.4　创建交互动画

交互是创建多媒体演示文稿的一个重要问题,幻灯片功能是否强大、操作是否便捷以及动画播放的控制都离不开灵活的交互式的使用。PowerPoint 灵活地运用各种动画效果配合触发器的控制,能够很方便地实现常见的交互动作。

触发器是动画的特殊开始条件,通常可以通过单击触发器的方式来启动动画效果的执行。PowerPoint 中常使用图形来充当触发器的载体。通常将使用了触发器的动画称之为触发器动画。

下面将通过制作下拉菜单动画效果来讲述触发器动画的制作方法。

(1) 打开示例文件 13.4-1.pptx,选择其中的下拉菜单图形,如图 13-43 所示。

(2) 为下拉菜单图形添加"进入"动画效果中的"擦除"效果。并将动画开始时间设置为"单击时",效果选项设置为"自顶部",如图 13-44 所示。

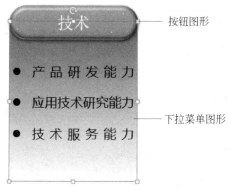

图 13-43　选中下拉菜单图形

图 13-44　添加"擦除"进入动画效果

(3) 再为下拉菜单图形添加第二个动画效果。在"动画"选项卡的"高级动画"组中单击"添加动画"按钮,从下拉列表中选择"退出"动画效果中的"擦除"效果。并将动画开始时间设置为"单击时",效果选项设置为"自底部",如图 13-45 所示。

(4) 此时打开"动画窗格",可以看到创建的两种动画效果,如图 13-46 所示。

(5) 分别选中这两个动画效果,在"动画"选项卡"高级动画"组中单击"触发"按钮,从下拉列表中选择"单击",在二级列表中选择"按钮"。此时幻灯片中的"按钮"图形将被作为触发器,单击该图形,可开始执行动画效果,如图 13-47 所示。

图 13-45　添加"擦除"退出动画效果

图 13-46　"动画窗格"中显示的动画效果

（6）此时"动画窗格"如图 13-48 所示,动画创建完成。

图 13-47　为动画效果设置触发器

图 13-48　加入触发器后的"动画窗格"

　　（7）触发器动画不能通过"预览"按钮看到效果,只能在幻灯片放映时呈现效果。放映幻灯片,单击"按钮"图形,可以看到"下拉菜单"展开。再次单击"按钮"图形,"下拉菜单"收起。

13.5 幻灯片的切换效果

切换效果是一种加在幻灯片之间的特殊动画效果,它决定了在演示文稿放映时,一张幻灯片放映完毕后,在进入下一张幻灯片时幻灯片将以何种方式出现在屏幕上。在PowerPoint 2013 中,可以为不同的幻灯片设置不同的切换效果,也可以同时为多张幻灯片设置相同的切换效果。

13.5.1 添加幻灯片切换效果

(1)打开示例文件 13.5-1.pptx。选择需要添加切换效果的幻灯片。在"切换"选项卡"切换到此幻灯片"组中单击"其他"按钮。在打开的列表中选择需要应用的切换效果单击。这里选择"日式折纸"效果,如图 13-49 所示。

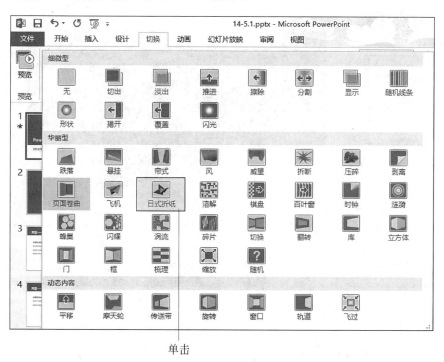

单击

图 13-49　为幻灯片添加切换效果

(2)此时,在普通视图左侧的幻灯片缩略图窗格中的幻灯片上将显示动画图标,如图 13-50 所示。

(3)在"切换"选项卡"预览"组中单击"预览"按钮,可预览添加的切换动画效果,如图 13-51 所示。

动画图标 ————

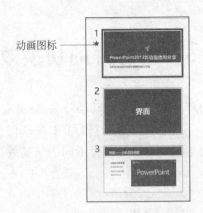

图 13-50　添加切换效果后的幻灯片

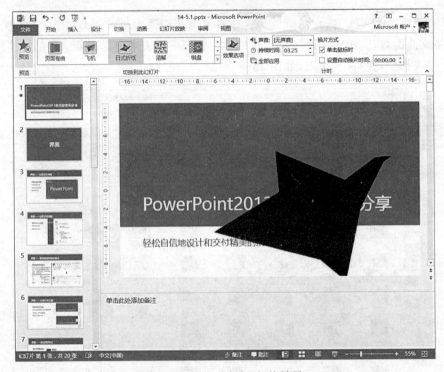

图 13-51　"日式折纸"切换效果

13.5.2　设置幻灯片切换效果

创建幻灯片切换效果后,可以对切换效果进行设置,例如为切换添加声音,设置切换速度和设置切换效果等。

1. 为幻灯片的切换添加声音

在"切换"选项卡的"计时"组中单击"声音"下拉列表框,在下拉列表中选择一种声音选项即可在幻灯片切换时获得声音效果,如图 13-52 所示。

图 13-52　为幻灯片切换添加声音

2. 设置切换持续时间

在"切换"选项卡的"计时"组中的"持续时间"增量框中输入时间,或通过旁边的微调按钮调整持续时间。持续时间决定了切换动画效果执行的速度快慢,如图 13-53 所示。

3. 设置换片方式

在"切换"选项卡的"计时"组中的"换片方式"区域内勾选"单击鼠标时"复选框,则在幻灯片放映时有鼠标单击动作发生才进行幻灯片的切换。如果希望幻灯片能够自动切换,可勾选"设置自动换片时间"复选框,并在复选框后的增量框中输入自动切换的时间间隔,如图 13-54 所示。

图 13-53　设置切换持续时间

图 13-54　设置换片方式

操作练习实例

【操作要求】 打开"第 13 章素材"文件夹下的"第 13 章操作实例素材.pptx"演示文稿,制作灯泡开关灯效果,如图 13-55 所示。

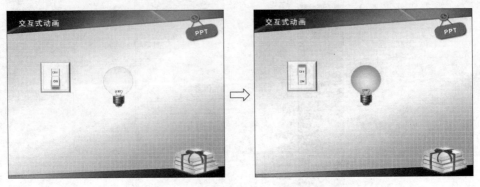

图 13-55 实例操作效果

【操作步骤】

(1) 在"动画"选项卡的"动画"组中单击"其他"按钮,在下拉列表中为下列图形(名称为"光环")添加"进入"类动画中的"淡出"动画效果;"开始"选项选择"与上一动画同时";"持续时间"设置为 0.5 秒,如图 13-56 所示。

(2) 为图 13-57 中的图形(名称为"开")添加"退出"类动画中的"消失"动画效果;"开始"选项选择"与上一动画同时"。

图 13-56 为"灯泡"图形添加
"淡出"进入动画

图 13-57 为"开"图形添加"消失"
退出动画

(3) 分别选中(1)、(2)步所创建的动画,在"动画"选项卡的"高级动画"组中单击"触发"按钮,从下拉列表中选择"单击",在二级列表中选择"开"。此时幻灯片中名称为"开"的图形将被作为触发器,单击该图形,可开始执行动画效果,如图 13-58 所示。

(4) 为图 13-59 所示图形(名称为"光环")添加"退出"类动画中的"淡出"动画效果;

"开始"选项选择"与上一动画同时";"持续时间"设置为0.5秒。

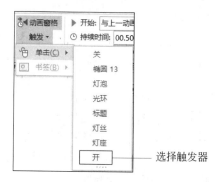

图 13-58　设置"开"图形为触发器

图 13-59　为"灯泡"图形添加"淡出"退出动画

（5）为图 13-60 所示图形（名称为"开"）添加"进入"类动画中的"出现"动画效果；"开始"选项选择"与上一动画同时"。

（6）将（4）、（5）步的动画设置为由单击图 13-61 所示图形（名称为"关"）后触发执行，如图 13-62 所示。

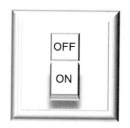

图 13-60　为"开"图形添加"出现"进入动画

图 13-61　名称为"关"的图形

图 13-62　设置"关"图形为触发器

（7）将开关图形、灯泡图形对应合并。同时选中"开"和"关"两图形，在"绘图工具|格式"选项卡的"排列"组中单击"对齐"按钮，从下拉列表中选择"左对齐"和"顶端对齐";拖动"光环"图形，将其覆盖在"灯泡"图形的上方，如图 13-63 所示。

（8）此时"动画窗格"中存在的动画效果如图 13-64 所示。

图 13-63　选择对齐方式

图 13-64　创建动画后的"动画窗格"

（9）操作效果请查看"第 13 章操作实例效果.pptx"文件。

第14章

演示文稿的放映与发布

制作演示文稿的最终目的是为了放映,将其展示在观众面前。PowerPoint 2013 具有强大的幻灯片放映与发布的管理能力,提供了多种放映及发布方法。可以根据演示的需要选择合适的放映方式,设置理想的放映速度,从而使演示文稿结构清晰,操作渐变,并且保证播放过程流畅自然。也可以针对不同用途和使用场所,选择将演示文稿进行打印、保存为 PDF 文档、创建视频和打包等多种发布方式,让演示文稿的使用方式更加多样化。

本章将介绍幻灯片放映与发布管理的有关知识。通过本章的学习,读者将掌握在 PowerPoint 2013 中放映幻灯片、进行排练计时、录制幻灯片以及将演示文稿以不同方式发布的操作方法。这既为演示者灵活实现不同条件下的幻灯片播放控制提供了操作途径,也为在不同场合应用演示文稿提供了可能。

14.1 演示文稿的放映类型

在 PowerPoint 2013 中,演示文稿的放映类型包括演讲者放映、观众自行浏览和在展台浏览 3 种。

14.1.1 演讲者放映

演示文稿放映类型中的"演讲者放映"是指由演讲者一边讲解一边放映幻灯片,放映时会全屏,并且演讲者也能够在放映时对放映进行控制。此演示类型一般用于比较正式的场合,如论文答辩、专题讲座、述职报告等。

将演示文稿的放映类型设置为演讲者放映的操作方法如下。

(1)打开示例文件 14.1-1.pptx。在"幻灯片放映"选项卡的"设置"组中单击"设置幻灯片放映"按钮,如图 14-1 所示。

(2)在弹出的"设置放映方式"对话框的"放映类型"区域中选中"演讲者放映(全屏幕)"单选按钮,即可将放映类型设置为演讲者放映方式,如图 14-2 所示。

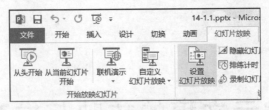

图 14-1   "设置幻灯片放映"按钮

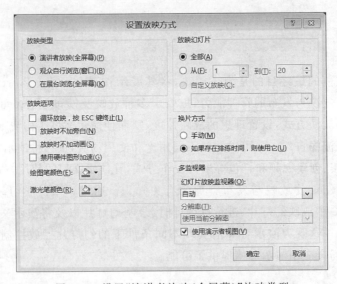

图 14-2   设置"演讲者放映(全屏幕)"放映类型

（3）在"放映选项"区域选中"循环放映，按 Esc 键终止"复选框，此选项可以在最后一张幻灯片放映结束后自动循环重复放映，直到按 Esc 键才能结束；在"换片方式"区域中选中"手动"复选框，设置演示过程中的换片方式为手动。

（4）单击"确定"按钮完成设置。

14.1.2   观众自行浏览

观众自行浏览是指由观众自己动手使用计算机观看幻灯片。在这种放映类型下，演示文稿将在一个窗口中显示，观众可以上下滑动滚动条来观看幻灯片。

在"设置放映方式"对话框的"放映类型"区域中选中"观众自行浏览(窗口)"单选按钮，单击"确定"键即可完成设置，如图 14-3 和图 14-4 所示。

14.1.3   在展台浏览

"在展台浏览"类型适用于商业展示、会议或公共场所等需要自动放映的场合。在幻灯片播放时，演示文稿会自动地循环播放，并且大多数控制命令在演示时都不可用，以避

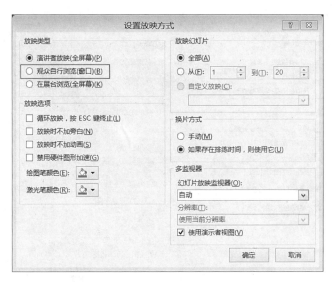

图 14-3 设置"观众自行浏览(窗口)"放映类型

图 14-4 "观众自行浏览(窗口)"的放映效果

免观众对自动播放的干涉。

在"设置放映方式"对话框的"放映类型"区域中选中"在展台浏览(全屏幕)"单选按钮,单击"确定"键即可完成设置,如图 14-5 所示。

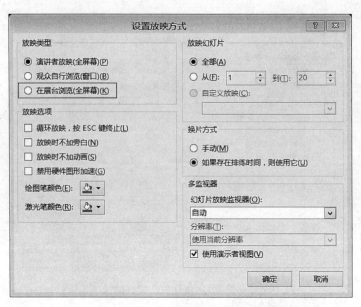

图 14-5　设置"在展台浏览(全屏幕)"放映类型

14.2　演示文稿的放映

PowerPoint 2013 针对不同的放映需要提供了多种放映幻灯片的方式。可以直接启动演示文稿放映所有幻灯片,也可以有选择地放映需要的幻灯片,还可以允许其他人在 Web 浏览器中通过网络异地同步的观看幻灯片的放映过程。

14.2.1　从头开始放映幻灯片

(1) 打开素材文件 14-1.1.pptx。在"幻灯片放映"选项卡的"开始放映幻灯片"组中单击"从头开始"按钮,或按 F5 键,如图 14-6 所示。

(2) PowerPoint 将从头开始播放幻灯片。单击鼠标、按 Enter 键、方向键或空格键均可切换到下一张幻灯片,如图 14-7 所示。

14.2.2　从当前幻灯片开始放映

(1) 打开素材文件 14-1.1.pptx。在"幻灯片放映"选项卡的"开始放映幻灯片"组中单击"从当前幻灯片开始"按钮,或按 Shift+F5 键,如图 14-8 所示。

(2) PowerPoint 将从当前幻灯片开始播放。单击鼠标、按 Enter 键、方向键或空格键均可切换到下一张幻灯片,如图 14-9 所示。

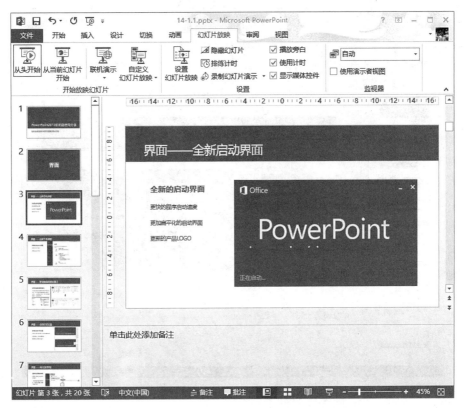

图 14-6 "从头开始"按钮

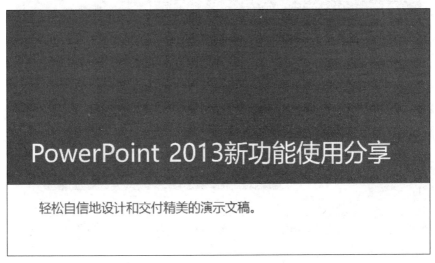

图 14-7 从头开始放映幻灯片

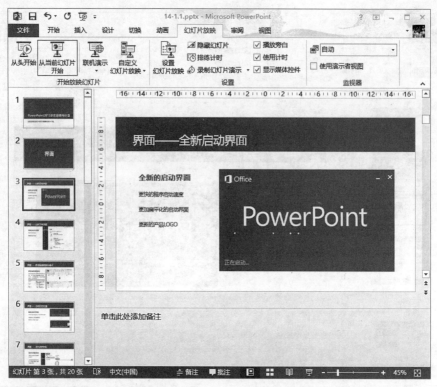

图 14-8 "从当前幻灯片开始"按钮

图 14-9 从当前幻灯片开始放映

14.2.3 自定义幻灯片放映

在幻灯片放映时,可以通过自定义幻灯片放映来指定播放演示文稿中特定的某些幻灯片。

（1）在"幻灯片放映"选项卡的"开始放映幻灯片"组中单击"自定义幻灯片放映"按钮，在弹出的下拉菜单中选择"自定义放映"菜单命令，如图 14-10 所示。

图 14-10　"自定义放映"命令

（2）弹出"自定义放映"对话框，单击"新建"按钮，弹出"定义自定义放映"对话框，如图 14-11 所示。

图 14-11　"自定义放映"对话框

（3）从"在演示文稿中的幻灯片"列表中选择需要放映的幻灯片，然后单击"添加"按钮，即可将选中的幻灯片添加到"在自定义放映中的幻灯片"列表框中。可以在"幻灯片放映名称"中输入自定义名称以标识此放映序列，如图 14-12 所示。

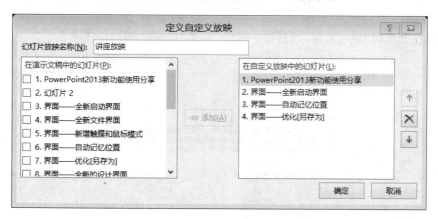

图 14-12　"定义自定义放映"对话框

（4）单击"确定"按钮，返回到"自定义放映"对话框。单击"放映"按钮，可以查看放映效果，如图 14-13 所示。

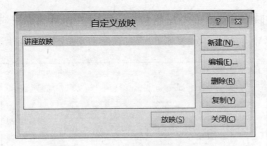

图 14-13　自定义好的放映序列

14.2.4　联机演示

PowerPoint 2013 除了提供传统的幻灯片放映方式之外,还增加了"联机演示"功能。这种放映方式下可以允许其他人在 Web 浏览器中通过网络异地同步的观看幻灯片的放映过程。从功能的实现需要有网络连接支持。

(1) 打开素材文件 14-1.1.pptx。在"幻灯片放映"选项卡的"开始放映幻灯片"组中单击"联机演示"按钮,在弹出的下拉菜单中选择"Office 演示文稿服务"命令,如图 14-14 所示。

图 14-14　"Office 演示文稿服务"命令

(2) 在弹出的"联机演示"对话框中单击"连接"按钮,如图 14-15 所示。

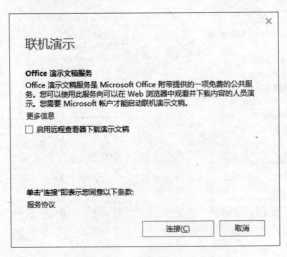

图 14-15　"联机演示"对话框

（3）此时 PowerPoint 会连接到 Office 演示文稿服务，准备联机演示文稿，如图 14-16 所示。

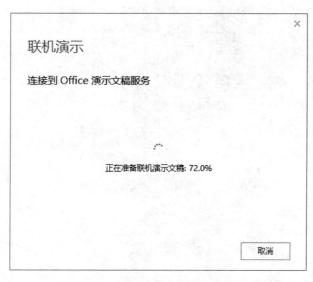

图 14-16　准备联机演示文稿

（4）联机演示文稿准备完毕后，会生成与远程查看者共享的网络链接地址。复制此地址，并将其发送给任何有互联网连接的观看者，如图 14-17 所示。

图 14-17　生成共享链接地址

（5）远程观看者需要将链接地址粘贴到浏览器的地址栏中，并进行访问，如图 14-18 所示。

（6）在 PowerPoint 2013 中启动演示文稿，如图 14-19 所示。

（7）此时网络观看者便可同步观看演讲者的放映过程，如图 14-20 和图 14-21 所示。

图 14-18　通过浏览器访问链接地址

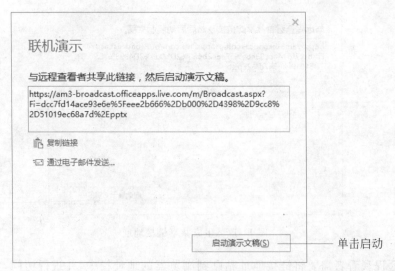

图 14-19　启动联机演示

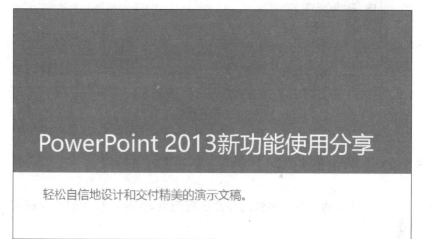

图 14-20　演讲者本地放映

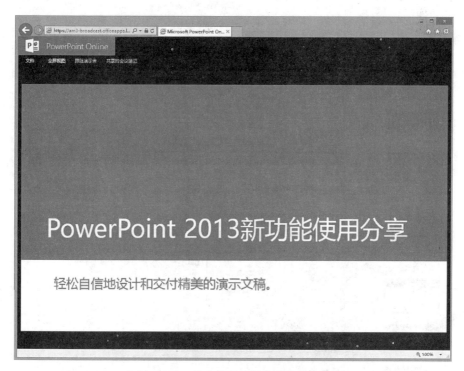

图 14-21　观看者通过浏览器共享观看

（8）要结束联机演示，需要按 Esc 键退出放映视图，然后在"联机演示"选项卡的"联机演示"组中单击"结束联机演示"按钮，如图 14-22 所示。

这种放映方式下，网络观看者的计算机中无须安装 PowerPoint 2013 软件，但观看的流畅度受到网络速度的影响。

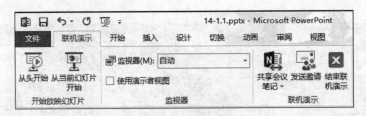

图 14-22 结束联机演示

14.2.5 隐藏指定幻灯片

可以对演示文稿中的一张或多张幻灯片进行隐藏,这样在放映幻灯片时将不显示被隐藏的幻灯片。

(1) 打开素材文件 14-1.1.pptx。选中第 5 张幻灯片,在"幻灯片放映"选项卡的"设置"组中单击"隐藏幻灯片"按钮,如图 14-23 所示。

图 14-23 "隐藏幻灯片"命令

(2) 在"幻灯片缩略图"窗格中可以看到第 5 张幻灯片编号显示为隐藏状态。这样在放映幻灯片的时候第 5 张幻灯片就会被隐藏起来,如图 14-24 所示。

(3) 再次单击"隐藏幻灯片"按钮,将会取消对该页幻灯片的隐藏。

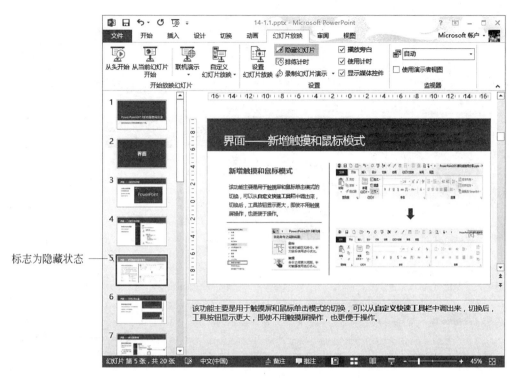

标志为隐藏状态————

图 14-24　处于隐藏状态的幻灯片

14.3　使用备注和演示者视图

使用演讲者备注可以详尽阐述幻灯片中的要点,好的备注既可为演示者提示信息,避免重要内容的遗漏,又可防止幻灯片上的文本泛滥。幻灯片中的备注内容不会显示在放映视图中,放映时观众无法观看,但可以显示在演示者视图中,为演示者所查看。

14.3.1　添加备注

创建幻灯片的内容时,可以在"幻灯片"窗格下方的"备注"窗格中添加备注,这样可以更加详尽地记录幻灯片的内容。演讲者可以将这些备注打印出来,在演示过程中作为参考。

（1）打开素材文件 14-1.1.pptx。选中第 11 张幻灯片,在"备注"窗格中的"单击此处添加备注"处单击,输入备注内容,如图 14-25 所示。

（2）将鼠标指针指向"备注"窗格的上边框,向上拖动边框可以增大备注空间。

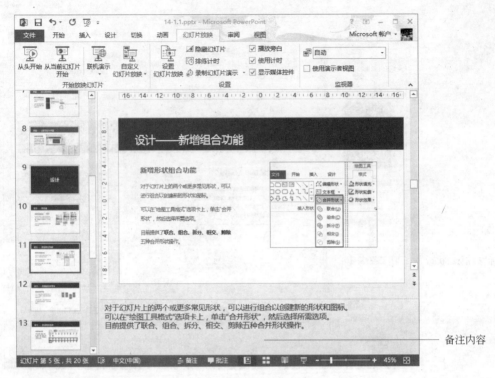

图 14-25　为幻灯片添加备注

14.3.2　使用演示者视图

演示者视图是一种可在演示期间使用的基于幻灯片放映的关键视图。借助两台监视器,可以运行其他程序并查看演示者备注,而这些是受众所无法看到的。

(1) 在"幻灯片放映"选项卡的"监视器"组中选中"使用演示者视图"复选框,如图 14-26 所示。

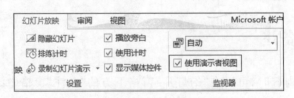

图 14-26　"使用演示者视图"复选框

(2) 如果此时计算机连接了两台监视器,便可在其中一台监视器的屏幕看到演示者视图,而在另一台监视器中则会显示幻灯片放映视图,如图 14-27 所示。

(3) 在 PowerPoint 2013 中,即便是只连接一台监视器,也可以查看"演示者视图"。需要在"幻灯片放映视图"中右击,从快捷菜单中选择"显示演示者视图"命令,如图 14-28 所示。

当前放映幻灯片　　　　　　　　　　　　下一张幻灯片

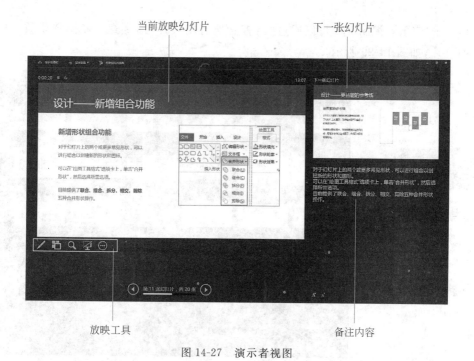

放映工具　　　　　　　　　　　　　　　　　备注内容

图 14-27　演示者视图

图 14-28　"显示演示者视图"命令

（4）在"演示者视图"中，可以通过"请查看所有幻灯片"命令查看和挑选要放映的下一张幻灯片，如图 14-29 所示。

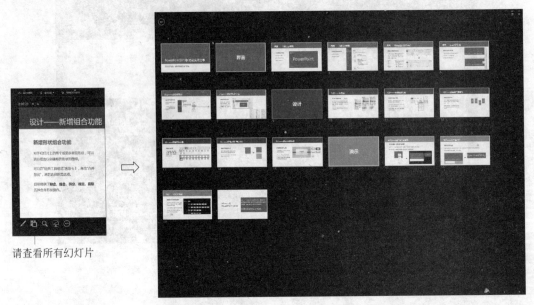

图 14-29　"请查看所有幻灯片"命令

（5）在"演示者视图"中，还可以通过"放大到幻灯片"命令将幻灯片上的局部内容放大，以突出显示，如图 14-30 和图 14-31 所示。

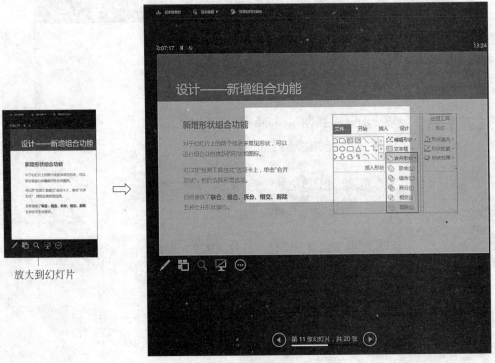

图 14-30　"放大到幻灯片"命令

图 14-31　幻灯片局部放大后的效果

14.4　排练计时

当演示文稿需要自动播放时,往往需要精确设定每张幻灯片在屏幕上的停留时间, PowerPoint 提供的"排练计时"功能能够方便地实现这种时间设定。通过使用排练计时能够对演示文稿的放映过程进行预演排练,在排练过程中 PowerPoint 将自动记录每张幻灯片的放映时间,演讲者可通过显示的累计时间了解整个演示文稿的放映时间。保存排练计时,则在播放演示文稿时,将能够以此时间实现幻灯片的自动切换。

（1）开始排练计时。在"幻灯片放映"选项卡中"设置"组中单击"排练计时"按钮,此时会进入幻灯片放映视图。在屏幕上会出现"录制"工具栏,此时计时开始,时间的单位为秒,如图 14-32 和图 14-33 所示。

图 14-32　幻灯片中的"排练计时"

图 14-33　"录制"工具栏

（2）完成排练计时后，退出幻灯片放映状态，此时 PowerPoint 会给出提示对话框。单击"是"按钮，将保留此次的排练时间作为幻灯片放映时的放映时间。单击"否"时，将不保存本次的排练时间，如图 14-34 所示。

图 14-34　保存排练计时提示对话框

（3）单击"是"按钮后，会退出排练计时状态。此时切换到幻灯片浏览视图，会在每张幻灯片的右下角显示已记录的排练时间，如图 14-35 所示。

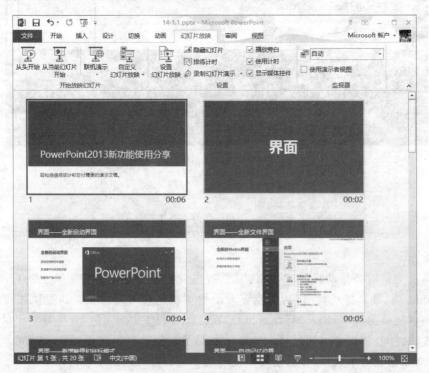

图 14-35　显示幻灯片的排练时间

（4）要应用记录的排练时间，需在"幻灯片放映"选项卡"设置"组中选中"使用计时"复选框。

14.5　录制幻灯片演示

录制幻灯片可以记录幻灯片的放映时间，记录制作者使用鼠标或激光笔在幻灯片放映过程中对幻灯片所添加的注释，还可以录制旁白，为演示文稿添加对某些内容的解说。

（1）单击"幻灯片放映"选项卡"设置"组中的"录制幻灯片演示"按钮下方的下三角按钮，在弹出的下拉列表中选择"从头开始录制"或"从当前幻灯片开始录制"选项，如图 14-36 所示。

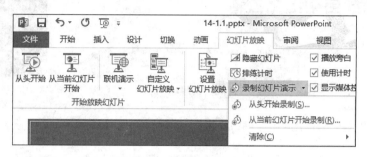

图 14-36　录制幻灯片演示

（2）在弹出的"录制幻灯片演示"对话框中选中"幻灯片和动画计时"复选框。如果需要录制旁白和激光笔注释，可选中"旁白和激光笔"复选框。单击"开始录制"按钮，幻灯片开始放映，并自动开始计时，如图 14-37 所示。

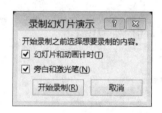

图 14-37　"录制幻灯片演示"对话框

（3）幻灯片放映结束时，录制幻灯片演示也随之结束，并弹出提示对话框。单击"是"按钮以保存录制计时。

14.6　为幻灯片添加注释

为了使观看者更加了解幻灯片所表达的意思，可以在演示过程中向幻灯片添加标注。

（1）在幻灯片放映视图下右击，从弹出的快捷菜单中选择"指针选项"|"笔"命令，如图 14-38 所示。

（2）当鼠标指针变为一个点时，即可在幻灯片中使用笔添加标注，如可以在幻灯片中写字、画图和标记重点等。

（3）使用绘图笔在幻灯片中标注时，右击，从弹出的快捷菜单中选择"指针选项"|"墨迹颜色"命令，在"墨迹颜色"列表中可为绘图笔选择一种颜色，如图 14-39 所示。

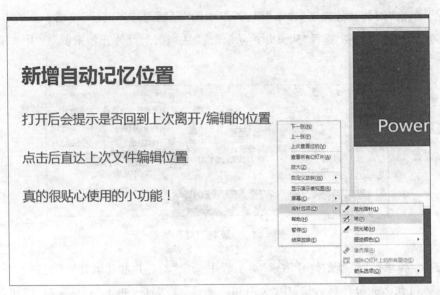

图 14-38 "指针选项"|"笔"快捷菜单

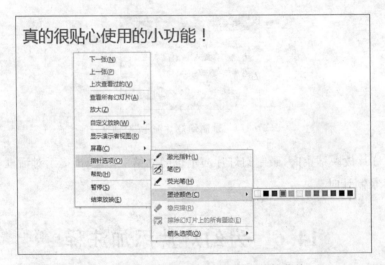

图 14-39 "指针选项"|"墨迹颜色"快捷菜单

14.7 打印幻灯片

PowerPoint 的打印功能非常强大,不仅可以将幻灯片打印到纸上,还可以打印到投影胶片上通过投影仪来放映。

(1) 打开素材文件 14-1.1.pptx。单击"文件"选项卡,从弹出的下拉菜单中选择"打印"选项,右侧将打开打印设置界面。在"打印机"组中选择要使用的打印机,如图 14-40 所示。

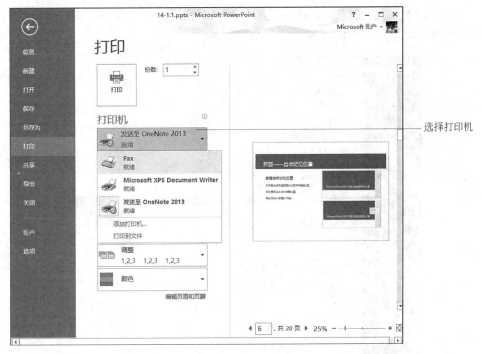

图 14-40　选择打印机

（2）单击“设置”区域中的“打印全部幻灯片”右侧的下三角按钮，从弹出的下拉列表中设置具体需要打印的页面，如图 14-41 所示。

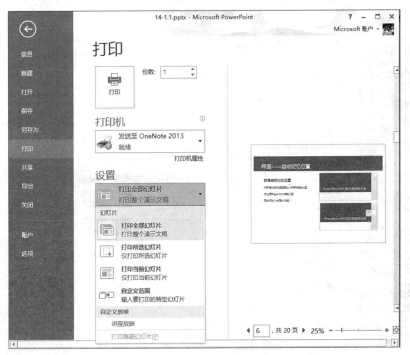

图 14-41　设置打印范围

（3）单击"整页幻灯片"右侧的下三角按钮，从弹出的下拉列表中设置打印的版式、边框和大小等参数，如图 14-42 所示。

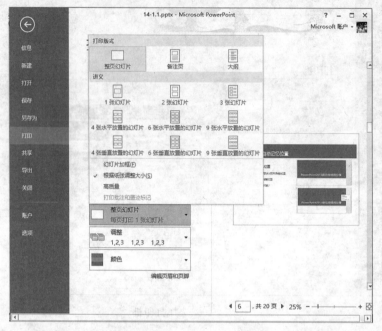

图 14-42　设置打印版式

（4）在"份数"微调框中输入要打印的份数，然后单击"打印"按钮，即可开始打印，如图 14-43 所示。

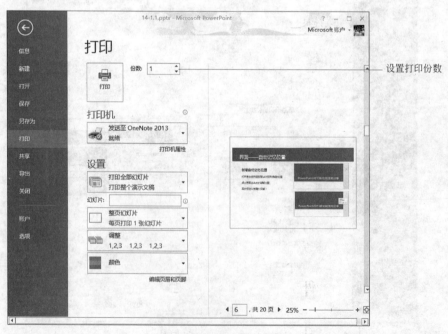

图 14-43　设置打印份数

14.8 发布为其他格式

14.8.1 创建为 PDF 文档

对于希望保持的幻灯片，不想让他人修改，此时可以使用 PowerPoint 2013 将文件转换为 PDF 格式文件。

（1）打开素材文件 14-1.1.pptx。在"文件"选项卡中选择"导出"命令，将在右侧打开"导出"窗口。选择"创建 PDF/XPS 文档"命令，并单击右侧的"创建 PDF/XPS"按钮，如图 14-44 所示。

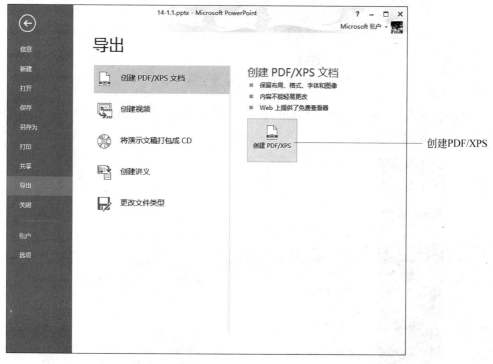

图 14-44 "创建 PDF/XPS"按钮

（2）弹出"发布为 PDF 或 XPS"对话框，在"保存位置"文本框中选择保存的路径，在"文件名"文本框中输入文件名称，如图 14-45 所示。

（3）单击"发布"按钮。发布完成后，即可查看 PDF 文件。

14.8.2 创建为视频文件

PowerPoint 2013 可以将幻灯片的放映过程录制为视屏保存下来。

选择保存路径

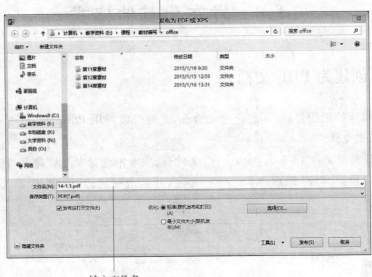

输入文件名

图 14-45 "发布为 PDF 或 XPS"对话框

（1）在"文件"选项卡中选择"导出"命令，将在右侧打开"导出"窗口。选择"创建视频"命令，如图 14-46 所示。

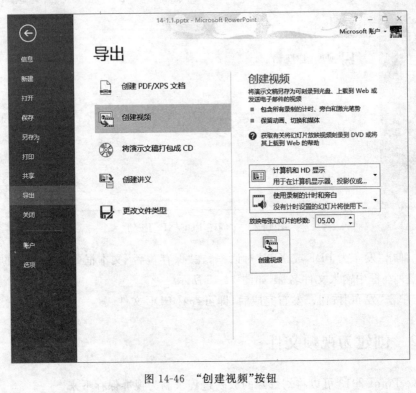

图 14-46 "创建视频"按钮

（2）单击"计算机和 HD 显示"区域右侧的下拉箭头，从下拉列表中选择录制视频的分辨率大小，如图 14-47 所示。

图 14-47　选择视频分辨率

（3）单击"使用录制的计时和旁白"区域右侧的下拉箭头，从下拉列表中选择是否使用已录制的计时和旁白，如图 14-48 所示。

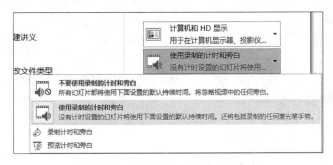

图 14-48　设置是否使用计时和旁白

（4）最后设置放映每张幻灯片的秒数，单击"创建视频"按钮，即可将幻灯片放映过程录制为视频，如图 14-49 所示。

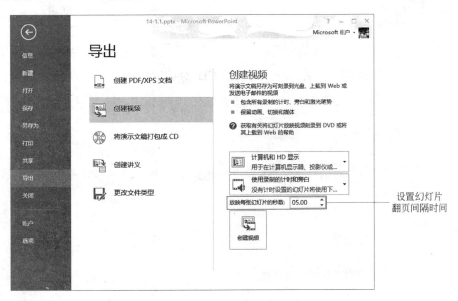

图 14-49　设置幻灯片翻页间隔时间

14.9 打包幻灯片

即使所使用的计算机上没有安装 PowerPoint 软件，也可以打开幻灯片文档。通过使用 PowerPoint 2013 提供的"打包成 CD"功能，可以在任何计算机上播放幻灯片。

（1）在"文件"选项卡中选择"导出"命令，将在右侧打开"导出"窗口。选择"将演示文稿打包成 CD"命令，如图 14-50 所示。

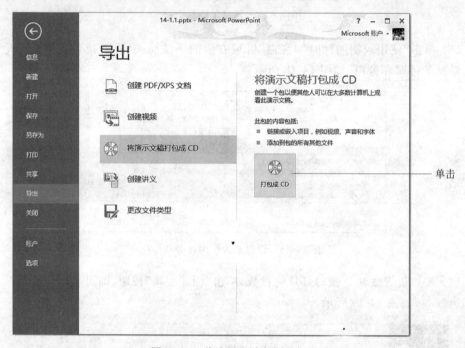

图 14-50　将演示文稿打包成 CD

（2）单击"打包成 CD"按钮，弹出"打包成 CD"对话框，如图 14-51 所示。

图 14-51　"打包成 CD"对话框

（3）单击"复制到文件夹"按钮,在弹出的"复制到文件夹"对话框中的"文件夹名称"文本框中设置文件夹名称,在"位置"文本框中设置保存位置,如图 14-52 所示。

图 14-52 "复制到文件夹"对话框

（4）单击"确定"按钮,弹出 PowerPoint 提示对话框,这里单击"是"按钮,开始自动复制文件到指定文件夹中,如图 14-53 所示。

图 14-53 PowerPoint 提示对话框

（5）复制完成后,系统将自动打开生成的文件夹。如果所使用的计算机上没有安装 PowerPoint 软件,操作系统将自动运行 AUTORUN. INF 文件,并播放幻灯片文件。

操作练习实例

【操作要求】 打开"第 14 章素材"文件夹下"第 14 章操作实例素材.pptx"演示文稿,进行如下操作:

（1）将第 2、3、4 页幻灯片隐藏。

（2）设置两套"自定义幻灯片放映"内容。一套放映第 1,5,7,9,11,13,15,17,19;另一套放映第 1,6,8,10,12,14,16,18,20。

（3）将幻灯片打包并发布到文件夹"发布的幻灯片"中,打包名为"发布的幻灯片"。

【操作步骤】

（1）按 Ctrl 键,依次单击第 2、3、4 页幻灯片,将这 3 页幻灯片选中,在"幻灯片放映"选项卡"设置"组中单击"隐藏幻灯片"按钮,将这 3 张幻灯片隐藏,如图 14-54 所示。

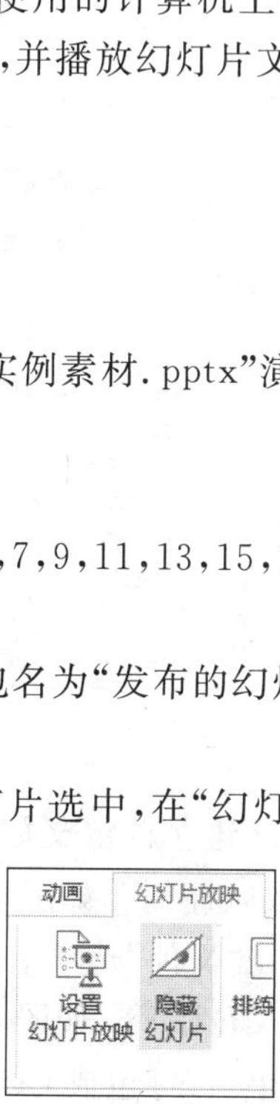

（2）在"幻灯片放映"选项卡的"开始放映幻灯片"组中单击"自定义幻灯片放映"按钮,从弹出的下拉菜单中选择"自定义放映"菜单命令,如图 14-55 所示。

（3）在弹出的"自定义放映"对话框中单击"新建"

图 14-54 "隐藏幻灯片"命令

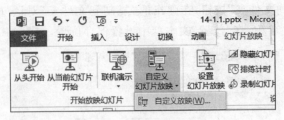

图 14-55 "自定义放映"命令

按钮,弹出"定义自定义放映"对话框,如图 14-56 所示。

图 14-56 "自定义放映"对话框

　　(4) 从"在演示文稿中的幻灯片"列表中选择第 1、5、7、9、11、13、15、17、19 页幻灯片,然后单击"添加"按钮,将选中的幻灯片添加到"在自定义放映中的幻灯片"列表框中。并在"幻灯片放映名称"中输入"第一套放映序列",如图 14-57 所示。

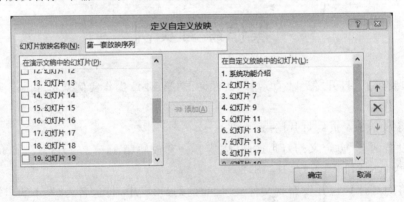

图 14-57 第一套放映序列

　　(5) 再建立自定义放映序列,包含第 1、6、8、10、12、14、16、18、20 页幻灯片,名称为"第二套放映序列",如图 14-58 所示。

　　(6) 在"文件"选项卡中选择"导出"命令,将在右侧打开"导出"窗口。选择"将演示文稿打包成 CD"命令,如图 14-59 所示。

　　(7) 单击"打包成 CD"按钮,弹出"打包成 CD"对话框,如图 14-60 所示。

　　(8) 单击"复制到文件夹"按钮,在弹出的"复制到文件夹"对话框中的"文件夹名称"中设置文件夹名称,在"位置"文本框中设置保存位置,如图 14-61 所示。

图 14-58　第二套放映序列

图 14-59　将演示文稿打包成 CD

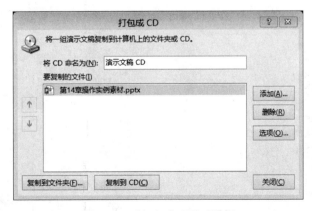

图 14-60　"打包成 CD"对话框

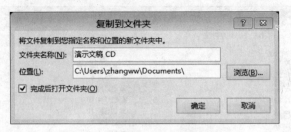

图 14-61 "复制到文件夹"对话框

（9）单击"确定"按钮，弹出 PowerPoint 提示对话框，这里单击"是"按钮，开始自动复制文件到指定文件夹中，如图 14-62 所示。

图 14-62 PowerPoint 提示对话框

（10）操作效果请查看"演示文稿 CD"文件夹。